国家自然科学基金青年项目（41501133）资助
江西省社会科学规划项目（15YJ36）资助
江西省自然科学基金项目（20171BAA218012）资助
中国博士后基金面上项目（2016M592106）资助
江西省博士后择优资助项目（2016KY25）资助

# 空间分异下

## 碳排放转移机制、碳排放权分配及政策模拟研究

陈志建 等著

中国财经出版传媒集团

经济科学出版社
Economic Science Press

图书在版编目（CIP）数据

空间分异下碳排放转移机制、碳排放权分配及政策
模拟研究/陈志建，钟章奇，刘晓著．—北京：
经济科学出版社，2018.10
ISBN 978 - 7 - 5141 - 9880 - 5

Ⅰ. ①空…　Ⅱ. ①陈…②钟…③刘…　Ⅲ. ①二氧
化碳 - 排气 - 研究 - 中国　Ⅳ. ①X511

中国版本图书馆 CIP 数据核字（2018）第 248072 号

责任编辑：李　雪　周胜婷
责任校对：杨晓莹
责任印制：邱　天

空间分异下碳排放转移机制、碳排放权分配及政策模拟研究
陈志建　钟章奇　刘　晓　著
经济科学出版社出版、发行　新华书店经销
社址：北京市海淀区阜成路甲 28 号　邮编：100142
总编部电话：010 - 88191217　发行部电话：010 - 88191522
网址：www. esp. com. cn
电子邮件：esp@ esp. com. cn
天猫网店：经济科学出版社旗舰店
网址：http: //jjkxcbs. tmall. com
固安华明印业有限公司印装
710 × 1000　16 开　18 印张　250000 字
2018 年 10 月第 1 版　2018 年 10 月第 1 次印刷
ISBN 978 - 7 - 5141 - 9880 - 5　定价：72.00 元
（图书出现印装问题，本社负责调换。电话：010 - 88191510）
（版权所有　侵权必究　打击盗版　举报热线：010 - 88191661
QQ：2242791300　营销中心电话：010 - 88191537
电子邮箱：dbts@ esp. com. cn）

# 前　言

巴黎协定背景下，我国承诺 2030 年左右达到碳峰值，这彰显了大国的责任与担当。显然，区域层面合作减排的公平性有利于保证碳峰值政策调控可实施性、可操作性。然而，在推动区域一体化发展进程中，贸易引起的碳排放转移是影响合作减排的关键因素，可见，厘清碳排放转移机制，将有利于构建"共同但有区别"的减排责任框架。尤其是，"十三五"期间是我国全面建成小康社会的决胜阶段，发展经济、消除贫困所需的碳排放空间巨大。一些发达地区已具备率先实现碳峰值的条件，这就可为欠发达地区争取未来碳排放空间，最终实现我国整体减排目标最优。这也对碳减排与区域发展提出了新的科学问题，即碳排放转移机制与碳排放权分配问题。

为此，基于该科学问题，研究内容从如下几个方面进行。首先，围绕碳排放转移机制与碳排放权问题，进行理论梳理与总结，构建研究的框架。其次，在碳排放空间分异的不争事实下，明晰碳排放空间分异规律及机理，对碳排放空间趋同的条件进行有效识别，这有利于进一步夯实区域合作减排的基础。最后，在国家区域发展战略的推动下，地区间出现产业转移与承接的事实，这就涉及贸易隐含碳和减排责任的评估问题。与此同时，贸易隐含碳是影响碳排放权分配方案公平性的关键因素之一，为此，碳排放权分配方案和碳目标的合理设计以及碳减排政策评价等相关问题也是本书的一个研究重点。

据此而论，本书设计了政策模拟的动态随机一般均衡模型（DSGE），基于不同的政策模拟情景，来探讨碳政策对我国减排成本、减排率、经济、消费、投资等方面进行模拟，以对碳政策进行评估。在理论上丰富了应对气候变化和区域管治理论的发展。在认识我国碳排放空间分异规律与趋同条件的基础上，本书运用 GIS 空间数据挖掘、空间探索性数据分析方法（ESDA）、空间计量方法、投入产出表分析方法、最优化方法以及动态随机一般均衡模型（DSGE）等方法，从不同的地理空间尺度，围绕碳排放转移、碳排放权分配及政策模拟进行研究。结合我国实现碳峰值承诺和区域发展战略背景的实际需要，在实践应用上提供政策制定的科学依据。

值得注意的是，在巴黎协定的背景下，研究碳减排和全球气候治理须面对很多新的现实问题。目前，碳政策评估模型还在发展中，令人欣喜的是，2018 年诺贝尔经济科学奖颁给了研究气候变化经济学的威廉·D. 诺德豪斯（William D. Nordhaus），这是对研究气候变化经济学学者的一种肯定和鼓励，为此，希望本书的一些理论与模型研究工作，对评估区域合作减排、峰值控制以及碳排放权分配有一点启发，这也就实现了我学以致用的愿望了。

本书对理论和模型方法进行了深入探讨，但由于地方数据获取存在一定的困难，本书通过空间挖掘方法，选取典型区域或者省域作为案例研究，从不同的地理空间尺度来研究碳排放转移，碳排放权分配方案，尤其是地级市碳强度目标的分解方案设计。但这些研究所涉及的理论模型，原则上同样适合于其他地区的碳政策模型评估。

必须说明的是，本书的研究做了一些碳排放转移、碳排放权分配及政策模拟等方面的探索，一些观点可能有所偏颇，构建的理论框架也有待进一步完善。仅是抛砖引玉而已，供碳减排区域治理的学者们讨论。

陈志建

2018 年 8 月

目录

# 第1章

## 绪　　论

## 1.1　问题的提出及研究意义

我国地域辽阔，区域发展差异问题突出；需要区域空间治理手段来缩小差距（刘卫东，2014），为此，加强区域内联手共治将是促进区域一体化低碳发展和共同应对气候变化的重要手段。"十三五"控制温室气体排放工作的方案就明确指出，须分类控制各省区市碳排放强度，强化区域间碳排放空间协同管治[①]。可见，气候变化驱动下，地区间对温室气体排放空间的争夺首当其冲，但发展经济、消除贫困所需的排放空间巨大，理应得到优先满足（王礼茂等，2016）。而且，"十三五"时期是我国全面建成小康社会的决胜阶段，必须全面脱贫，经济必须保持中高速增长，但各种力量和诉求博弈又容易导致产业与碳排放空间错位现象的发生（潘家华，2016）。鉴于我国碳排放空间以及结构上的差异（刘佳俊等，2013；高长春等，2016；黄国华等，2016；朱明许等，

---

① 国务院. 国务院关于印发"十三五"控制温室气体排放工作方案的通知［EB/OL］. 2016.

2011；李建豹，2015），尤其是，欠发达地区正成为产业转移与碳转移的活跃地区，如果不对区域间产业转移进行合理引导，势必增加产业承接区域的碳排放量（廖双红，肖雁飞，2017）。那么，在环境政策收紧背景下，易导致行业利润空间被压缩，高碳强度区域沦为承接中低碳强度区域"三高"产业转移的"污染避难所"（张永强，张捷，2016）。

为此，厘清碳排放转移机制问题，是构建"共同但有区别"减排责任的基础，也是碳排放权分配的核心环节。事实上，碳排放权即发展权（Mumma and Hodas，2008；Green，2009；何建坤，柴麒敏，2008；丁仲礼等，2009a，潘家华，郑艳，2009；杨泽伟，2011），它已不仅是环境问题，更是区域发展问题（刘燕华等，2008）。在 2014 年 11 月的《中美气候变化联合声明》以及 2015 年的巴黎世界气候大会上，中国明确提出"我国计划 2030 年左右碳排放达到峰值，且将努力早日达峰"，这彰显了我国参与减排的努力与决心。实际上，达到碳峰值时间与水平问题，是中国区域发展管理模式的选择与优化问题（柴麒敏，2015）。显然，避免对社会和经济发展额外造成过度不利的影响是中国考虑峰值目标的首要前提（柴麒敏，徐华清，2015）。进一步说，有效的碳排放峰值目标将有利于形成倒逼机制，但也应该充分认识到峰值方案的区域风险和挑战性（柴麒敏，2015），同时，碳排放权分配背后是经济资源的重配和区域发展空间的优化（袁永娜等，2013；王礼茂等，2016），这也就为我国区域管理提出了新的科学任务，即空间分异下的碳排放转移机制及碳排放权分配问题。

正因为如此，在推进碳减排与国家区域发展战略时，尤其须防范因区域经济收敛动力不足而导致中国陷入中等收入陷阱（王铮，孙翊，2013；孙翊等，2015）。为此，在尊重我国空间分异规律的前提下，对碳排放转移机制、碳排放权分配以及风险管治进行研究，不仅具有重要的理论意义，而且还具有迫切的现实意义。理论上，探讨碳排放转移机制以及碳排放权分配是应对气候变化的重要议题；从学理上明晰碳排放权分配与区域发展之间的内在机理、其发生的动力学机制以及演变路径，是应对气候变化和区域管理需要引起高度重视的问题；若能为积极应对气候变化，促进我国区域协调发展，提供一个典型的调控模式，就丰富了区域碳治理的理论。而就现实意义来看，我们知道，应对气候变化是我国生态文明建设和发展阶段的内在要求（王文涛等，2014）。在气候变化驱动下，以及碳排放权的分配过程中，如何降低区域收敛动力不足的风险，调控区域差距，促进区域协调发展，是我国处于经济转型期面临的重大挑战，尤其是对于我国尚处于区域差异有进一步加大的趋势来说，探索碳排放转移机制、分析碳排放权分配和区域管理政策的研究就格外具有重要的现实意义。

## 1.2　文　献　综　述

### 1.2.1　碳排放空间分异及其趋同的影响因子问题

我国碳排放空间分异特征明显，同时，碳排放的空间关联性和局域空间结构具有一定的锁定效应和路径依赖（蔡海亚等，2016；佟昕等，2016；荣培君等，2016）。因此，厘清碳排放空间分异特征及其机理，有利于实现区域间碳排放空间趋同。

显然，地理空间差异特征也一定程度上决定了需要施加一定的经济政策条件控制，或者说产业结构转型、区域减排等政策的干预，这将有利于促进碳排放空间的条件趋同。这从工业发达国家的发展轨迹就可见一斑：科学制定碳减排政策，识别有效的条件控制变量，发现其存在碳排放空间趋同现象（Strazicich and List，2003；Aldy，2006；Romero-Avila，2008）。

那么，如何准确识别出条件控制变量，即碳排放趋同的驱动因素的识别，是促进碳排放空间条件趋同的关键。通过对国内外学者经典文献梳理发现，人均 GDP、人口、产业结构、能源结构、能源效率和贸易开放等是推动碳排放空间趋同的主要影响因子（Ezcurra，2007；Jobert et al.，2010；Zhang and Ren，2011；Liu，2011；王锋、吴丽华和杨超，2010；李艳梅等，2010；陈诗一，2011；陈志建，王铮，2012；吴振信等，2012）。

学者们还研究了城市化进程对碳排放的影响。一些学者的研究结果表明城市化对于二氧化碳排放存在正的影响（Cole and Neumayer，2004；Alam et al.，2007；Poumanyvong and Kaeko，2010），而另外一些学者的研究结果表明城市化对二氧化碳排放存在负的影响（Fan et al.，2006；Sharma，2011）。可见，城市化与碳排放的关系较为复杂。可能的原因是城市化的不同阶段对碳排放的影响并不一致。林伯强和刘希颖（2010）将城市化进程作为低碳经济发展的契机，认为可通过控制城市化速度来实现低碳经济转型。樊杰和李平星（2011）也预测了中国城市化进程中的能源消费需求，发现未来对能源的巨大需求将导致城市化进程中碳排放增加。

此外，目前相关研究一直关注 FDI 对碳排放的影响。在经济全球化背景下，FDI 将对人地系统内的要素有效配置和要素之间的空间相互作用关系产生影响（戴荔珠，马丽，刘卫东，2008）。显然，外商直接投资已经对资金流入地带来了显著的影响，资金流入不仅带来了就业机会和技术转移，同时也将对东道主的资源利用和环境质量产生巨大的影响（马丽，刘卫东，刘毅，2003）。

一方面，FDI 对当地经济发展起到重大作用，同时也会对当地环境产生负面影响，使碳排放量增加。因此，中国应该适当引导 FDI 流动，降低污染管理的综合成本，从而提高环境管理的能力（List and Co，2000；Cagatay and Mihci，2006；He，2006；温怀德，刘渝琳，温怀玉，2008；杨博琼，陈建国，宫娇，2010；宋德勇，易艳春，2011）。另一方面，有学者认为 FDI 是生产的最好扩散方式，有利于提高当地的技术水平和管理水平，从而最终会对环境存在一个正的影响。大量学者的研究指出 FDI 在发展中国家扮演着先进的、清洁环境的技术扩散渠道，对于降低我国工业行业的碳排放起到了积极作用（Talukdar and Meisner, 2001；Gray and Shadbegian, 2004；Eskeland and Harrison, 2003；Dietzenbacher and Mukhopadhyay, 2007；李子豪，代迪尔，2011；李子豪，刘辉煌，2011）。

可见，国内外研究 FDI 对碳排放影响的结论不尽相同，但都认为 FDI 的技术效应有利于降低碳排放。

综上所述，经济发展水平、能源强度、能源结构、产业结构及城市化进程、FDI 是影响碳排放的主要驱动因子。显然，中国经济地理差异明显，不同区域的碳排放存在明显差异，且差异性不断扩大，从而使得不同区域的驱动因素对碳排放量的影响也存在异质性特征（李国志，李宗植，2010）。因而，影响碳排放的驱动因子，最终也将影响各地区碳排放的趋同。

而从研究方法来看，恒等式分解法和指数分解法是当前研究碳排放驱动因素的主要方法（马涛等，2011）。对碳排放的时空演变研究主要以数据趋势分析为主，较少考虑邻近地区空间相关性及空间误差冲击效应对碳排放趋同时空演变的作用，对时空演变机制背后的驱动因素也有待深入研究。

## 1.2.2 区域碳排放转移问题

区域经济一体化是当今国际经济与贸易发展的主导形式。一方面，它能够减轻或消除区域贸易往来障碍（刘朝明，2002；刘瑞娜，王勇，2015）；但另一方面，由于区域产业分工存在显著差异，它将进一步影响碳转移（公丕萍，2016）。产业链上游位置的产业，产业链更长，且与其他产业联系更为密切，从而为整个经济系统带来更大的经济效应（吴添，潘文卿，2014），然而，这也易导致商品在贸易流动中隐含的碳负荷发生转移（赵爱文，李东，2011；乔小勇等，2018）。

实际上，商品的生产者和消费者因贸易而出现地域的分离，易导致碳排放的区域转移（Weber and Matthews，2007；Peters and Hertwich，2008），从而使得本地区的部分减排责任可能被转嫁给其他区域（Chen，2010；石敏俊等，2012）。为此，碳排放核算方法从生产责任制到消费责任制的转变逐渐受到重视，并且基于贸易隐含碳划分减排责任的区域减排政策正得到众多学者的广泛认同（Weber and Matthews，2007；Davis and Caladeria，2010；樊纲等，2010）。对中国来说，由于受区域经济发展水平、技术条件和能源结构差异等因素影响，各地区的碳排放量状况不仅存在显著差异（孙翊等，2015；黄蕊等，2015），同时还受到贸易隐含碳的影响（Guo et al.，2012；潘元鸽等，2013），因而在此背景下，探讨区域碳排放转移（贸易隐含碳排放）及其相关问题不仅有利于深入认识贸易对区域碳排放的影响，同时也对科学分配减排责任并制定针对性的减排对策具有重要作用。

当前研究中，针对区域贸易隐含碳排放的核算方法主要是基于生命周期法和投入产出方法（Schulz，2010；Peters，2008）。由于投入产出分析不仅能体现区域间贸易联系和反映不同部门间的关系，同时还能够区分来自不同区域调入产品，以及生产技术的差异性，从而显著提高贸易隐含碳排放的计算精度，因此其多被用于探讨区域贸易隐含碳排放（Davis，2010）。为此，基于投入产出建模方法，学者主要开展了以下两个方面的相关研究。第一，探讨某一年或者一段时期内国家的贸易隐含碳排放变化及其对本地碳排放的影响（Weber and Matthews，2007；Peters and Hertwich，2008；Davis and Caladeria，2010；Victor et al.，2005；Weber et al.，2008；Chen and Chen，2011；Peters et al.，2011）；第二，主要关注某一年国家内各地区或者某一个城市的贸易隐含碳排放及其对本地碳排放的影响（石敏俊等，2012；Guo et al.，2012；Chen et al.，2013；Feng et al.，2013；Zhong et al.，2015；黄蕊等，2015；钟章奇等，2015；Choi et al.，2015）。

总体来看，基于投入产出建模方法，以往的研究侧重于计算不同国家或者地区的贸易隐含碳排放，以及分析其对本地区碳排放的影响，显然对合理地分配各地区的减排责任以及认识区域贸易隐含碳排放在气候治理中的作用具有重要意义。

相应地，厘清碳排放驱动因素是制定区域环境政策的重要方面（Xu and Dietzenbacher，2014；刘晔等，2016）。由是而论，在区域气候政策中，为实现区域的减排目标，就需要明确区域碳排放的主要来源（Dodman，2009），因此追溯其贸易隐含碳排放的地理源，显然能为制定有针对性的碳减排政策提供重要参考。

### 1.2.3 碳排放权分配问题

不同的区域碳排放权分配方案，也对应着不同的利益分配及发展空间（王礼茂等，2016）。对此，为使各省区市能合理分配到碳排放权，我们必须基于经济平稳增长条件下进行碳减排，这也决定了最终的减排政策实现的可能性、可行性及稳定性，我们不能因减排而引发经济危机，导致区域风险突发失控（王铮等，2013；邓吉祥等，2015）。鉴于此，本书主要从如下两方面内容进行文献梳理与总结。一是碳排放总量控制的目标，即我国各地区未来碳排放空间；二是构建怎样的区域控制排放责任体系，即碳排放权分配原则。

（1）碳排放总量控制目标问题。我国地域辽阔，区域发展差异问题突出，需要区域空间治理手段来缩小差距（刘卫东，2014），形成区域发展与政策目标相协调发展模式，这将对中国碳排放峰值目标实现产生不可忽视的影响。区域间发展的差异性，决定了我国分区域实现峰值的特点（林伯强，李江龙，2015；冯宗宪，王安静，2016）。同时，重点部门和行业的分阶段达峰是实现全国碳排放达峰的前提（何建坤等，2016；柴麒敏等，2017）；为努力实现全国碳排放总量到2030年前后达到峰值的目标，需要根据不同部门和地区的实际情况，制定相应碳排放总量控制的目标（何建坤，2013）。不但如此，碳排放总量控制的目标设定是碳排放权分配的前提，也是碳交易市场建立的基础（朴英爱，张益纲，2014）。现有研究多采用国家已经明确承诺的碳减排目标，并以此来计算未来允许的碳排放量，即未来允许的碳排放空间有多大；因此，这就首先需要对未来碳排放的总量进行预测，对于该问题，已有不少学者作了研究。如基于 EKC 曲线的经济时间序列的计量学方法，一般是对经济与排放历史数据的相关关系研究（林伯强，蒋竺均，2009；林伯强，刘希颖，2010）；或者采用面板数据模型、IPAT 分解模型与 SDA 分析结合，利用我国省级尺度数据，在对碳排放主要驱动因子分析的基础上对我国碳排放进行预测（Auffhammer and Carson，2008；Guan et al.，2008）。碳减排具有长期性的特征决定了减排非一日之功，首先需要保证经济平稳运行，政府才有积极动机进行减排，不能在经济面临下行压力背景下"火上浇油"。林伯强，孙传旺（2011）对在保障中国经济增长前提下如何实现减排目标做了非常有意义的探讨，但是，该研究并没有给出具体的减排时间路径（朱永彬，王铮，2013）。

显然，排放目标总量的设定，不仅决定政策的减排效果，也势必影响长期经济增长路径（汤维祺等，2016）。而国际上提出许多的减排路径和碳排放权分配方案，大多基于碳减排路径或者碳排放权分配路径，这两条路径殊途同归，均有一个公平合理性的碳排放空间问题，即在确保经济平稳增长路径下，科学设定碳排放总量的目标问题（丁仲礼等，2009a）。

已有研究很少考虑在经济平稳增长前提下，对碳排放总量控制的目标进行设定；上述这些研究采用的统计模型不能从机理上认识碳排放过程，不能很好地反映经济与碳排放之间的动力学机制（王铮等，2010）。对于该问题，王铮、朱永彬、刘昌新等人给出一个碳排放经济动力学模型，在保证经济平稳增长路径下，对碳排放进行预测，得出未来中国碳排放需求量和减排可能性（朱永彬等，2009；王铮等，2010；王铮等，2013），这为在中国碳峰值承诺的约束下，科学确定省区市碳排放总量控制的目标提供了一个新的思路。

（2）碳排放权分配原则。碳排放权分配涉及气候变化的历史责任、现实发展阶段和未来发展需求，要达成一份各区域都能够接受的方案，就涉及公平与效率的考量（潘家华，郑艳，2009；吴卫星，2010）。排放权初始分配模式主要有免费分配模式、拍卖分配模式及两者结合的分配模式（彭鹃等，2014），这是从宏观上进行概括；根据碳排放权分配的实施详细方案，总的来说，国内外提出的各种碳排放权分配方案，可以分为两大类。

一类是国外发达国家所提出的方案，未考虑碳排放历史责任，基于现实共同分担的原则。其中具代表性的方案主要有：（ⅰ）索伦森（Sørensen，2008）方案。该方案为 2000～2100 年各国匹配了明确的年人均排放额度。它分配的原则是"人均未来趋同"，各国需要严格按照每年的人均排放额度进行减排，在 2100 年各国的人均排放要收敛到一致的稳态水平上。（ⅱ）斯特恩（Stern，2008）方案。该方案提出，至2050 年，发达国家的碳排放水平比 1990 年降低 80%，而发展中国家比1990 年降低 50%。（ⅲ）联合国政府间气候变化专门委员会（IPCC）方案（2007）。该方案的目标是从工业革命以来到 21 世纪末的增温控制在 2℃以内，并进一步明确了 40 个附件Ⅰ国家和非附件Ⅰ国家的减排目标。（ⅳ）联合国开发计划署（UNDP）方案（2007）。该方案提出全球$CO_2$ 排放在 2020 年达到峰值，2050 年在 1990 年的基础上减少 50%；明确发达国家应在 2012～2015 年达到峰值，2020 年在 1990 年基础上减排30%，到 2050 年则减排 80%；发展中国家在 2020 年达到峰值，到 2050年，则要比 1990 年减排 20%。（ⅴ）经济合作和发展组织（OECD）方案（2008）。它以 2000 年为基准年，把全球分成 OECD 国家、金砖四国和其他国家。在 2050 年大气 $CO_2$ 浓度控制在 450ppmv 目标下，提出2030 年全球应减排 3%，到 2050 年，全球在 2000 年的基准上减排41%。与此同时，加诺特（Garnaut，2008）方案指出，以 2001 年为基准年，2005 年为起始年，在 450ppmv 目标下，把全球分成六大类国家，明确 2020 年和 2050 年的减排路线。

以上方案有几点不足之处。一是，基准年设定时，是以当前碳排放现状和长期全球减排目标下为基础的排放权分配方案，掩盖了发达国家与发展中国家在历史排放和当前人均排放上的巨大差异（丁仲礼等，2009a）。二是，碳排放高峰年设定时，未曾考虑各国正所处不同的发展阶段。目前，发达国家已基本完成了工业化、城市化进程，经济社会趋于内涵式发展，当前高人均排放水平可以实现持续下降。而处于工业化、城市化阶段的发展中国家，随经济社会发展和能源需求的增长，相应碳排放还有一个持续增长的过程（何建坤等，2009；陈诗一，2010），需要保障可持续发展所必需的合理排放空间。三是，按照上述分配原则，发达国家比发展中国家获得更多的未来排放权，严重侵占了发展中国家的排放权（方精云等，2009；吴静，王铮，2009；王铮等，2012）。

另一类碳排放权分配方案是国内学者所提出的方案，考虑了历史责任，大多是以人均累积碳排放为基础的分配原则。很早就有学者认为，效力有限的《京都议定书》主要是针对碳排放量较高的国家，应该从发展中国家的角度提出全球减排方案，在方案中必须综合考虑发展中国家具体情况（Dasgupta，1974）。国内学者提出了考虑历史责任的人均累积排放相等的分配原则以及"两个趋同"的分配方法（陈文颖，吴宗鑫，1998；何建坤等，2004；陈文颖等，2005；何建坤等；2009），研究结果表明，"两个趋同"的方法可以给予发展中国家应有的发展空间以实现工业化，符合公平、共同但有区别的责任以及可持续发展的原则（陈文颖等，2005）。

与此同时，丁仲礼等（2009b）研究论证了"人均累计排放指标"最能体现"共同而有区别的责任"原则和公平正义准则。潘家华、陈迎（2009）将优先满足基本需求的公平原则与全球的可持续性目标结合起来，以气候安全的允许排放量为全球碳预算总量，设为刚性约束，可以确保碳预算方案的可持续性、公平性和效率。国务院发展研究中心课题组（2009）基于人均累积排放相等思想的分配方案，充分体现了各国历史排放和未来排放的责任。王铮等（2012）针对全球经济一体化的现实，以拉姆齐函数公平为标准，发展了一个适合全球经济一体化结构的新型气候经济学集成评估模型，模拟研究了既适合全球减排行动又符合发展中国家利益的减排方案，比较分析了总量减排方案的国际公平性。为此，中国顶层设计中须考虑碳排放的属性特点，拓展碳排放交易的市场空间的同时，国家需要将碳纳入预算管理，实现效率配置和有效管控（潘家华，2016）。

### 1.2.4　碳减排的区域调控政策

碳减排政策需要考虑区域协调发展的目标（袁永娜等，2012；袁永娜等，2013）。实际上，碳市场对区域宏观经济影响的研究，是区域调控政策制定的重要方面（吴洁等，2015）。近年来，学术界对碳减排政策做了非常有价值的研究，相关学者采用集成评估模型来探讨碳循环的气候系统对经济系统的反馈等作用机制（Popp，2004；Nordhaus，2007；Nordhaus，2008；Stanton and Ackerman，2009；王铮等，2012；王铮等，2010；顾高翔，王铮，2017）。通过可计算一般均衡（CGE）模型模拟发现，碳税对经济造成一定负面冲击（Wissema and Dellink，2007；Lee et al.，2008；王灿等，2005；朱永彬等，2010；姚昕，刘希颖，2010）。可见，上述研究主要从集成评估模型和CGE模型来模拟碳排放与碳经济政策。对于碳排放政策影响我国区域经济协调发展的问题，何建武和李善同（2010）利用多区域CGE模型模拟得出，在全国各个地区实行统一的碳税时，对资源丰富的西部地区造成的社会福利损失比经济发达的东部地区要高，统一碳税政策不仅会带来地区整体福利的下降，而且将造成地区差距的扩大，不利于我国经济协调发展。与此同时，李娜等（2010）利用中国动态多区域CGE模型，模拟了实施碳税政策对中国区域发展格局演进的影响。袁永娜等（2013）应用多区域CGE模型模拟发现，碳排放权分配将影响各地区的发展空间。有研究指出，尽管碳交易会降低减排成本，但会加剧区域不平衡的风险

（袁永娜等，2016）。吴洁等（2015）进一步分析不同的初始配额分配方式下碳市场对各地区宏观经济及重点减排行业的影响，指出有必要加强重点部门与行业减排方案的全过程协同。为此，碳排放权在地区间的分配，要权衡不同的分配设置可能产生的效果，充分考虑地域的差异性，加强区域风险管治，以兼顾经济正常发展与减排目标（傅京燕，黄芬，2016）。

然而，经济风险因素的冲击，表现出随机性特征。这时家庭、企业、政府的最优决策不是一个点，而是一条动态路径，而动态随机一般均衡模型（dynamic stochastic general equilibrium，DSGE）是处理该特征的有效模拟方法。目前，国内外学者的已有研究通过 DSGE 模型模拟碳排放政策做了有意义的探索，构建了 DSGE 模型来讨论技术对经济和环境系统的冲击，进一步讨论碳税和碳排放权分配政策对经济造成的波动，以及对社会福利的影响（Fischer and Springborn，2011；Heutel，2012；Annicchiarico and Di Dio，2015；郑丽琳，朱启贵，2012；吴兴弈等，2014；杨翱，刘纪显，2014）。有学者对上述 DSGE 模型进一步细化，构建了多部门 DSGE，来模拟在面临技术冲击下，碳排放权分配政策和碳税政策对经济的影响（Dissou and Karnizova，2012）。但需要指出的是，面临当前我国碳峰值承诺下碳排放政策的实施，需要进行有效的区域政策调控，防范区域收敛动力不足的风险。上述文献研究碳排放政策对经济的影响时，很少从地区层面和行业层面双重视角来研究碳排放权分配和区域协调发展之间的政策调控。

## 1.2.5　文献评述

（1）产业发展依托于它们所在的地理空间，而碳排放的地理空间分异，易导致区域发展差异问题日益突出；尤其是，环境政策收紧背景下，行业利润空间被压缩，高碳强度区域沦为承接中低碳强度区域"三高"产业转移的"污染避难所"（张永强，张捷，2016）。为此，厘清碳排放空间分异的演化特征及其影响机理，是研究碳排放转移流向的试金石，是探讨碳减排责任分担的现实依据。但从研究方法来看，当前对碳排放的时空演变研究主要以数据趋势分析为主，较少考虑邻近地区空间相关性及空间误差冲击效应对碳排放时空演变的作用，对碳排放空间分异机制背后的驱动因素也有待深入研究。

（2）碳排放转移问题。一是大多单一的投入产出建模研究方法使得鲜有研究对区域贸易隐含碳排放变化的驱动因素开展相关分析。二是涉及区域贸易隐含碳排放的地理源问题还较少被关注，也就是，区域因流入贸易而产生的流入碳排放是来自哪里，同时区域因流出贸易而产生的流出碳排放又去了哪里？三是在区域贸易联系日益紧密的现实背景下，为减轻贸易对区域碳排放乃至减排责任划分的影响，为构建"共同但有区别"的碳减排责任提供科学依据（钟章奇等，2017）。

（3）纵观碳排放权分配的问题，大多研究主要集中在全球的碳排放权分配研究方面。我国碳排放呈现明显的区域特征，且承诺碳排放峰值在2030年左右到达，故制定合理的碳排放权分配方案的研究亟待深入；我们认为当前需要进一步针对碳排放权方案做新的探索。这些问题表现为：第一，上述研究大多从全球尺度对世界各国碳排放权进行分配，而对国家区域之间碳排放权分配的研究非常缺乏，尤其是中国承诺2030年左右达到碳排放峰值背景下，从中国区域尺度需要深入研究。第二，我国区域特征明显，但大多数现有碳排放权分配方案并未考虑对区域经济的影响，因此，现有研究在碳排放权的分配过程中，如何调控区域差距和不公平的风险问题上，需要提出新的解决方法和应对策略。在研究中国区域碳排放权分配过程中，需要考虑缩小区域差距，这也是当前我国区域协调发展战略的现实要求所决定的。

（4）已有文献对碳减排的区域政策调控问题进行了卓有成效的研究，其理论思想与技术手段值得借鉴，相关成果对本研究具有奠基性作用，但仍存在如下尚待进一步深化和拓展之处。首先，碳排放权分配能否兼顾公平和效率，促进区域经济协调发展，降低区域风险？其次，在技术上，一般均衡模型（CGE）的模拟很难解决我国宏观经济的动态性特征及对经济系统冲击的随机性问题。为此，须基于整个宏观经济调控思路，以一般均衡思想、真实经济周期和区域治理理论为支撑，构建分行业、分地区的一般均衡模型框架，对现有模型进行改进，建立适合我国现状的多部门多区域的动态随机一般均衡模型（DSGE），通过情景模拟分析，来探索在中国实现碳排放峰值的承诺下，碳排放权分配与区域风险管治策略，对制定跨区域跨部门的合作减排机制以及实施有效的政策措施提供科学支持。

## 1.3　研究思路

本研究基于碳排放空间分异特征，拟围绕碳排放转移、碳排放权分配等若干基础理论问题，遵循理论梳理与实证考察相结合、微观与宏观相结合的研究思路，以解析分析、统计分析和实证研究综合集成的研究方法，综合运用低碳经济学、公共政策选择、机制设计与战略管理理论，系统研究空间分异下碳排放转移机制、碳排放权分配及政策模拟。沿着"碳排放空间分异特征及趋同条件→区域碳排放转移特征→区域贸易隐含碳、责任划分及结构分解→碳排放权分配方案模拟→碳减排政策模拟及对策研究"的研究思路，综合运用国内外学术成果和实践经验，旨在为区域碳治理提供应对气候变化的科学依据。

## 1.4　研究方法

为实现研究目标，本研究坚持理论和实证结合、定性与定量相结合的思想，所采用的主要研究方法有：

（1）GIS的空间探索性分析方法（ESDA）。主要分析我国碳排放时空格局及现状。

（2）空间计量经济学模型方法体系。主要通过时空面板模型、地理加权回归分析法，分析空间分异下碳排放的影响因素及地区差异。

（3）构建碳排放与经济的动力学模型，采用最优化方法。

（4）基于一般均衡理论和真实经济周期理论，采用投入产出表分析法及参数校准方法，进一步采用待定系数算法，通过 MATLAB 软件编程实现其算法思想，以构建一个多区域多部门 DSGE 的模拟系统，设定不同情景组合，对碳区域政策的调控模式进行模拟。

（5）典型地区分析法。鉴于长江经济带横跨东、中、西部三大区域，系统对长江经济带各地区碳排放转移机制的研究，从不同的地理空间尺度，选取比较有代表的省份，探讨碳排放转移、碳强度目标分解及评估，通过梳理与总结实证研究的结果，提出适合区域协调发展的碳减排政策。本研究方法的重要特点是将跨学科的分析技术进行综合应用和完善。

## 1.5 研 究 框 架

本研究主要从四个方面来探讨碳排放转移机制：一是碳排放表现的空间形态及所形成的空间规律。二是空间分异下区域碳排放压力差异性分析。三是碳排放空间趋同的条件辨析。实际上，这三个方面的研究为探讨碳排放转移评估提供了现实支撑。四是基于投入产出表方法，从区域与产业的视角，探讨碳排放转移特征及结构分解。那么从这四方面深入研究，这将有利于明晰碳排放转移机制，以及构建共同但有区别的责任划分的框架，也为碳排放权分配方案提供可靠的数据支撑。

与此同时，地理空间分异特征，也决定了区域之间需要建立合作减排机制。贸易隐含碳转移是影响碳排放权分配的关键因素，为此，设计合理的碳排放权分配方案有利于构建区域间合作减排政策，因此，本书进一步探讨公平与发展的碳排放权分配及碳目标分解问题。最后，基于动态随机一般均衡模拟的碳政策模型，模拟碳政策对宏观经济的影响。具体见图1.1。

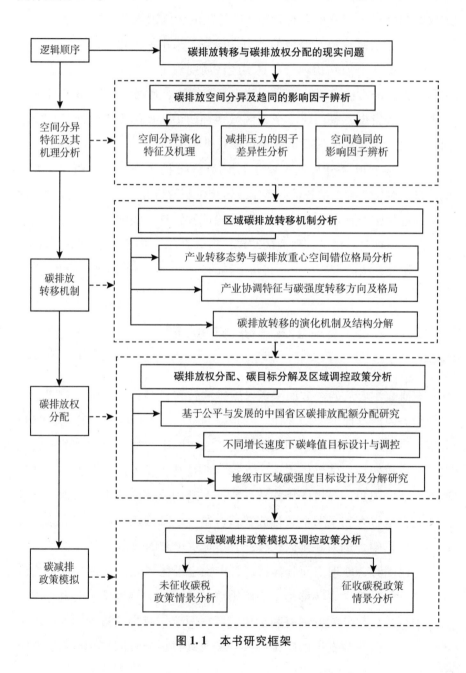

图1.1　本书研究框架

# 第 2 章

## 我国碳排放空间分异特征及
## 趋同的影响因子辨析

气候变化不仅是环境问题，更是发展问题（刘燕华等，2008）。目前，我国正处于新型工业化和城镇化全面推进之际，能源消耗量将急剧增加（陈志建，王铮，2012），对经济社会和环境的可持续发展构成了严重威胁，势必导致中国碳减排面临前所未有的压力和挑战（张丽峰，2011）。同时，我国各省域的碳排放总量呈现非均衡性及空间分布的异质性特征（王铮，朱永彬，2008），区域间人均碳排放应该符合承担公平的、共同的但有区别的责任原则和可持续发展的原则（郑立群，2013）。由于人均碳排放量趋同体现了人类生存和利用大气资源的平等权利（Sørensen，2008），碳排放趋同性问题引起国内外学界和政策制定者的极大关注，一些学者认为不同条件趋同趋势决定了政府要采取不同的碳减排政策，也决定了政府这只"有形之手"有必要采取各种碳经济政策，以保证碳排放趋同（许广月，2010；Strazicich and List，2003；Jobert et al.，2010）。由于各省区市经济发展水平、技术条件和能源结构差异影响，各省区市可以实现的减排能力和实际需要也应存在差异（王铮等，2013）。

与此同时，长期以来，我国学者大多从国家层面去研究碳排放总量问题（林伯强，孙传旺，2011；张友国，2010；宋德勇，卢忠宝，2009；徐国泉等，2006；胡初枝等，2008）。但是，中国区域差异明显，从国家层面进行的总体研究及提出的政策建议未必与每个地区的实际情况吻合，也不利于各行政区域的具体落实，因而，应当从区域格局差异的角度来制定和把握国家碳减排目标和制定相关政策，才能更具针对性和可操作性（张雷，2006）。

为此，本章将从区域碳排放空间分异特征、地区减排压力差异性评估以及碳排放空间趋同条件辨识等方面进行深入探讨，为以下研究提供数据库和理论分析的支撑：总结碳排放空间表现的形态以及所形成的规律；追溯其贸易隐含碳排放的地理源，理论总结我国空间分异与碳排放的作用机理；不同区域的碳排放转移特征与实证研究。具体而言：一是探讨我国区域人均碳排放的空间格局演变，通过空间计量模型，分析碳排放空间分异形成的机制，明晰人均碳排放空间形成的特征；二是通过地理加权回归模型识别评估地区碳减排压力的差异性；三是构建空间面板模型对碳排放空间趋同的条件进行识别，为地区制定减排政策提供科学依据。

## 2.1　区域人均碳排放的空间演化及俱乐部趋同分析

在探讨异质性区域是否存在碳排放趋同及其减排策略的制定等方面，亟须将时空结合起来，系统展开我国区域碳排放空间格局演变和俱乐部趋同的实证研究，这将有助于制定科学、合理的区域减排政策。

### 2.1.1　数据来源与研究方法

#### 2.1.1.1　变量数据来源

本研究选取中国 30 个省区市 1995～2010 年的数据（西藏、香港、澳门、台湾四地数据缺失），数据来源于相关年份的《中国能源统计年鉴》，采用各地区一次能源消耗量来估算碳排放总量 $y_i$。根据 2007 年 IPCC 第四次评估报告，温室气体增加主要源自化石燃料燃烧，因此，本章各省域的碳排放量基于 2007 年 IPCC 研究报告的"方法 1"来计算，碳排放系数也均来自 IPCC 研究报告。本书各图表的数据未作特殊说明的，均由笔者计算得出。

### 2.1.1.2 研究方法

$\sigma$ 趋同为不同地区人均碳排放随着时间的推移标准差而趋于下降，则理论模型为：

$$Y_{it} = \ln(y_{it}) \tag{2.1}$$

$$E(Y_{it}) = 1/N \sum_{i=1}^{N} Y_{it} \tag{2.2}$$

$$\sigma = \sqrt{1/(N-1) \sum_{i=1}^{N} (Y_{it} - E(Y_{it}))^2} \tag{2.3}$$

其中，$i = 1, 2, 3, \cdots, N$；$t = 1, 2, 3, \cdots, T$。$y_{it}$ 为人均碳排放量，$Y_{it}$ 为 $y_{it}$ 对数形式，$E(Y_{it})$ 为 $Y_{it}$ 的期望值。$i$ 为地区，$t$ 为时间。

借鉴相关学者碳排放趋同的理论模型，构建人均碳排放趋同的空间面板模型（Jobert et al.，2010），空间滞后面板绝对 $\beta$ 趋同的计量经济模型（SLPDM）如下：

$$\ln\left(\frac{y_{it}}{y_{i,t-1}}\right) = \alpha_{it} + \beta\ln(y_{i,t-1}) + \rho W\ln\left(\frac{y_{it}}{y_{i,t-1}}\right) + \mu_{it} \tag{2.4}$$

式（2.4）为 SLPDM 模型，$\beta$ 为趋同的系数，$W$ 为空间权重矩阵，$\rho$ 为空间相关系数，用来衡量一个区域碳排放对周边地区碳排放的空间溢出影响。

$$\ln\left(\frac{y_{it}}{y_{i,t-1}}\right) = \alpha_{it} + \beta\ln(y_{i,t-1}) + \mu_{it} \tag{2.5}$$

$$\mu_{it} = \lambda W\mu_{it} + \varepsilon_{it} \tag{2.6}$$

式（2.5）和式（2.6）为 SEPDM 模型，$\beta$ 为趋同的系数，$W$ 为空间权重矩阵，$\lambda$ 参数衡量了样本观察值误差项引起的一个区域间溢出成分。

研究空间俱乐部的趋同，首先需进行区域分组，因而有必要估计和检验碳排放空间自相关性，通常采用 Moran's I 指数来衡量一个地区的碳排放行为在地理空间上是否表现出空间自相关（依赖）性（Cressie，1993）。故本章采用 Moran's I 系数进行内生区域分组。定义如下：

$$Moran's\ I = \frac{\sum_{i=1}^{n} \sum_{j=1}^{n} W_{ij}(Y_i - \bar{Y})(Y_j - \bar{Y})}{S^2 \sum_{i=1}^{n} \sum_{j=1}^{n} W_{ij}} \tag{2.7}$$

其中，$S^2 = \frac{1}{n} \sum_{i=1}^{n} (Y_i - \bar{Y})^2$，$\bar{Y} = \frac{1}{n} \sum_{i=1}^{n} Y_i$，$i$ 表示第 $Y_i$ 各地区的观测值（本章是人均碳排放量 $y_{i,t}$），$n$ 为地区总数（如省、自治区、直辖市），$W_{ij}$ 为二进制的邻近空间权值矩阵。

其中，空间权重矩阵 $W$ 定义为：

$$W_{ij} = \begin{cases} 1; & 当区域\ i\ 和区域\ j\ 相邻 \\ 0; & 当区域\ i\ 和区域\ j\ 不相邻 \end{cases} \tag{2.8}$$

式中：$i = 1, 2, \cdots, n$；$j = 1, 2, \cdots, m$；$m = n$ 或 $m \neq n$。

### 2.1.2 人均碳排放区域时空格局演变过程

#### 2.1.2.1 人均碳排放区域空间格局演变过程

本章先对我国区域人均碳排放进行初步分类。其标准如下：第一类，低人均碳排放型，其人均碳排放规模为 0～1 吨/年；第二类，中度人均碳排放型，其人均碳排放规模为 1～3 吨/年；第三类，较高人均碳排放型，其人均碳排放规模为 3～5 吨/年；第四类，高人均碳排放型，其人均碳排放规模为 5～7 吨/年。据此，把各省份或直辖市划分为低人均碳排放地区、中度人均碳排放地区、较高人均碳排放地区及高人均碳排放地区 4 种类型，研究不同时空尺度下各省份人均碳排放格局的演变过程，有利于把握人均碳排放空间格局。

（1）稳定阶段（1995～2000 年）。人均碳排放的空间格局结果显示

（见表2.1）此阶段最大的特点是江苏、浙江、安徽、福建、江西、山东、河南、湖北、湖南、广东、广西、海南、重庆、四川、贵州、云南、陕西、甘肃、青海19个省区市均处于低人均碳排放型行列，其他11个省区市，除了山西省在1995年个别年份为较高人均碳排放型之外，均处于中度人均碳排放型行列。

表2.1　　　　　　　　　各个地区人均碳排放量　　　　　　　单位：吨

| 地区 | 1995 年 | 2000 年 | 2005 年 | 2010 年 |
|------|---------|---------|---------|---------|
| 北京 | 2.2033 | 2.0773 | 2.1944 | 1.7733 |
| 天津 | 2.2545 | 2.4244 | 3.3733 | 3.9165 |
| 河北 | 1.1881 | 1.2662 | 2.3827 | 3.1882 |
| 山西 | 3.0285 | 2.7067 | 4.7553 | 5.2909 |
| 内蒙古 | 1.2398 | 1.5451 | 3.7052 | 6.8477 |
| 辽宁 | 2.1439 | 2.3315 | 3.3212 | 4.3183 |
| 吉林 | 1.2970 | 1.1747 | 1.9148 | 2.5435 |
| 黑龙江 | 1.3788 | 1.4508 | 1.8526 | 2.4813 |
| 上海 | 2.8706 | 2.9105 | 3.6376 | 3.1880 |
| 江苏 | 0.9119 | 0.9227 | 1.7900 | 2.3684 |
| 浙江 | 0.7675 | 0.9529 | 1.7217 | 2.1932 |
| 安徽 | 0.5758 | 0.6917 | 0.9116 | 1.4854 |
| 福建 | 0.4268 | 0.5390 | 1.0745 | 1.6942 |
| 江西 | 0.5165 | 0.4711 | 0.7700 | 1.0946 |
| 山东 | 0.8594 | 0.8092 | 2.1408 | 3.1795 |
| 河南 | 0.5830 | 0.6410 | 1.2840 | 1.8074 |
| 湖北 | 0.7246 | 0.7904 | 1.1854 | 1.7681 |
| 湖南 | 0.5920 | 0.4290 | 1.0139 | 1.2559 |
| 广东 | 0.7527 | 0.7817 | 1.1819 | 1.5197 |
| 广西 | 0.3429 | 0.3510 | 0.6237 | 1.0564 |
| 海南 | 0.2148 | 0.3140 | 0.5395 | 1.5559 |

续表

| 地区 | 1995 年 | 2000 年 | 2005 年 | 2010 年 |
|---|---|---|---|---|
| 重庆 | 1.0646 | 0.6637 | 0.9174 | 1.4389 |
| 四川 | 0.4558 | 0.4411 | 0.7444 | 1.0982 |
| 贵州 | 0.6857 | 0.8824 | 1.3853 | 1.8901 |
| 云南 | 0.4907 | 0.4671 | 1.1301 | 1.4763 |
| 陕西 | 0.7373 | 0.6470 | 1.3363 | 2.5059 |
| 甘肃 | 0.9147 | 0.9531 | 1.4067 | 1.8694 |
| 青海 | 0.7922 | 0.7835 | 1.2130 | 1.8458 |
| 宁夏 | 1.3625 | 1.2664 | 3.4690 | 5.7211 |
| 新疆 | 1.4216 | 1.4749 | 2.1481 | 3.3698 |

（2）初步空间分异阶段（2000～2005 年）。天津、山西、内蒙古、辽宁、上海、宁夏已跳跃到较高人均碳排放型行列；江苏、浙江、福建、山东、河南、湖北、湖南、广东、贵州、云南、陕西、甘肃、青海跳跃到中度人均碳排放型行列；安徽、江西、广西、海南、重庆、四川仍处于低人均碳排放型行列。

（3）快速空间分异阶段（2005～2010 年）。人均碳排放的空间格局结果显示，山西、内蒙古和宁夏已从较高人均碳排放型跳跃到高人均碳排放型行列，即高人均碳排放型区域从 0 增加到 3 个。山东、新疆、河北跳跃到较高人均碳排放型行列，处于较高人均碳排放型行列的还有天津、辽宁、上海；安徽、江西、广西、海南、重庆、四川已从低人均碳排放区域跳跃到中度人均碳排放型行列。在这阶段，低人均碳排放型地区为 0 个。

综上可知，以粗放型经济发展模式推进我国工业化和城镇化，将造成我国发展对化石能源的刚性需求，势必引起经济高速发展伴随着高排放，这从上述人均碳排放空间格局特征已见端倪。与此同时，各地区经济地理差异进一步拉大，导致人均碳排放进入快速分异阶段，假若仍然延续以往经济发展模式，人均碳排放分异现象将愈发凸显，这同时也反映了我国人均碳排放的空间格局特征与地区经济发展格局之间存在一定的关联性。

### 2.1.2.2　不同时段和区域尺度的碳排放空间趋同结果分析

本章进一步按照国家统计年鉴的划分，把上述 30 个省区市划分为东、中、西部三大地区[①]。从图 2.1 看出，总体上，全国地区的标准差 $\sigma$ 系数有变大的趋势。具体到不同年份，从 1995 ~ 2000 年，$\sigma$ 值保持比较平稳下降的趋势，即存在 $\sigma$ 趋同；但从 2000 ~ 2010 年，$\sigma$ 值增长较快，即此时碳排放处于 $\sigma$ 发散。三大地区中，东部地区 1995 ~ 2009 年 $\sigma$ 值一直处于平稳下降阶段，但在 2009 年 $\sigma$ 值出现一个明显的转折点开始增大，因此，东部地区 1995 ~ 2010 年未发现人均碳排放的 $\sigma$ 趋同。中部地区人均碳排放的 $\sigma$ 值，在考察期间一直处于波动阶段，$\sigma$ 趋同并不明显。不同于东部和中部，西部地区 $\sigma$ 值虽然小幅波动，但上升态势比较明显，即西部地区的人均碳排放的 $\sigma$ 值处于发散状态。

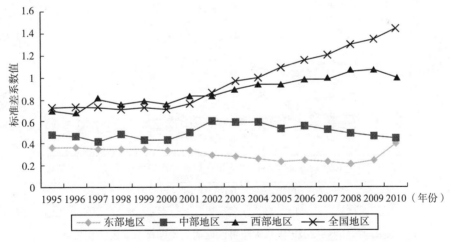

**图 2.1　1995 ~ 2010 年东、中、西部三大地区的人均碳排放 δ 值变化曲线**

---

① 东部包括北京、天津、河北、辽宁、上海、江苏、浙江、福建、山东、广东、海南；中部包括吉林、黑龙江、山西、安徽、江西、河南、湖北、湖南；西部包括广西、内蒙古、重庆、四川、贵州、云南、陕西、甘肃、青海、宁夏、新疆。

### 2.1.2.3　八大区域人均碳排放的$\sigma$空间趋同分析

本章根据国务院发展研究中心报告提出的划分方式，将上述 30 个省区市划分为八大经济区域①。

图 2.2 结果显示，东北地区整个考察期间$\sigma$趋同趋势并不明显。北部沿海地区，整个考察期间$\sigma$趋同趋势也不明显，但 1995~2009 年的$\sigma$趋同趋势比较明显。东部沿海地区在考察期间存在$\sigma$趋同，尤其是从 2003 年开始趋同速度明显加快。南部沿海地区在考察期间的$\sigma$趋同趋势也不明显，尤其是在 2001 年和 2005 年的人均碳排放$\sigma$值与其他年份明显不同。黄河中游地区并未发现明显的$\sigma$趋同趋势。长江中游地区在考察期间$\sigma$值波动较小，可见其$\sigma$趋同也不显著。西南地区$\sigma$趋同趋势一样不明显。而西北地区$\sigma$值在整个考察期内有明显变大的趋势，也就是说，西北地区 1995~2010 年处于$\sigma$发散趋势。

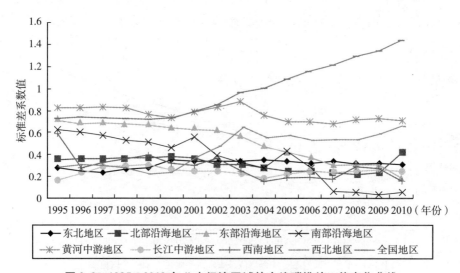

**图 2.2　1995~2010 年八大经济区域的人均碳排放$\delta$值变化曲线**

———————

①　东北地区包括辽宁、吉林、黑龙江；北部沿海地区包括北京、天津、河北、山东；东部沿海地区包括上海、江苏、浙江；南部沿海地区包括福建、广东、海南；黄河中游地区包括陕西、山西、河南、内蒙古；长江中游地区包括湖北、湖南、江西、安徽；西南地区包括云南、贵州、四川、重庆、广西；西北地区包括甘肃、青海、宁夏、新疆。

### 2.1.3　不同时段和区域尺度的人均碳排放绝对 $\beta$ 空间趋同分析

#### 2.1.3.1　不同时段尺度人均碳排放绝对 $\beta$ 空间趋同分析

将 1995～2010 年整个考察期分成三个时间段 1995～2000 年、2000～2005 年、2005～2010 年来分析，表 2.2 显示，$\alpha$ 为常数项，（下文如无特别说明，$\alpha$ 均为常数项）。本节重点分析 $\beta$ 系数，1995～2010 年整个考察阶段，尽管 $\beta$ 系数为负值，但是 P 值为 0.3965，结果并不显著，即绝对 $\beta$ 趋同的趋势不明显，全国各个地区人均碳排放以 0.0393% 趋同的速度缩小。而在 1995～2000 年和 2000～2005 年考察期间，绝对 $\beta$ 趋同趋势也不明显，1995～2000 年的趋同速度为 0.2967%，2000～2005 年间的趋同速度为 0.2379%。但从 2005～2010 年 $\beta$ 值显著为负值，即存在绝对 $\beta$ 趋同，且趋同速度为 0.901%。可见，随着经济发展到一定阶段，人均碳排放趋同速度有明显的提高。

**表 2.2　　　　不同时间段的人均碳排放的绝对 $\beta$ 趋同结果**

| 年份 | 变量 | 系数 | 标准误差 | t 统计量 | P 值 |
|---|---|---|---|---|---|
| 1995～2000 | $\alpha$ | 0.0025 | 0.0065 | 0.3794 | 0.7049 |
| | $\beta$ | −0.0147 | 0.0105 | −1.4050 | 0.1621 |
| 2000～2005 | $\alpha$ | 0.1080 | 0.0084 | 12.8765 | 0.0000 |
| | $\beta$ | −0.0118 | 0.0135 | −0.8789 | 0.3809 |
| 2005～2010 | $\alpha$ | 0.0963 | 0.0097 | 9.9512 | 0.0000 |
| | $\beta$ | −0.0441 | 0.0119 | −3.7120 | 0.0003 |
| 1995～2010 | $\alpha$ | 0.0612 | 0.0048 | 12.7498 | 0.0000 |
| | $\beta$ | −0.0059 | 0.0069 | −0.8487 | 0.3965 |

#### 2.1.3.2　不同区域尺度人均碳排放的绝对 $\beta$ 趋同分析

东、中、西部三大地区人均碳排放的绝对 $\beta$ 趋同分析。从三大地区分析，结果显示（见表2.3），东部地区的 $\beta$ 系数显著为负，存在绝对 $\beta$ 趋同，趋同速度为 0.2354%。而中部地区绝对 $\beta$ 趋同不明显。西部地区 $\beta$ 系数显著为正，即西部地区的人均碳排放处于发散阶段。原因在于西部地区当前处于经济增长时期，而碳排放与高耗能产业比重相关，从工业行业耗能结构来看，中、西部地区的高耗能行业占工业产值比重远远高于东部地区（王俊松，贺灿飞，2010）。同时，西部地区的能源消费通过"西气东输""西电东送"等国家工程，提供东部经济发展的能源需求，这就存在东部碳排放向西部转移现象。因此，东部地区存在明显的俱乐部趋同特征，而西部地区反而处于人均碳排放发散特征是可能的。

表2.3　　　东、中、西部三大地区的人均碳排放的趋同估计结果

| 地区 | 变量 | 系数 | 标准误差 | t统计量 | P值 |
|---|---|---|---|---|---|
| 东部地区 | $\alpha$ | 0.0709 | 0.0080 | 8.8901 | 0.0000 |
|  | $\beta$ | -0.0347 | 0.0104 | -3.3516 | 0.0010 |
| 中部地区 | $\alpha$ | 0.0525 | 0.0075 | 6.9966 | 0.0000 |
|  | $\beta$ | -0.0003 | 0.0115 | -0.0291 | 0.9768 |
| 西部地区 | $\alpha$ | 0.0662 | 0.0088 | 7.5007 | 0.0000 |
|  | $\beta$ | 0.0235 | 0.0138 | 1.7065 | 0.0898 |

### 2.1.3.3　八大经济区域人均碳排放绝对 $\beta$ 趋同分析

从八大经济区域分析，表2.4 结果表明，东北地区，$\beta$ 系数为正但并不显著，即东北地区人均碳排放处于发散阶段，但发散的现象并不是很明显，正在以 0.213% 的速度拉开差距，2003 年国务院提出振兴东北老工业基地战略，促进了东北重工业的发展，而重工业发展的同时也伴随着大量能耗，因而碳排放反而有增大趋势，因此，东北地区人均碳排放处于发散阶段。北部沿海地区，趋同趋势也不明显，趋同的速度为 0.126%。而东部沿海地区，存在显著的绝对 $\beta$ 趋同趋势，趋同速度为 0.2676%，从能源结构来看（见图 2.3），东部沿海地区的能源结构得

到明显的改善，尤其是上海的能源结构得到了明显优化。图2.4显示，东南沿海地区逐渐进入后工业化时期，低耗能的第三产业逐渐成为经济增长的主要拉动力量。因此，能源结构和产业结构的改善促进了东部沿海地区的人均碳排放 $\beta$ 趋同。南部沿海地区，$\beta$ 系数为负值，但结果并不显著，也就是说，南部沿海地区趋同趋势并不明显。而黄河中游地区 $\beta$ 系数为正，说明人均碳排放处于发散阶段，但发散现象并不明显。长江中游地区人均碳排放也处于发散阶段，并未发现 $\beta$ 趋同。西南地区，$\beta$ 系数为负，但并不显著，说明趋同趋势并不明显。而西北地区 $\beta$ 系数为正，但并不显著，换而言之，人均碳排放处于发散阶段，但发散并不明显。

表2.4　　　　　　八大经济区域的人均碳排放的趋同估计结果

| 不同区域 | 变量 | 系数 | 标准误差 | t统计量 | P值 |
|---|---|---|---|---|---|
| 东北地区 | $\alpha$ | 0.0230 | 0.0192 | 1.1947 | 0.2388 |
| | $\beta$ | 0.0325 | 0.0266 | 1.2190 | 0.2295 |
| 北部沿海地区 | $\alpha$ | 0.0561 | 0.0192 | 2.9275 | 0.0049 |
| | $\beta$ | -0.0187 | 0.0247 | -0.7565 | 0.4524 |
| 东部沿海地区 | $\alpha$ | 0.0681 | 0.0132 | 5.1452 | 0.0000 |
| | $\beta$ | -0.0393 | 0.0173 | -2.2785 | 0.0277 |
| 南部沿海地区 | $\alpha$ | 0.0804 | 0.0221 | 3.6418 | 0.0007 |
| | $\beta$ | -0.0293 | 0.0332 | -0.8822 | 0.3826 |
| 黄河中游地区 | $\alpha$ | 0.0744 | 0.0147 | 5.0758 | 0.0000 |
| | $\beta$ | 0.0051 | 0.0162 | 0.3148 | 0.7540 |
| 长江中游地区 | $\alpha$ | 0.0703 | 0.0138 | 5.1057 | 0.0000 |
| | $\beta$ | 0.0503 | 0.0300 | 1.6746 | 0.0994 |
| 西南地区 | $\alpha$ | 0.0570 | 0.0194 | 2.9394 | 0.0044 |
| | $\beta$ | -0.0056 | 0.0340 | -0.1657 | 0.8688 |
| 西北地区 | $\alpha$ | 0.0493 | 0.0161 | 3.0589 | 0.0034 |
| | $\beta$ | 0.0357 | 0.0253 | 1.4131 | 0.1630 |

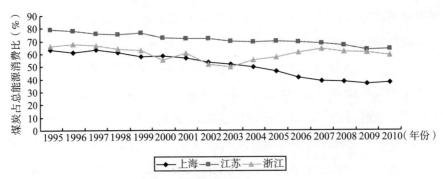

图 2.3　煤炭占总能源消费的比重

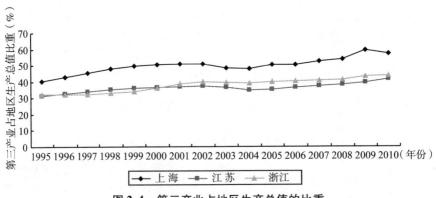

图 2.4　第三产业占地区生产总值的比重

### 2.1.4　人均碳排放空间俱乐部趋同结果与分析

对于空间俱乐部趋同研究，鲍蒙特等（Baumont et al.，2003）在考察欧洲的区域经济增长俱乐部趋同现象时，就采用 Moran's I 系数进行内生区域分组，并利用空间计量方法检验同一区域组内是否存在俱乐部趋同。国内学者覃成林、刘迎霞和李超人（2012）给出了空间俱乐部概念，本章在此理论基础上来验证人均碳排放的空间俱乐部趋同。

首先，本章利用 Moran's I 指数计算了 1995～2010 年中国省域人均碳排放的空间自相关性，结果显示（见表 2.5），Moran's I 全部通过0.05 显著性检验。并且随着时间的推移，Moran's I 值逐渐增大，这就意味着中国区域人均碳排放具有较强的空间自相关性，并且空间依赖性逐渐加强，各个区域并不是相互独立的。

表 2.5　　　　　　　中国 30 个省区市全域自相关性进行分析

| 年份 | $W_1$ | | | |
|---|---|---|---|---|
| | Moran's I | P – value | mean | sd |
| 1995 | 0.2419 | 0.0160 | − 0.0378 | 0.1209 |
| 1996 | 0.2493 | 0.0140 | − 0.0392 | 0.1192 |
| 1997 | 0.2845 | 0.0170 | − 0.0359 | 0.1279 |
| 1998 | 0.2485 | 0.0260 | − 0.0283 | 0.1115 |
| 1999 | 0.2798 | 0.0100 | − 0.0333 | 0.1154 |
| 2000 | 0.3001 | 0.0070 | − 0.0354 | 0.1179 |
| 2001 | 0.2795 | 0.0140 | − 0.0300 | 0.1232 |
| 2002 | 0.2524 | 0.0260 | − 0.0287 | 0.1229 |
| 2003 | 0.2332 | 0.0250 | − 0.0339 | 0.1196 |
| 2004 | 0.3164 | 0.0080 | − 0.0361 | 0.1228 |
| 2005 | 0.3710 | 0.0020 | − 0.0393 | 0.1237 |
| 2006 | 0.3785 | 0.0020 | − 0.0360 | 0.1219 |
| 2007 | 0.3982 | 0.0050 | − 0.0310 | 0.1229 |
| 2008 | 0.4176 | 0.0040 | − 0.0356 | 0.1179 |
| 2009 | 0.4023 | 0.0010 | − 0.0384 | 0.1177 |
| 2010 | 0.4062 | 0.0435 | − 0.0302 | 0.118 |

　　人均碳排放空间俱乐部趋同是人均碳排放的初始水平和空间经济结构特征相类似的一组区域，人均碳排放趋同于相同的稳态，那么这组区域被称之为空间俱乐部趋同（覃成林等，2012；Baumont et al.，2003）。一般研究空间俱乐部趋同过程中均采用 Moran's I 系数进行内生区域分组，结果表明 Moran's I 值为正（见图 2.5 及图 2.6），意味着中国区域人均碳排放具有正的空间自相关性，并有加强的趋势。

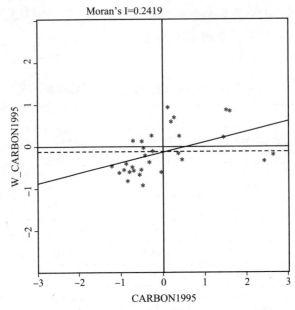

图 2.5 1995 年人均碳排放 Moran's I 散点图

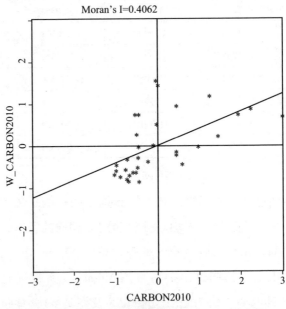

图 2.6 2010 年人均碳排放 Moran's I 散点图

　　为了更细致分析人均碳排放空间集聚分布，本章通过 Moran's I 散点图对我国 30 个省域进行空间内生分组，坐标系把以点表征的区域划分为 4 个不同的组，即 H–H 组、H–L 组、L–H 组和 L–L 组。

　　在此需要说明的是，H–H 组表示目标区域人均碳排放值高，邻近区域值也高；H–L 组表示目标区域人均碳排放值高，邻近区域值低；L–L 组表示目标区域人均碳排放值低，邻近区域值也低；L–H 组表示目标区域人均碳排放值低，邻近区域值高。经济水平的高低并非与人均碳排放强度高低之间呈现一一对应的关系，如辽宁、吉林、内蒙古人均碳排放强度居于 H–H 地区，即高值集聚区，但其经济发展水平当前并未处于我国前列，可能原因是这些地区产业结构以重、化、能源工业为主导，致使能源消耗大幅增加。

　　不仅如此，人均碳排放的 L–L 组区域相对稳定，即低值集聚区，主要分布在南部沿海地区（福建、广东、海南）、长江中游地区（湖北、湖南、江西和安徽）、大西南地区（云南、贵州、四川、重庆和广西）。同时，L–L 地区呈现典型的空间俱乐部趋同趋势，为了验证结果的稳定性，本章将通过空间面板模型进一步检验。

　　在此，通过空间俱乐部趋同的估计结果显示（如表 2.6 所示），H–H 和 H–L 地区 $\beta$ 系数为正，但结果不显著，即当目标区域人均碳排放值较高的时候，对邻近区域产生负的溢出效应，那么，这有可能加大区域之间碳排放的差距，不利于趋同。这也启示地方政府在提倡低碳经济发展中，区域的示范效用不容忽视。L–H 地区 $\beta$ 系数为负，但趋同趋势并不明显；L–L 地区 $\beta$ 系数显著为负，存在空间俱乐部趋同，且不论是 $\lambda$ 还是 $\rho$ 值都显著为正，即 L–L 地区人均碳排放的增长率对其他邻近区域的人均碳排放增长率存在正向影响。也就是说，当目标区域人均碳排放值较低的时候，不论邻近区域值高或者低，通过空间相互作用，均对邻近区域存在一定的示范效用，有利于促进人均碳排放的趋同；这也进一步验证了上述空间集聚图结果的稳定性，存在低值集聚区空间俱乐部趋同。为此，在一个区域俱乐部里，建立一个低碳经济示范区，将可能对邻近区域产生良性的正示范效应，有利于缩小区域间人均碳排放差距，可见，碳排放空间外溢现象正是区域之间交互过程中的一种形式。

表 2.6　　　　　　　　空间俱乐部趋同面板模型的估计结果

| 地区 | 模型 | 变量 | 系数 | 标准误差 | t 统计量 | P 值 |
|------|------|------|------|---------|---------|------|
| H－H 地区 | SEPDM | $\alpha$ | 0.0411 | 0.0242 | 1.7005 | 0.0890 |
| | | $\beta$ | 0.0132 | 0.0225 | 0.5863 | 0.5577 |
| | | $\lambda$ | 0.4966 | 0.0938 | 5.2954 | 0.0000 |
| | SLPDM | $\alpha$ | 0.0152 | 0.0185 | 0.8213 | 0.4115 |
| | | $\beta$ | 0.0141 | 0.0170 | 0.8307 | 0.4061 |
| | | $\rho$ | 0.4860 | 0.0941 | 5.1628 | 0.0000 |
| H－L 地区 | SEPDM | $\alpha$ | 0.0353 | 0.0344 | 1.0269 | 0.3045 |
| | | $\beta$ | 0.0219 | 0.0314 | 0.6957 | 0.4866 |
| | | $\lambda$ | 0.2735 | 0.1273 | 2.1483 | 0.0317 |
| | SLPDM | $\alpha$ | 0.0259 | 0.0319 | 0.8119 | 0.4168 |
| | | $\beta$ | 0.0173 | 0.0281 | 0.6145 | 0.5389 |
| | | $\rho$ | 0.2498 | 0.1271 | 1.9658 | 0.0493 |
| L－H 地区 | SEPDM | $\alpha$ | 0.0673 | 0.0182 | 3.7009 | 0.0002 |
| | | $\beta$ | －0.0031 | 0.0325 | －0.0949 | 0.9244 |
| | | $\lambda$ | 0.5878 | 0.0835 | 7.0372 | 0.0000 |
| | SLPDM | $\alpha$ | 0.0279 | 0.0084 | 3.3263 | 0.0009 |
| | | $\beta$ | 0.0136 | 0.0189 | 0.7230 | 0.4697 |
| | | $\rho$ | 0.5717 | 0.0819 | 6.9806 | 0.0000 |
| L－L 地区 | SEPDM | $\alpha$ | 0.0504 | 0.0180 | 2.7925 | 0.0052 |
| | | $\beta$ | －0.0579 | 0.0191 | －3.0362 | 0.0024 |
| | | $\lambda$ | 0.5962 | 0.0939 | 7.9274 | 0.0000 |
| | SLPDM | $\alpha$ | 0.0240 | 0.0081 | 2.9561 | 0.0031 |
| | | $\beta$ | －0.0231 | 0.0150 | －1.5396 | 0.1237 |
| | | $\rho$ | 0.5410 | 0.0881 | 6.1396 | 0.0000 |

## 2.1.5　本节小结

以往研究碳排放趋同，往往忽视区域之间的空间相互作用，基于此，本节研究我国区域人均碳排放空间趋同时考虑了时空效应。基本结论如下：

（1）对人均碳排放 $\sigma$ 趋同的研究结果表明，全国并未发现碳排放 $\sigma$ 趋同。把我国划分为东、中、西部三大地区分析，结果表明东、中、西部三大地区的碳排放 $\sigma$ 趋同并不明显。进一步把我国划分为八大区域进行细致分析，结果表明，1995～2010 年考察期间，东部沿海地区存在 $\sigma$ 趋同，尤其是从 2003 年开始趋同的速度明显加快。而西北地区则是 $\sigma$ 发散。其他地区的 $\sigma$ 趋同趋势并不明显。这说明经济发达地区存在 $\sigma$ 趋同。

（2）进行人均碳排放空间格局分析发现，随着时间的推移，我国各地区的人均碳排放呈空间分异的特征，低人均碳排放地区江苏、浙江、安徽、福建、江西、山东、河南、湖北、湖南、广东、广西、海南、重庆、四川、贵州、云南、陕西、甘肃、青海 19 个省域逐步跨入中度人均碳排放型或者较高人均碳排放型行列；低人均碳排放型区域降至为 0。内蒙古、山西及东北地区等能源生产大省或老工业基地均处于较高人均碳排放型地区或者高人均碳排放型地区。可见，从中国人均碳排放空间分异演变过程，不难发现，我国已有全面迈入人均高碳排放时期的趋势。

（3）利用 Moran's I 指数计算 1995～2010 年中国省域人均碳排放的空间自相关性，结果发现，中国区域人均碳排放具有较强的空间自相关性，空间依赖性逐渐加强，并且 L–L 低值区呈现空间集聚现象。通过 Moran's I 散点图进行空间内生分组，将我国省域划分为 H–H、H–L、L–H 和 L–L 四组，空间俱乐部趋同的估计结果表明，H–H 和 H–L 地区的人均碳排放发散，但发散趋势不显著；L–H 地区趋同趋势不明显；L-L地区人均碳排放存在显著的空间俱乐部趋同现象。当目标区域人均碳排放值较低时，将对邻近区域存在正的示范效用，促进人均碳排放的趋同，因此，在一个区域内部里建立一个低碳经济示范区，将有利于缩小区域间人均碳排放的差距。

进一步，本节尝试采用空间探索性数据分析（ESDA）和空间面板计量等模型估计技术方法进行实证研究，揭示了中国省域人均碳排放强度时空格局演变特征及其空间集聚现象，这可为中央或地方政府制定差异化碳减排政策提供理论支撑和科学依据。与此同时，对人均碳排放趋同形成的内在机制、优化调控、减排应对策略等也具有重要理论和现实意义。鉴于此，本节的政策启示如下：

首先，人均碳排放与区域禀赋特征有关，研究结果表明，碳排放的空间分异现象说明人均碳排放在空间上并不是一个统一的过程，即呈现空间人均碳排放的低值集聚的内部重组性特征，这主要表现在空间相邻和结构相似的区域更有利于形成俱乐部趋同的趋向。同时，人均碳排放格局分化为不同的俱乐部区域，这从L-L低值集聚区和辽宁、吉林、内蒙古人均碳排放强度居于H-H高值集聚区可见端倪，并且它们之间表现为分异或者差异进一步加快扩大的趋势。其次，在应对全球气候变化和碳减排的目标框架下，须充分考虑碳排放行为的空间异质性和区域局部的溢出效应。鉴于人均碳排放呈不均衡空间分布的现状，为避免人为区域分组的主观性干扰，本节从区域分组角度出发，采用ESDA方法对我国区域进行内生分组，有利于评价结果更为符合客观实际。

应当说，正是区域之间普遍存在空间相互作用的现象，使得碳排放活动常常在某些特定区位上集聚，相比之下，若仅从时间维度去检验人均碳排放趋同过程容易出现偏误或者错误。因此，为克服时间维度与空间维度分离的不足，本节采用空间面板模型来检验空间俱乐部趋同现象，这与我国人均碳排放空间分异的客观事实更为吻合。从研究结论来看，采用ESDA方法探索人均碳排放的空间演变格局，L-L地区（低值集聚区）呈现出典型的空间俱乐部趋同趋势，主要分布在福建、广东、海南、湖北、湖南、江西、安徽、云南、贵州、四川、重庆和广西；因而不难发现，俱乐部区域常常呈连片分布特征，意味着空间上近邻的区域更容易发生人均碳排放俱乐部趋同；这为建立俱乐部区域，共同应对气候变化、区域性碳排放交易和减排合作机制提供了现实可能。

## 2.2 地区碳减排压力的空间差异性分析

二氧化碳等温室气体排放引起的全球气候变化，对人类生存和经济社会的可持续发展构成了严重威胁。当前我国处于工业化和城镇化加速发展的重要战略机遇期，碳排放量和能源消耗量在急剧增加。因而，气候变化不仅是环境问题，更是发展问题（IPCC，2007；林伯强，蒋竺均，2009；陈诗一，2009；刘燕华等，2008）。

哥本哈根会议后，我国面临的碳减排压力越来越大（王铮，2010）。2009 年，我国政府提出，到 2020 年单位 GDP 碳排放要在 2005 年的基础上下降 40% ~45%，并且要将单位 GDP 碳减排作为约束性指标纳入国民经济和社会发展的中长期规划中，以及要为此制定相应的国内统计、监测和考核办法（陈诗一，2011）。可见，减少碳排放量、促进产业结构调整和转变经济增长方式已经成为我国政府、企业和科学家们共同关注的焦点。

由于中国的经济地理差异巨大，碳排放量和碳减排压力的驱动因素在地理空间上存在非均衡性或非稳定性。而传统的计量经济模型假定变量间的关系不随空间变化而变化（Anselin，1988；Anselin et al.，2004；LeSage，2004；Hastie and Tibshirani，1993；Tibshirani and Hastie，1987），当这种模型遇到无法满足假定的横截面样本数据，如非均质碳排放的地区数据时，传统的最小二乘回归方法（OLS）估计结果在解释实践时将显得力不从心，因此需要对这些假定适当放宽。空间计量经济学（spatial econometrics）理论和方法是一种研究地理空间异质性现象的有效方法（Anselin，1988），局域空间计量经济学的地理加权回归直接揭示了经济地理变量的地理空间非稳态性，使得变量间的关系可以随着空间位置的变化而变化，也更加符合客观实际（吴玉鸣，李建霞，2009）。因而，本章将采用空间计量经济学的原理和方法来研究中国地方政府碳减排压力的驱动因素。

### 2.2.1 模型设计和变量数据

#### 2.2.1.1 模型设计

从经济地理学角度来看，社会经济要素和自然要素之间的相互作用关系——人—地关系，是地球表层系统中的主要关系（陆大道，2011）。基于郭菊娥等（2008）、刘兰凤和易行健（2008）的研究，人口数量是影响能源消费的一个显著因素，而能源消费增加是促使碳排放量增长的主要因素。从而，人口数量对碳排放量以及自然环境有着重要的影响。因此，人口将是影响碳减排压力的一个重要变量。

同时，国民经济的快速增长和人民群众生活水平的提高必然会带动能源消费的总量快速增长，从而促使碳排放量增长、碳减排压力增加。人均GDP能够代表一个经济体大致所处的经济发展阶段，不同的经济发展阶段意味着不同的能源消费特征，工业化和城市化的加速发展会加大碳减排的压力（林伯强，刘希颖，2010）。因而，人均GDP可用来衡量社会的富裕度。

此外，随着技术的发展，能源利用效率不断提高，单位产出消耗的能源逐渐减少，从而减少碳排放量、减小碳减排压力。能源强度定义为单位GDP消耗的能源量；能源强度越低，意味着能源利用效率越高。而从广义技术理论的视角，人类所有目的性活动都可以理解为技术活动，在技术框架下进行图解，进而还原或抽象出其内在的技术结构（王伯鲁，2007）。广义技术不但包含狭义技术，还包括产业结构和能源结构变动、劳动者素质的提高、资源合理配置、科学的管理因素等各方面内容，引起碳排放变动的一切因素（除劳动力和资金外）均可归入广义技术内容之中（魏艳旭等，2011）。也就是说，广义的技术水平，就是经济增长对物质资源消耗的依赖程度。能源强度属于广义的技术，因而在研究中可采用能源强度来衡量技术这个重要变量（王红玲等，1997）。

综上所述，人口数量、人均 GDP（富裕度）和能源强度（技术因素）是影响碳减排压力的重要驱动因素。迪茨等（Dietz，1994）提出了人口、富裕和技术的随机回归影响模型（stochastic impacts by regression on population，affluence and technology，STIRPAT），该模型是将环境评估模型置于一种随机条件下，以分析人类驱动力对环境压力的影响（Ehr-lich and Holdren，1971），这为本书分析碳减排压力驱动因素提供了模型支持。STIRPAT 模型具体表示为：

$$I = cP^{\alpha}A^{\beta}T^{\gamma}e \tag{2.9}$$

其中，$I$ 表示环境压力，$c$ 是一个常系数，$P$ 表示人口数量，$A$ 表示富裕度，$T$ 表示技术，$e$ 为模型误差。STIRPAT 模型是一个多变量非线性模型，对模型等式两边取对数得到：

$$\ln I = \ln c + \alpha \ln P + \beta \ln A + \gamma \ln T + \ln e \tag{2.10}$$

本书采用各个地区的碳排放总量来衡量环境压力（$I$）即碳减排压力，用各地区总人口表示人口数量（$P$），用人均 GDP 表示富裕度（$A$），用能源强度表示技术（$T$）。

用经典回归模型来研究地方政府的碳减排压力，不易发现每个区域的特征。此外，由于区域碳排放数据在空间上的复杂性和变异性，使得各地区碳排放压力驱动因素的地理空间效应不同，这可能导致对被解释变量的影响不同。因此使用区域碳排放横截面数据建立计量经济学模型时，假定区域碳排放行为在空间上具有异质性更符合现实。本研究采用空间计量经济学理论方法中的地理加权回归模型（geographical weighted regression，GWR）（LeSage，2004），对碳减排压力驱动因素的异质性特征进行刻画。GWR 模型能够刻画不同地方政府的碳减排行为随着地理距离变化的空间作用机制，特别是邻近省域之间由于较低的空间交易成本而产生的区域空间效应（吴玉鸣，李建霞，2009）。

由模型（2.10）获得的 GWR 模型可以表示为：

$$\ln I_i = \ln c(u_i, v_i) + \alpha(u_i, v_i)\ln(P)_i + \beta(u_i, v_i)(\ln A)_i + \gamma(u_i, v_i)(\ln T)_i + \varepsilon_i$$

$$(2.11)$$

在模型（2.11）中，特定区位 $i$ 的回归系数不再是利用全部信息获得的假定常数，而是利用邻近观测值的子样本数据信息进行局域回归估计而得的、随着空间上局部地理位置（$u_i, v_i$）变化而变化的系数，因此经典计量经济学的 OLS 估计不再适用，而需要采用加权最小二乘法（WLS）估计参数：

$$\hat{\phi}_{\alpha,\beta,\gamma}(u_i, v_i) = [X_{P,A,T}^T W(u_i, v_i) X_{P,A,T}]^{-1} X_{P,A,T}^T W(u_i, v_i) I_i$$

$$(2.12)$$

其中 $W(u_i, v_i)$ 为空间权重矩阵。权重反映了观测位置对参数估计的重要性，权重的计算函数采用高斯距离权重（gaussian distance）：

$$W_{ij} = \sqrt{\Phi(d_{ij}/\sigma\theta)} \qquad (2.13)$$

公式中 $d_{ij}$ 为第 $i$ 个区域与第 $j$ 个区域间的地理位置距离，$\Phi$ 为标准正态分布密度函数，$\sigma$ 为距离向量 $d_{ij}$ 的标准差，$\theta$ 为带宽（衰减参数）。目前国内外学者普遍采用交叉确认的方法来确定带宽 $\theta$（cross-validation，CV）。

$$CV = \sum_{i=1}^{n} [y_i - \hat{y}_{\neq i}(\theta)]^2 \qquad (2.14)$$

其中 $\hat{y}_{\neq i}(\theta)$ 是 $y_i$ 的拟和值，在刻画过程中省略了点 $i$ 的观测值。当 $CV$ 值达到最小值时，对应的 $\theta$ 就是所需的带宽。

### 2.2.1.2 数据说明

为了避免截面数据分析可能造成的偶然性，我们选用 2005 ~ 2009 年 5 年的平均值。空间样本为我国 30 个省、自治区和直辖市（西藏、香港、澳门、台湾因相关指标数据缺失而不包含在内）。各地区总人口、人均 GDP 和能源强度（单位 GDP 生产过程中能源消费量 E/GDP）数据均来源于 2006~2010 年《中国统计年鉴》和《中国能源统计年鉴》。实证研究中用到的样本数据均取其自然对数。

本章用各个地区的碳排放总量来衡量环境压力 $I_i$。根据 2007 年 IPCC 第四次评估报告，温室气体增加主要源自化石燃料燃烧，因此本章计算各省域碳排放量的方法基于 IPCC（2006）的"方法 1"：

$$I_i = \sum E_{ij} \times \varphi_j \qquad (2.15)$$

其中，$I_i$ 为 $i$ 省域的碳排放量，$E_{ij}$ 为 $i$ 省域第 $j$ 种能源的碳排放系数。对于每种能源的单位能耗碳排放系数，不同研究人员采用的估计值是有差别的。通过参阅目前国内外的相关碳排放研究文献（林伯强，孙传旺，2011；张友国，2010；宋德勇，卢忠宝，2009；徐国泉等，2006；胡初枝等，2008），本书收集了美国能源部能源情报署（EIA）、日本能源研究经济所、国家科委气候变化项目和国家发展和改革委员会能源研究所的煤炭、石油、天然气的碳排放系数（吨碳/吨标煤）数据，并进行了综合计算和比较，最终取其平均值作为我国 30 个省域的能源消耗碳排放系数：煤炭（0.733），石油（0.557），天然气（0.423）。

### 2.2.2　实证分析

在不考虑地理差异情况下，首先进行 OLS 估计，结果见表 2.7。由表 2.7 可知，STIRPAT 模型碳减排压力函数拟合度达到 91.89%，模型整体上通过了 1% 水平的显著性检验，人口（lnP）、人均 GDP（lnA）和能源强度（lnT）均通过了 1% 水平的变量显著性检验。OLS 估计结果显示，在影响我国各省域碳减排压力的驱动因素中，人口、人均 GDP（富裕度）和能源强度（技术）都是重要的因素。

表 2.7                 STIRPAT 模型的 OLS 估计结果

| 变量 | 系数 | 标准误差 | T 统计量 | P |
|------|------|---------|----------|---|
| $C$ | $-12.960$ | 1.4853 | $-8.726$ | $3.34 \times 10^{-9}$ |
| $\ln P$ | 1.0367 | 0.0590 | 17.560 | $6.11 \times 10^{-6}$ |
| $\ln A$ | 1.0362 | 0.1012 | 10.238 | $1.30 \times 10^{-10}$ |
| $\ln T$ | 1.1765 | 0.1296 | 9.078 | $1.53 \times 10^{-9}$ |
| $\overline{R}^2$ | 0.9189 | | | |
| F 检验 | 110.5 | | | |
| P 值 | $6.423 \times 10^{-15}$ | | | |

从弹性系数看，人口每变化 1%，就会带来碳排放变化 1.0367%。无论生产还是消费商品，都是为了满足人们对物质产品和服务产品的需求，因而碳排放是人类生存的基本条件。对于世界第一大人口国家来说，我国的碳排放总量大部分是满足十多亿人口生存、生活的基本排放，由此可见，庞大的人口基数将不可避免地对碳减排压力造成显著的冲击与影响（杨子晖，2011）。

同时基于在短期内无法扭转的粗放式、高能耗、低能效经济增长方式的客观事实，国民经济的快速增长和人民群众生活水平的提高，将带来我国能源消费的加剧。现阶段的经济增长势必加大碳减排的压力。从弹性系数来看，人均 GDP 即富裕度（经济增长）每变化 1%，就会带来碳排放变化 1.0362%，这将对我国碳减排造成巨大的压力。

此外我国又是能源依赖型的最大发展中国家，在以煤炭为主的能源结构不变的前提下，能源强度将对碳排放产生更大的冲击和影响。从弹性系数来看，能源强度（技术）每变化 1%，碳排放变化为 1.1765%，是碳减排压力驱动的最重要的因素。

基于 OLS 法的经典线性回归模型尽管能发现驱动因素对碳减排压力有重要的影响，但 OLS 法假定空间是均质的，因此不能显示我国不同省域碳减排压力的区域特征。并且由于没有考虑地区差异性，也无法揭示驱动因素对各个省域的碳减排压力的不同影响。因而本书采用地理加权回归模型（GWR）中的加权最小二乘法（WLS）对 STIRPAT 碳减排压力模型进行模拟。计算采用 R 软件编程实现。

首先，通过交叉确认方法计算出 $CV$ 最小值等于 1.685876，从而确定带宽 $\theta$ 等于 9.115464。采用加权最小二乘法对 STIRPAT 碳减排压力模型进行计算，来分析地方政府碳减排压力驱动因素弹性的差异，计算结果见表 2.8。

**表 2.8**         **STIRPAT 模型的 GWR 估计结果**

| 区域 | $C$ | $t_C$ | $\ln P$ | $t_{\ln P}$ | $\ln A$ | $t_{\ln A}$ | $\ln T$ | $t_{\ln T}$ | $R^2$ | F 检验 |
|---|---|---|---|---|---|---|---|---|---|---|
| 北京 | −13.8846 | −10.7774 | 1.0612 | 21.6317 | 1.0744 | 12.7707 | 1.3286 | 13.4177 | 0.9563 | 189.5183 |
| 天津 | −13.7514 | −10.8914 | 1.0548 | 21.6397 | 1.0671 | 12.9764 | 1.3264 | 13.5542 | 0.9572 | 193.6719 |
| 河北 | −13.8346 | −10.7575 | 1.0581 | 21.3680 | 1.0725 | 12.8014 | 1.3261 | 13.2687 | 0.9551 | 184.3961 |
| 山西 | −14.1593 | −9.7267 | 1.0716 | 19.2525 | 1.0946 | 11.5254 | 1.3137 | 11.2747 | 0.9385 | 132.2866 |
| 内蒙古 | −13.4256 | −11.2602 | 1.0514 | 23.9468 | 1.0405 | 13.1561 | 1.3230 | 15.4227 | 0.9687 | 268.4432 |
| 辽宁 | −13.0965 | −11.8000 | 1.0322 | 23.9971 | 1.0234 | 14.0881 | 1.3250 | 15.8077 | 0.9705 | 284.7288 |
| 吉林 | −12.4068 | −12.8967 | 1.0121 | 26.8949 | 0.9764 | 15.3538 | 1.3135 | 18.1265 | 0.9791 | 405.9746 |
| 黑龙江 | −11.8977 | −14.1643 | 1.0024 | 29.3766 | 0.9400 | 16.7286 | 1.2930 | 20.6454 | 0.9839 | 530.9898 |
| 上海 | −12.9059 | −11.2423 | 1.0099 | 20.2135 | 1.0273 | 13.9938 | 1.2933 | 12.5723 | 0.9529 | 175.2238 |
| 江苏 | −13.3155 | −10.9911 | 1.0312 | 20.5791 | 1.0470 | 13.4317 | 1.3081 | 12.9379 | 0.9533 | 177.0344 |
| 浙江 | −12.6099 | −10.8778 | 0.9939 | 19.3377 | 1.0167 | 13.5869 | 1.2655 | 11.6322 | 0.9474 | 156.1408 |
| 安徽 | −13.0702 | −10.3285 | 1.0180 | 19.0663 | 1.0397 | 12.6779 | 1.2757 | 11.5631 | 0.9429 | 143.0023 |
| 福建 | −11.9349 | −10.2061 | 0.9585 | 18.2880 | 0.9917 | 12.6165 | 1.2030 | 10.2513 | 0.9409 | 138.0052 |
| 江西 | −12.1194 | −9.7252 | 0.9700 | 17.8234 | 1.0004 | 11.9227 | 1.2015 | 10.0958 | 0.9356 | 125.8421 |
| 山东 | −13.4803 | −10.9873 | 1.0401 | 21.0094 | 1.0544 | 13.3086 | 1.3164 | 13.2490 | 0.9552 | 184.6261 |
| 河南 | −13.4996 | −9.5725 | 1.0404 | 18.3707 | 1.0627 | 11.5369 | 1.2771 | 10.8159 | 0.9341 | 122.8168 |
| 湖北 | −12.9274 | −8.9896 | 1.0151 | 17.3052 | 1.0367 | 10.8430 | 1.2292 | 9.8651 | 0.9260 | 108.4027 |
| 湖南 | −11.9323 | −8.5629 | 0.9690 | 16.7526 | 0.9912 | 10.2435 | 1.1569 | 9.0847 | 0.9244 | 105.9868 |
| 广东 | −11.0336 | −9.1174 | 0.9150 | 17.6310 | 0.9566 | 10.7362 | 1.1111 | 8.9820 | 0.9391 | 133.6401 |

续表

| 区域 | $C$ | $t_C$ | $\ln P$ | $t_{\ln P}$ | $\ln A$ | $t_{\ln A}$ | $\ln T$ | $t_{\ln T}$ | $R^2$ | F 检验 |
|------|------|-------|---------|-------------|---------|-------------|---------|-------------|-------|--------|
| 广西 | -10.7635 | -7.6499 | 0.9254 | 16.6257 | 0.9309 | 8.7797 | 1.0591 | 8.1164 | 0.9281 | 111.8381 |
| 海南 | -10.1646 | -8.3627 | 0.8768 | 18.2661 | 0.9161 | 9.2864 | 1.0380 | 8.2922 | 0.9498 | 164.0115 |
| 重庆 | -12.5728 | -7.6758 | 1.0125 | 15.9601 | 1.0146 | 9.0344 | 1.1717 | 8.4007 | 0.9128 | 90.6998 |
| 四川 | -12.3386 | -6.3455 | 1.0320 | 14.8906 | 0.9831 | 7.2168 | 1.1255 | 7.0515 | 0.9065 | 84.0547 |
| 贵州 | -11.4556 | -7.1497 | 0.9704 | 15.7840 | 0.9555 | 8.2809 | 1.0898 | 7.8344 | 0.9144 | 92.6210 |
| 云南 | -10.3014 | -5.7041 | 0.9650 | 15.4085 | 0.8644 | 6.3550 | 0.9879 | 6.6513 | 0.9143 | 92.4039 |
| 陕西 | -14.0497 | -8.7898 | 1.0699 | 17.5852 | 1.0902 | 10.3758 | 1.2851 | 9.8378 | 0.9249 | 106.7415 |
| 甘肃 | -15.0608 | -7.3872 | 1.1315 | 15.9033 | 1.1317 | 8.3532 | 1.3120 | 7.9303 | 0.9182 | 97.2560 |
| 青海 | -14.8028 | -5.5509 | 1.1644 | 13.6805 | 1.0799 | 5.8974 | 1.2859 | 5.9539 | 0.9259 | 108.3237 |
| 宁夏 | -14.6915 | -8.1066 | 1.1053 | 16.8455 | 1.1196 | 9.3572 | 1.3036 | 8.8850 | 0.9199 | 99.5787 |
| 新疆 | -24.4927 | -7.6746 | 1.5113 | 14.5321 | 1.6118 | 7.6023 | 1.9662 | 5.8402 | 0.9655 | 242.5899 |

　　表 2.8 显示，通过对模型的 F 检验和对解释变量的 t 检验的结果表明，方程模型整体上通过了 1% 水平的显著性检验，各个解释变量回归系数均通过了 1% 水平的变量显著性检验。由于考虑了空间差异的影响，各个地区对碳减排压力的弹性系数不一致。分析表 2.8 中 GWR 结果可知，在人口方面，新疆、青海、甘肃、宁夏、山西、陕西、北京、河北、天津、内蒙古弹性均高于 1.05，也就是说，每当这些地区人口改变 1%，碳排放量就改变 1.05% 以上，可以看出，相比其他地区，这些地区所承受的人口增长对碳排放造成的压力更大。在人均 GDP（富裕度）方面，云南、海南、广西、黑龙江、贵州、广东、吉林、四川、湖南、福建弹性均低于 1，说明这些地区人均 GDP 每变化 1%，碳排放总量变化要低于 1%。也就是说，这些地区面临经济增长所带来的碳排放压力，相比其他地区将更小。从能源强度（技术）来看，新疆、北京、天津、河北、辽宁、内蒙古、山东、山西、吉林、甘肃、江苏、宁夏、上海、黑龙江、青海、陕西、河南、安

徽、浙江、湖北、福建、江西的弹性均高于1.2，即当能源强度变化1%，会带来碳排放量1.2%以上的变化。这些地区大部分是相对发达或者是目前耗能产业相对密集区域，并正处于工业化、城市化进程加速发展时期，而工业化过程一般具有三个基本特征：一是国民收入中制造业和第二产业所占比例将提高；二是在制造业和第二产业就业的劳动人口比例也有增加的趋势；三是在这两种比率增加的同时，整个人口的人均收入也在增加①。这三个基本特征也对应着另外三层含义，即经济结构的调整、城镇化进程的加快及人均收入的提高（王锋，冯根福，2011）。这将使得单位 GDP 生产需要消耗更多的能源，即能源强度不会下降反会提高，势必增加碳减排压力。

由此可见，各地区的碳减排压力，在考虑了空间效应和地区差异后，驱动因素均存在差异性。其中最为主要的原因可能是各地区工业化和城市化进程不一致，所处的发展阶段也不尽相同，因而经济发展和能源利用效率的差异性造成地方政府面临不同的碳减排压力。

## 2.2.3  本节小结

在当前大多数文献主要关注国家层面的碳减排总量范畴下，本节从区域格局角度出发，以 STIRPAT 模型为基础来分析我国 30 个省域人口、人均 GDP（富裕度）和能源强度（技术）对碳排放所造成的压力。我国各个地区碳减排压力的地域差异明显，不同区域间的影响因素与碳排放的关系十分复杂，并非能由常系数的 OLS 回归分析解释。故本节使用空间变系数的地理加权回归模型进行分析，更好地解释了地方政府所面临的碳减排压力的差异性。具体结论如下：

（1）我国人口基数大，满足人们生存和生活的基本碳排放对我国碳排放造成的压力是巨大的，不同地区人口对碳排放压力的弹性系数也不

---

① 《帕尔格雷夫经济学大辞典》对工业化特征的描述。

尽相同，但相比人均 GDP（富裕度）和能源强度（技术），人口弹性变化区间最小（见表 2.6）。由于居民消费习惯和消费方式在短期难以改变，故从短期来看其减排作用有限。但从长远看，在政府积极扩大内需，尤其是刺激居民消费拉动经济增长的政策及居民消费结构升级的前提下，根据不同区域实际，合理控制人口增长的同时，政府建立提倡低碳生活的激励机制，推动大众低碳消费模式，对缓解碳减排压力的作用将逐渐凸显。

（2）虽然从整体上看，OLS 分析显示出我国碳排放压力和人口、人均 GDP（富裕度）、能源强度（技术）之间存在着显著的相关关系，但 GWR 估计的省域碳减排压力与其驱动因素之间的空间相关关系在地理空间上并不均衡，显示出非均衡空间联动的局域性特征。由于不同省域在经济增长上存在着区域差异，人均 GDP（富裕度）差距明显，对碳排放影响存在显著的不同，如人均 GDP 提高 1% 时，新疆碳排放总量提高 1.6118%，而云南仅提高 0.8644%，新疆碳减排压力将近是云南碳减排压力的两倍。可见，各个地区在经济发展方面的差异加剧了地区碳减排压力不平衡。因此，根据各地经济发展实际制定差异化的区域碳减排调控政策是非常必要的。

（3）从实证结果看（见表 2.7 和表 2.8），能源强度（技术）是影响碳排放最为关键的因素，而碳排放实质是能源消耗，因而能源强度因素具有最直接最有效的碳减排作用。进一步分析发现，相比其他地区，耗能产业相对密集型的区域及相对发达地区，能源强度对碳排放驱动影响更大，故这些地区要将提高能源利用效率作为碳减排的重要手段。同时考虑到国家未来的碳减排目标责任的明晰性和实效性，具体到各个地方政府，可设立以能源强度指标为主，兼顾碳强度目标，以完成国家 2020 年单位 GDP 碳排放要在 2005 年的基础上下降 40%～45% 的目标。

# 2.3　碳排放空间条件趋同的影响因子辨识

前文主要研究碳排放绝对趋同及俱乐部空间趋同现象，以及碳减排压力的省域差异性分析，而本节将细致研究人均碳排放的条件趋同及影响空间趋同的影响因子。

根据前文文献梳理，碳排放增长趋同受到城市化水平、人均 GDP、能源强度、能源结构、产业结构和对外贸易等驱动因子的影响。由于所研究的年份人口总数变量是一个相对稳定的值，不能捕捉城市化进程中人口转移对碳排放转移产生的影响，为了研究现阶段中国碳排放状况，需要把握城市化产生的影响（何晓萍，刘希颖，林艳苹，2009；林伯强，刘希颖，2010）。因此，本书采用人口结构变量即城镇人口与总人口之比来衡量城市化进程中人口转移对碳排放产生的影响，也可以衡量城市化水平。同时，煤炭比重越高，碳排放量也必然越高，为此，能源强度和能源结构对碳排放也产生重要影响（杜立民，2010；李锴，齐绍洲，2011）。此外，产业结构调整势必影响能源的消费，从而影响碳排放趋同。因此，本书将分析城市化水平、人均 GDP、能源强度、能源结构和产业结构等重要因素对碳排放趋同的影响。

## 2.3.1　模型介绍及变量数据来源

### 2.3.1.1　人均碳排放条件趋同的普通面板模型的构建

首先建立不同时段的人均碳排放趋同的普通面板模型，具体模型如下：

$$y_{it} = a_{it} + x_{it}\beta_{it} + \mu_{it} \tag{2.16}$$

而碳排放趋同的驱动因素的理论普通面板计量模型为：

$$\ln\left(\frac{y_{it}}{y_{i,t-1}}\right) = \alpha_{it} + \beta\ln(y_{i,t-1}) + \beta_1\ln(VGDP_{it}) + \beta_2\ln(IND_{it})$$

$$+ \beta_3\ln(URBAN_{it}) + \beta_4\ln(EI_{it}) + \beta_5\ln(ES_{it}) + \mu_{it}$$

$$(2.17)$$

式（2.17）中，$t$ 表示年份，$i$ 表示不同地区。在此，假定 $\mu_{it}$ 的平均方差为零，且与 $\ln(y_{i,t-1})$ 滞后扰动无关。$y_{it}$ 表示 $t$ 年份，$i$ 地区的人均碳排放；$VGDP_{it}$ 是各个地区的人均 GDP，$IND_{it}$ 为 $t$ 年份，$i$ 地区的产业结构；$URBAN_{it}$ 为 $t$ 年份，$i$ 地区的城市化水平；$EI_{it}$ 表示 $t$ 年份，$i$ 地区的能源强度，即能源总量与 GDP 的比重；$ES_{it}$ 表示 $t$ 年份，$i$ 地区的能源结构。

### 2.3.1.2　人均碳排放趋同的空间面板模型的构建

考虑我国地理差异及空间相互作用，本书将空间权重矩阵作为我国地理差异的替代工具变量，采用空间计量经济学的原理和方法来研究人均碳排放趋同，得出的结果将更为符合实际。安瑟兰等（Anselin et al.，2004）把碳排放行为的空间自相关性视为区域过程中的一种外部扩散形式，即可通过空间滞后面板数据计量经济模型（SLPDM）来估计，若误差扰动项用来测度邻近地区碳排放水平的误差冲击本地区碳排放的行为，则可通过空间误差面板数据计量经济模型（SEPDM）来估计。

与此同时，为了避免多重共性，以下结果模拟时，先采用空间面板的逐步回归，同时，由于人均 GDP 是状态变量，故每次回归过程中，都纳入人均 GDP 变量，然后在此基础上，每次只加一个候选变量。这样处理有两个方面的优点，一是可以避免多重共性性，二是可以更集中分析该变量对人均碳排放增长率的影响。因而，本书建立了五个模型，具体实证结果见 2.3.2 节。

空间滞后面板数据计量经济模型（SLPDM）和空间误差面板数据计量经济模型（SEPDM）的模型一如下：

$$\ln\left(\frac{y_{it}}{y_{i,t-1}}\right) = \alpha_{it} + \beta\ln(y_{i,t-1}) + \rho W\ln\left(\frac{y_{it}}{y_{i,t-1}}\right) + \beta_1\ln(VGDP) + \mu_{it}$$

$$(2.18)$$

式（2.18）为 SLPDM 模型，$\beta$ 为趋同的系数，$W$ 为空间权重矩阵，$\rho$ 为空间相关系数，用来衡量一个区域的碳排放对周边地区碳排放的空间溢出影响。

$$\ln\left(\frac{y_{it}}{y_{i,t-1}}\right) = \alpha_{it} + \beta\ln(y_{i,t-1}) + \beta_1\ln(VGDP) + \mu_{it} \qquad (2.19)$$

$$\mu_{it} = \lambda W\mu_{it} + \varepsilon_{it} \qquad (2.20)$$

式（2.19）和式（2.20）为 SEPDM 模型，$\beta$ 为趋同的系数，$W$ 为空间权重矩阵，$\lambda$ 参数衡量了样本观察值的误差项引起的一个区域间溢出成分。

同理模型二如下：

$$\ln\left(\frac{y_{it}}{y_{i,t-1}}\right) = \alpha_{it} + \beta\ln(y_{i,t-1}) + \rho W\ln\left(\frac{y_{it}}{y_{i,t-1}}\right) + \beta_1\ln(VGDP)$$
$$+ \beta_2(\ln(VGDP))^2 + \mu_{it} \qquad (2.21)$$

式（2.21）为 SLPDM 模型，$\beta$ 为趋同的系数，$W$ 为空间权重矩阵，$\rho$ 为空间相关系数，用来衡量一个区域的碳排放对周边地区碳排放的空间溢出影响。假若 $\beta_1$ 系数为正，$\beta_2$ 的系数为负，即人均 GDP 的一次项系数显著为正，二次项为负，即经济增长和环境污染之间呈倒 $U$ 形的关系，也就是符合环境库兹涅茨曲线，因而可以在 EKC 框架下来研究碳排放趋同。

空间误差面板趋同模型如下：

$$\ln\left(\frac{y_{it}}{y_{i,t-1}}\right) = \alpha_{it} + \beta\ln(y_{i,t-1}) + \beta_1\ln(VGDP) + \beta_2(\ln(VGDP))^2 + \mu_{it}$$
$$(2.22)$$

$$\mu_{it} = \lambda W\mu_{it} + \varepsilon_{it} \qquad (2.23)$$

式（2.22）和式（2.23）为 SEPDM 模型，$\beta$ 为趋同的系数，$W$ 为空间权重矩阵，$\lambda$ 参数衡量了样本观察值的误差项引起的一个区域间溢出成分。

模型三如下：

$$\ln\left(\frac{y_{it}}{y_{i,t-1}}\right) = \alpha_{it} + \beta\ln(y_{i,t-1}) + \rho W\ln\left(\frac{y_{it}}{y_{i,t-1}}\right) + \beta_1\ln(VGDP)$$

$$+ \beta_2(\ln(VGDP))^2 + \beta_3\ln(EI) + \mu_{it} \qquad (2.24)$$

式（2.24）为在 EKC 框架下，考虑能源强度变量对人均碳排放趋同的 SLPDM 模型。

空间误差面板趋同模型如下：

$$\ln\left(\frac{y_{it}}{y_{i,t-1}}\right) = \alpha_{it} + \beta\ln(y_{i,t-1}) + \beta_1\ln(VGDP) + \beta_2(\ln(VGDP))^2$$

$$+ \beta_3\ln(EI) + \mu_{it} \qquad (2.25)$$

$$\mu_{it} = \lambda W\mu_{it} + \varepsilon_{it} \qquad (2.26)$$

式（2.25）和式（2.26）为在 EKC 框架下，考虑能源强度变量对人均碳排放趋同的 SEPDM 模型。

模型四如下：

$$\ln\left(\frac{y_{it}}{y_{i,t-1}}\right) = \alpha_{it} + \beta\ln(y_{i,t-1}) + \rho W\ln\left(\frac{y_{it}}{y_{i,t-1}}\right) + \beta_1\ln(VGDP)$$

$$+ \beta_2(\ln(VGDP))^2 + \beta_3\ln(ES) + \mu_{it} \qquad (2.27)$$

式（2.27）为在 EKC 框架下，考虑能源结构变量对人均碳排放趋同的 SLPDM 模型。

空间误差面板趋同模型如下：

$$\ln\left(\frac{y_{it}}{y_{i,t-1}}\right) = \alpha_{it} + \beta\ln(y_{i,t-1}) + \beta_1\ln(VGDP) + \beta_2(\ln(VGDP))^2$$

$$+ \beta_3\ln(ES) + \mu_{it} \qquad (2.28)$$

$$\mu_{it} = \lambda W\mu_{it} + \varepsilon_{it} \qquad (2.29)$$

式（2.28）和式（2.29）为在 EKC 框架下，考虑能源结构变量对人均碳排放趋同的 SEPDM 模型。

模型五如下：

$$\ln\left(\frac{y_{it}}{y_{i,t-1}}\right) = \alpha_{it} + \beta\ln(y_{i,t-1}) + \rho W\ln\left(\frac{y_{it}}{y_{i,t-1}}\right) + \beta_1\ln(VGDP) + \beta_2(\ln(VGDP))^2$$

$$+ \beta_3\ln(IND) + \beta_4\ln(URBAN) + \mu_{it} \qquad (2.30)$$

式（2.30）为在 EKC 框架下，考虑产业结构和城市化对人均碳排放趋同的 SLPDM 模型。

空间误差面板趋同模型如下：

$$\ln\left(\frac{y_{it}}{y_{i,t-1}}\right) = \alpha_{it} + \beta\ln(y_{i,t-1}) + \beta_1\ln(VGDP) + \beta_2(\ln(VGDP))^2$$

$$+ \beta_3\ln(IND) + \beta_4\ln(URBAN) + \mu_{it} \qquad (2.31)$$

$$\mu_{it} = \lambda W\mu_{it} + \varepsilon_{it} \qquad (2.32)$$

式（2.31）和式（2.32）为在 EKC 框架下，考虑产业结构和城市化对人均碳排放趋同的 SEPDM 模型。

上文的模型一～模型五为人均碳排放趋同的空间面板理论计量模型，其中需要说明的是空间权重矩阵 $W$ 的定义为：

$$W_{ij} = \begin{cases} 1 & (\text{当区域 } i \text{ 和区域 } j \text{ 相邻}) \\ 0 & (\text{当区域 } i \text{ 和区域 } j \text{ 不相邻}) \end{cases} \qquad (2.33)$$

式中：$i = 1, 2, \cdots, n$；$j = 1, 2, \cdots, m$；$m = n$ 或 $m \neq n$。

### 2.3.1.3 变量数据来源

本节研究采用中国 30 个省区市（不包括西藏和港澳台地区）的年度数据，样本区间为 1995～2010 年。数据来自《中国统计年鉴》《能源统计年鉴》《中国工业经济统计年鉴》《中国科技统计年鉴》及各个省区市的地区统计年鉴整理得出。本章具体变量数据来源与说明如表 2.9 所示。

表 2.9 变量数据来源与说明

| 变量 | 指标 | 单位 | 数据来源 |
|---|---|---|---|
| 人均碳排放量（$y_{it}$） | 各个地区的碳排放与各个地区的人口的比值（$y_{it}$） | 吨碳/每人 | 1994～2011 年的《中国能源统计年鉴》进行估算的碳排放量 |
| 城市化（URBAN） | 各地区非农人口与总人口的比值（URBAN） | % | 1994～2011 年的《中国统计年鉴》 |

| 变量 | 指标 | 单位 | 数据来源 |
|---|---|---|---|
| 人 均 GDP（*VGDP*） | 各个地区的国内生产总值与各个地区的总人口的比值（*VGDP*），其中 GDP 都是于 1995 年为基期，剔除 GDP 指数的影响，为 GDP 的真实值 | 元 | 1994～2011 年的《中国统计年鉴》 |
| 能 源 强 度（*EI*） | 定义为单位 GDP 消耗的能源量（*EI*） | 吨标准煤/万元 | 1994～2011 年的《中国能源统计年鉴》 |
| 能 源 结 构（*ES*） | 本节参考杜立民（2010）、李锴齐和绍洲（2011）的做法以各省区市煤炭消费量占该省区市一次能源消费总量的比重作为能源结构的代理变量（*ES*） | % | 1994～2011 年的《中国能源统计年鉴》 |
| 产 业 结 构（*IND*） | 第二产业产值占 GDP 的比重（*IND*） | % | 1994～2011 年的《中国统计年鉴》《中国工业经济统计年鉴》 |

## 2.3.2 碳排放空间趋同的影响因素分析

### 2.3.2.1 人均碳排放趋同不同时段的结果分析

本节将 1995～2010 年整个考察期分为三个时段分别进行最小二乘（OLS）面板数据回归，结果显示（表 2.10），每个时段的 $\beta$ 系数均显著为负，即人均碳排放存在条件趋同。并且人均 GDP（*VGDP*）和人均碳排放增长率呈正向关系，换而言之，经济发展将促进人均碳排放的增长。但当经济发展到一定阶段，是否存在一个转折点，使得人均碳排放增长率随着人均 GDP 增加而降低将是本节进一步探讨的问题。同时，能源强度（*EI*）和能源结构（*ES*）与人均碳排放增长率也呈正向关系，也就是说，能源强度和能源结构的改善将有利于人均碳排放趋同。而产业结构（*IND*）和城市化（*URBAN*）在不同时段与人均碳排放增长率的关系十分不稳定。本节选取第二产业产值占 GDP 的比重代表产业结构，传统经济理论认为，第二产业产值占 GDP 比重增加意味着工业化进程加快，这将带来大量的能源消耗，从而增大碳排放。但实际上，工业化和城市化加速对碳排放的影响表现为双重作用，即驱动作用和制动作用，随着城市化的演进，这两种作用此消彼长（孙昌龙等，2013）。同时，我国不同地区的城市化差异明显，东部发达地区城市化程度比较高，而西部地区则相对较低。而用最小二乘回归（OLS）得到的是一个全局平均的结果，在我国区域差异明显的情况下，不能凸显出工业化和城市化双重作用之间的差异。可见，忽视空间地理位置这个重要的变量，将造成估计结果有偏。因此，本节将考虑空间地理位置做进一步分析。

**表 2.10　　　人均碳排放趋同驱动因素的 OLS 面板数据回归结果**

| 变量 | 1995～2010 年 | | 1995～2000 年 | | 2000～2005 年 | | 2005～2010 年 | |
|---|---|---|---|---|---|---|---|---|
| | 系数 | P 值 | 系数 | P 值 | 系数 | P 值 | 系数 | P 值 |
| $\alpha$ | －2.6157 | 0.0000 | －3.2086 | 0.0000 | －4.1358 | 0.0000 | －0.7356 | 0.0480 |
| $\beta$ | －0.1734 | 0.0000 | －0.2560 | 0.0000 | －0.2704 | 0.0000 | －0.1202 | 0.0000 |
| VGDP | 0.2841 | 0.0000 | 0.2746 | 0.0000 | 0.3921 | 0.2196 | 0.0491 | 0.2104 |
| IND | －0.0758 | 0.0147 | 0.0012 | 0.9801 | －0.0627 | 0.0780 | －0.0169 | 0.7205 |
| URBAN | －0.0665 | 0.0002 | 0.0244 | 0.4278 | －0.0657 | 0.0000 | 0.0553 | 0.0721 |
| EI | 0.2336 | 0.0000 | 0.2774 | 0.0000 | 0.3424 | 0.0000 | 0.1143 | 0.0031 |
| ES | 0.1259 | 0.0000 | 0.1283 | 0.0014 | 0.2386 | 0.0000 | 0.0619 | 0.0596 |

### 2.3.2.2　人均碳排放趋同影响因子的空间计量分析

考虑空间因素后，表 2.11 结果显示，不论是空间误差面板模型还是空间滞后面板模型，$\beta$ 系数都显著为负，即我国存在人均碳排放条件趋同。

表 2. 11      人均碳排放趋同驱动因素的空间面板数据回归结果

| 变量 | 模型一 | | 模型二 | | 模型三 | | 模型四 | | 模型五 | |
|---|---|---|---|---|---|---|---|---|---|---|
| | SEPDM | SLPDM | SEPDM | SLPDM | SEPDM | SLPDM | SEPDM | SLPDM | SEPDM | SLPDM |
| $\alpha$ | -0.3086 (0.0004) | -0.4446 (0.0000) | -3.0870 (0.0000) | -3.8065 (0.0000) | -6.4891 (0.0000) | -6.2272 (0.0000) | -3.4462 (0.0000) | -4.1448 (0.0000) | -4.5505 (0.0000) | -4.6676 (0.0000) |
| $\beta$ | -0.0385 (0.0010) | -0.0466 (0.0002) | -0.0361 (0.0012) | -0.0416 (0.0004) | -0.2668 (0.0000) | -0.2469 (0.0000) | -0.0728 (0.0000) | -0.0732 (0.0000) | -0.1743 (0.0000) | -0.1550 (0.0000) |
| $VGDP$ | 0.0411 (0.0005) | 0.0538 (0.0000) | 0.6462 (0.0000) | 0.7907 (0.0000) | 1.0102 (0.0000) | 0.9792 (0.0000) | 0.6038 (0.0000) | 0.7557 (0.0000) | 0.6185 (0.0000) | 0.6832 (0.0000) |
| $VGDP^2$ | | | -0.0328 (0.0000) | -0.0402 (0.0000) | -0.0331 (0.0000) | -0.0329 (0.0000) | -0.0282 (0.0000) | -0.0365 (0.0000) | -0.0268 (0.0013) | -0.0315 (0.0002) |
| $EI$ | | | | | 0.3349 (0.0000) | 0.3165 (0.0000) | | | | |
| $ES$ | | | | | | | 0.0888 (0.0013) | 0.0854 (0.0020) | | |
| $IND$ | | | | | | | | | 0.2413 (0.0000) | 0.2231 (0.0000) |
| $URBAN$ | | | | | | | | | 0.0940 (0.0142) | 0.0847 (0.0179) |
| $\lambda$ | 0.3777 (0.0000) | | 0.3357 (0.0000) | | 0.1931 (0.0030) | | 0.3443 (0.0000) | | 0.2757 (0.0000) | |
| $\rho$ | | 0.3643 (0.0000) | | 0.3382 (0.0000) | | 0.1865 (0.0002) | | 0.3423 (0.0000) | | 0.2903 (0.0000) |

注：括号里面为 P 值。

从模型一估计的结果可以看出，人均 GDP（*VGDP*）显著为正，这说明了人均 GDP 的提高将会带来人均碳排放增长率的提高，这将加大区域间的碳排放差距，不利于人均碳排放的趋同。同时，空间误差系数和空间滞后系数都显著为正，并且模型一的人均 GDP 空间系数相比其他模型是最大的，也就是说模型一的人均 GDP 空间溢出效应最大，说明区域之间经济差距越大，空间地理作用越明显，可见空间因素不能忽视。那么，是否存在一个转折点，当经济发展到一定阶段，人均碳排放增长率随着人均 GDP 增加而降低？经济增长和环境污染之间是否呈倒 U 形的关系，即是否符合环境库兹涅茨曲线（EKC）呢？模型二针对此问题给出了解释，且不同于以往研究，本节放松了区域的环境污染与相邻区域在地理空间上不存在空间相关性的假设，考虑了地理空间因素来验证 EKC 理论，结果发现人均 GDP 的一次项系数显著为正，二次项系数显著为负。说明中国的碳排放增长率符合库兹涅茨曲线（EKC），具有倒 U 形曲线特征，符合环境库兹涅茨曲线假说。对模型二，进一步将人均碳排放率对人均 GDP 求导数，求导公式为：

$$v = \exp(-\gamma_1 / (2\gamma_2)) \tag{2.34}$$

求出 EKC 曲线的拐点值为 19143.8 元，即当人均 GDP 大于 19143.8 元时，人均碳排放增长率随着人均 GDP 的增长而降低。据此，本节发现东部地区基本上进入人均碳排放增长率随着人均 GDP 的增长而降低的状态，其中上海进入该状态最早，而中、西部地区还未进入该状态。说明经济发展的需求具有刚性，碳排放首先要满足中、西部地区的经济增长。同时也从侧面说明东部地区已具备先行减排的条件，可先行减排，积累碳减排经验和发展碳减排技术，为后减排的地区做出榜样，这也有利于降低未来碳减排成本。

从模型三和模型四的结果可知，能源强度（$EI$）和能源结构（$ES$）与人均碳排放增长率均保持正相关关系。当能源强度（$EI$）和煤炭消费量占总能源消费量的比重下降，则人均碳排放增长率也将下降。这说明技术进步能有效降低人均碳排放。同时，能源强度（$EI$）的弹性比能源结构（$ES$）的弹性要高，可见改善能源强度对促进人均碳排放趋同具有最直接最有效的作用。因此提高能源利用效率，降低单位 GDP 耗能，从而降低能源强度显得尤为重要，而发展清洁能源，降低煤炭等污染能源的使用，改进能源结构的作用也不容忽视。此外，模型三的空间误差系数 $\lambda$ 和空间滞后系数 $\rho$ 比模型四的要低，说明能源强度的空间相互作用相比能源结构的要小，由能源强度所产生的地区差异相比能源结构也要小得多。原因在于，我国的单位 GDP 耗能即能源强度整体都很高，还有很大的提升空间。而空间相互作用与地区经济结构和产业结构有很大关系，能源结构改善的区域溢出作用比较明显，可通过地区之间的能源贸易迅速溢出，所以其产生的空间相互作用较大。尤其"西气东输""西电东送"等国家能源工程，横跨多个省区市，为改善了途经的各省区市能源结构起到促进的作用，从而进一步加大了地区之间的空间相互作用。因此，研究人均碳排放趋同的驱动因素时，地理空间变量不容忽视，由于存在空间相互作用，并且作用强度有强弱之分，地方政府在进行碳减排决策时，也要考虑相邻区域和其他地区的碳政策。

模型五考虑了人均 GDP、产业结构和城市化三个重要的因素。本节用第二产业产值占 GDP 比重衡量产业结构，该指标也在一定程度上代表了当地工业化的发展程度，而对于中国这样的人口大国和发展中国家，工业化和城市化基本同步，城市化进程中的工业化特征表现为高耗能产业快速发展，这也意味着能源消费增长和碳排放的增长（林伯强，蒋竺均，2009）。中国正处于工业化、城市化加速发展时期，因此模型五能很好解释经济结构调整、工业化和城市化对我国人均碳排放趋同的影响。模型五考虑地理空间因素的影响，结果显示，产业结构（IND）和城市化（URBAN）因素与人均碳排放呈正相关关系。也就是说，随着工业化和城市化进程加快，将会提高人均碳排放增长率，不利于人均碳排放的趋同。因而产业结构优化升级和适当控制城市化速度，有利于人均碳排放的趋同。显然，相比最小二乘回归的结果，考虑了地理空间因素后得出的结论与我国现今所处于的经济发展阶段较为吻合，提高了模型对现实的解释力度。而工业化和城市化对相邻地区存在溢出作用。即相邻地区之间的产业结构和城市化程度会影响该地区的人均碳排放。因此，地理空间因素不容忽视。

综上可知，地区之间的 GDP、能源结构、产业结构和城市化存在明显的空间溢出效用。而且由于地区差异明显，区域经济发展不平衡，各地区所处于的城市化阶段不同，其对人均碳排放趋同的影响也不一致。即碳排放趋同的弹性也将随城市化不同阶段而产生差异。因此，本节将考虑空间相互作用，来研究城市化不同阶段对碳排放趋同的影响。

### 2.3.2.3　城市化不同阶段下人均碳排放空间趋同的影响因子辨析

城市化进程加快，有助于改善公共设施，提高公共交通的使用效率，进而降低能耗和碳排放（Liddle，2004）；与此观点相类似的其他学者发现城市化与能源消费存在正相关关系，但这种影响是逐渐降低的，具体原因在于城市化带来经济产业结构改善和能源技术效率提高会降低碳排放（Liu，2009）。林伯强和蒋竺均（2009）则认为，通过对农业部门、工业生产、交通运输体系及居民生活的影响，城市化带动了能源消费的快速且大幅上涨，这将加大碳排放的增长。从理论上说，城市化对碳排放具有两方面的影响：一方面，城市化增加了资源需求，从而产生了更多的碳排放；另一方面，城市化与城市密度的增加提高了公共基础设施的使用效率，又会减少资源消耗与碳排放。这两种不同方向的影响直接导致了城市化与碳排放之间关系的复杂性（郭郡郡，刘成玉，2012）。孙昌龙等（2013）也认为城市化处于不同演化阶段，对碳排放的影响将表现为驱动和制动双重作用。因此，研究城市化对人均碳排放趋同的影响时，有必要区分城市化的不同阶段。本节把我国分成东、中、西部三大地区，假定三大地区代表城市化发展的不同阶段，其中，西部地区为城市化发展初期水平，中部地区为城市化发展中等水平，东部地区为城市化发展较高水平，据此来研究城市化不同阶段对人均碳排放趋同的影响。

（1）模型介绍。许泱和周少甫（2011）和许泱（2011）验证了碳排放对城市化水平是否存在环境的库兹涅茨曲线。相近的社会、经济、地理条件，某一地区制定的城市化发展目标往往会影响周边地区的城市化发展水平（蒋伟，2009）。而随着城镇化水平提高，要素与产品的流动性和集聚性不断增强，作为流通载体的交通基础设施对城镇化的影响也将起到明显作用（柳思维，2011）。因而，在研究城市化过程中，城市化的空间溢出也不容忽视，鉴于此，本节基于许泱和周少甫（2011）和许泱（2011）的研究思路，考虑地理空间的因素，通过空间面板模型来模拟城市化处于不同阶段对人均碳排放趋同的影响。

空间滞后面板计量经济模型（SLPDM）如下：

$$\ln\left(\frac{y_{it}}{y_{i,t-1}}\right) = \alpha_{it} + \beta\ln(y_{i,t-1}) + \rho W\ln\left(\frac{y_{it}}{y_{i,t-1}}\right) + \beta_1\ln(URBAN_{it})$$

$$+ \beta_2(\ln(URBAN_{it}))^2 + \beta_3\ln(VGDP_{it})$$

$$+ \beta_4\ln(IND_{it}) + \beta_5\ln(EI_{it}) + \beta_6\ln(ES_{it}) + \mu_{it} \quad (2.35)$$

式（2.35）为 SLPDM 模型，$\beta$ 为趋同的系数，$W$ 为空间权重矩阵，$\beta_1$ 和 $\beta_2$ 代表城市化水平，一次项系数为正，二次项系数为负，用来验证城市化水平是否存在环境的库兹涅茨曲线假说。$\rho$ 为空间相关系数，衡量一个区域的碳排放对周边地区碳排放的空间溢出影响。

空间误差面板计量经济模型（SEPDM）如下：

$$\ln\left(\frac{y_{it}}{y_{i,t-1}}\right) = \alpha_{it} + \beta\ln(y_{i,t-1}) + \beta_1\ln(URBAN_{it}) + \beta_2(\ln(URBAN_{it}))^2$$

$$+ \beta_1\ln(VGDP_{it}) + \beta_2\ln(IND_{it}) + \beta_4\ln(EI_{it})$$

$$+ \beta_5\ln(ES_{it}) + \mu_{it} \quad (2.36)$$

$$\mu_{it} = \lambda W\mu_{it} + \varepsilon_{it} \quad (2.37)$$

式（2.36）和式（2.37）为 SEPDM 模型，$\lambda$ 参数衡量了样本观察值的误差项引起的一个区域间溢出成分。

（2）实证结果分析。下面对城市处于不同阶段的人均碳排放趋同的驱动因素进行分析。表 2.12 结果表明，空间相关系数 $\lambda$、$\rho$ 都显著为正，说明城市化存在正向的空间相互作用。进一步研究城市化对人均碳排放的影响发现，在东部和中部地区，城市化（URBAN）一次项系数为正，二次项系数为负，说明存在城市化对人均碳排放增长率的 EKC 曲线。这也说明了，在城市化发展中等水平的中部地区和较高水平的东部地区，城市化在一定阶段会加大各地区的人均碳排放，不利于人均碳排放趋同，但随着城市化进程的不断推进将会带来碳排放的下降，城市化对碳排放的正外部性将逐渐显现。

表 2.12　　　　城市化不同阶段对人均碳排放趋同影响的结果

| 变量 | 城市化发展较高水平 | | 城市发展中等水平 | | 城市化发展初期水平 | |
|---|---|---|---|---|---|---|
| | SEPDM | SLPDM | SEPDM | SLPDM | SEPDM | SLPDM |
| $\alpha$ | -4.1694 (0.0000) | -4.2047 (0.0000) | -11.0280 (0.0000) | -10.5215 (0.0000) | -7.0935 (0.0000) | -6.9659 (0.0000) |
| $\beta$ | -0.1810 (0.0000) | -0.1746 (0.0000) | -0.5158 (0.0000) | -0.3364 (0.0000) | -0.5771 (0.0000) | -0.5107 (0.0000) |
| $URBAN$ | 1.0406 (0.0000) | 1.0790 (0.0000) | 1.8258 (-0.0057) | 2.9723 (0.0000) | -1.3190 (-0.0758) | -1.0587 (-0.1590) |
| $URBAN^2$ | -0.1541 (0.0000) | -0.1599 (0.0000) | -0.2595 (-0.0070) | -0.4415 (0.0000) | 0.2103 (-0.0656) | 0.1718 (-0.1405) |
| $VGDP$ | 0.2853 (0.0000) | 0.2819 (0.0000) | 0.5680 (0.0000) | 0.4094 (0.0000) | 0.7646 (0.0000) | 0.7026 (0.0000) |
| $IND$ | -0.0771 (0.0962) | -0.0773 (0.0911) | 0.2787 (0.0000) | 0.1514 (0.0016) | 0.0508 (0.6396) | 0.0721 (0.5061) |
| $EI$ | 0.2594 (0.0000) | 0.2525 (0.0000) | 0.4584 (0.0000) | 0.3670 (0.0000) | 0.4903 (0.0000) | 0.4902 (0.0000) |
| $ES$ | 0.0197 (-0.6628) | 0.0172 (-0.7038) | 0.3699 (0.0000) | 0.2845 (0.0000) | 0.4768 (0.0000) | 0.4497 (0.0000) |
| $\lambda$ | 0.2711 (-0.0854) | | 0.3181 (-0.0339) | | 0.4067 (-0.0012) | |
| $\rho$ | | 0.2880 (-0.0092) | | 0.2933 (-0.0005) | | 0.1471 (-0.1266) |

同时，城市化发展中等水平的中部地区，其城市化的弹性大于城市化发展较高水平的东部地区。主要存在两方面原因。一方面，从经济发展水平来看，东部地区的人均收入高于中部地区，收入的提高使得人们

开始对良好的生活环境产生了需求。这从空间误差面板模型（SEPDM）估计的人均收入（*VGDP*）对人均碳排放增长的弹性可以看出，城市化发展较高水平的东部地区人均收入的弹性为0.2853，城市化发展中等水平的中部地区的人均收入的弹性为0.5680，约为前者的两倍。同时，东部地区相比中部地区产业结构更为优化，从而使环境得到改善。这从产业结构的估计参数（*IND*）可见端倪。城市发展较高水平的东部地区，产业结构的估计参数为负，说明随着经济增长，第二产业衰落，其他产业迅猛发展，GDP增长方式更为环保。城市发展中等水平的中部地区产业结构参数（*IND*）为正，说明中部地区城市化的发展主要基于工业化所带来的快速经济增长。另一方面，从技术水平来看，东部地区的能源强度对人均碳排放增长率的影响弹性为0.2594，能源结构的弹性为0.0197，能源强度和能源结构弹性大约为城市发展中等水平的中部地区的一半甚至更小。说明城市化发展较高的东部地区技术水平有所提高，能源强度和能源结构更趋合理，更为注重提高能源利用效率，而城市化发展中等水平的中部地区依然处于一个高能耗、高排放的发展阶段。

再来看，城市化发展初期水平的西部地区。结果表明西部地区城市化对碳排放的影响相比东中部地区要小，但随着人均收入的提高，其影响程度也在不断凸显。同时，相比中、东部地区，西部地区能源强度和能源结构系数对人均碳排放增长的影响最大。

综上可知，现阶段，中国的碳减排政策不能脱离经济增长和城市化进程阶段性的发展规律。城市化对碳排放增长的冲击是明显的，政府可把城市化进程作为低碳发展的机会来控制碳排放增长速度（林伯强，刘希颖，2010）。

城市发展较高水平的东部地区，城市化的制动作用凸显，人均碳排放趋于趋同，虽然能源强度仍存在可降低的空间，但已具备实施低碳城市的条件。对于经济发达和人口稠密的城市，改进出行方式，发展大规模公共交通，将能有效减少人均碳排放。

城市化发展中等水平的中部地区，技术水平有很大的提升空间，改进能源利用效率、降低能源强度，发展新能源、改善能源结构，可避免以往东部地区推进城市化过程中人均GDP对人均碳排放增长率依然过高的弊端，充分吸取东部地区城市化进程中的经验和教训。

城市发展初期水平的西部地区，基于历史数据拟合出未来城市化将会对碳排放产生巨大压力。所有因素中，人均GDP（$VGDP$）对西部地区碳排放增长影响最大，为了减小城市化进程对碳排放增长的压力，西部地区应提倡低碳经济发展，注重GDP质量，同时改善能源强度和能源结构，缓解碳排放压力，促使人均碳排放趋同。这样相比以往城市化后期东部地区走过的老路，西部地区完全有可能在新能源推进下，促进能源结构的优化，转变为低碳经济发展的模式。

因而，考虑区域差异和地理空间因素的作用，各地区可因地制宜制定和执行差异化的能源政策，走低碳型城市化发展模式。

### 2.3.2.4　不同开放程度下FDI对碳排放空间趋同的影响分析

（1）变量说明及数据来源。FDI对区域之间的影响，存在经济扩散效应。据此，根据空间面板模型的建模思路，通过空间面板数据（spatial panel data model，SPDM）模型和空间误差面板数据模型（SEPDM）来估计。为了考虑空间距离、FDI对碳排放趋同的影响，对空间权重矩阵$W$的设定，在此假设两个省域之间的空间距离区间为$[d_{\min}, d_{\max}]$，令$\{W_d \mid \bar{d} = d_{\min}, d_{\min} + \tau, d_{\min} + 2\tau, \cdots, d_{\max}\}$，$\tau$为$[d_{\min}, d_{\max}]$的步长距离，$\bar{d}$为距离阈值。这样做的目的是为了在做空间回归模拟时，阈值$\bar{d}$随着空间单元之间的距离加大而逐步扩大，以验证FDI的效用强度（符淼，2009）。本节在此基础上展开分析，$w_{i,j}$表示区域之间权重，假定区域间距离大于距离阈值$\bar{d}$时，区域之间的权重为距离的倒数，区域间距离小于距离时，区域间权重为0。同时，本节为了研究空间区域结构在区域经济交往过程中的作用，通过4个、6个、8个邻居的空间权重矩阵来衡量对内开放度。

实际上，地理空间特征会影响贸易开放度，进而影响碳排放，但是碳排放却不会改变一国的地理特征。弗兰克尔和罗默（Frankel and Ro-

mer，1999）曾采用国际贸易的引力方程来构造各国"理论上"的开放
度作为实际开放度的工具变量，即用地理特征来衡量开放度。鉴于此，
本节用中国区域的地理空间结构矩阵来衡量中国区域的对内开放度。从
地理空间的角度，就是用一个地区保证至少有几个邻居来衡量国内对内
开放度，即如果保证一个地区至少有四个邻居，那么这四个邻居将赋于
更大权重，使这四个地区之间的溢出效应更大；如果要保证一个地区有
六个邻居，那么就对这六个邻居赋予更大的权重，此六个地区相互之间
的溢出效应更大。以此类推，来表现区域之间更为密切的经济交往。

本节分别用 4 个、6 个、8 个邻居空间结构来表示国内对内开放度
的依次加强，这也从侧面反映出我国市场一体化程度。这样一方面可以
衡量国内对内开放度，另一方面可以衡量随着空间距离变化，技术扩散
对不同区域之间距离扩散效应的变化。

数据主要根据 1994～2011 年的《中国统计年鉴》《能源统计年鉴》
《中国工业经济统计年鉴》及各个省区市的地区统计年鉴整理得出。

其中，对人均 GDP（用 $VGDP$ 表示）与污染环境的研究表明，污染
排放量和人均收入之间存在倒 U 形关系（林伯强，蒋竺均，2009；陆旸
和郭路，2008）。借鉴以往研究，本节以人均 GDP 作为人均收入指标，
并在回归方程中同时加入人均 GDP 的一次项和二次项。FDI 采用各地区
年度实际利用外资总额（最终用 $FDI$ 总额）与 GDP 的比值来衡量。具
体数据来源与说明见表 2.13。

表 2.13 变量数据来源与说明

| 变量 | 指标 | 单位 | 数据来源 |
|---|---|---|---|
| 人均碳排放量（$y_{it}$） | 各个地区的碳排放与各个地区的人口的比值（$y_{it}$） | 吨碳/每人 | 1994～2011 年的《中国能源统计年鉴》进行估算的碳排放量 |

续表

| 变量 | 指标 | 单位 | 数据来源 |
|---|---|---|---|
| 人均 GDP（*VGDP*） | 各个地区的国内生产总值与各个地区的总人口的比值（*VGDP*），其中 GDP 都是以 1995 年为基期，剔除 GDP 指数的影响，为 GDP 的真实值 | 元 | 1994～2011 年的《中国统计年鉴》 |
| 外商直接投资（*FDI*） | 各地区年度实际利用外资总额（最终用 FDI 总额）与 GDP 的比值 | % | 1994～2011 年的《中国统计年鉴》 |

（2）实证结果与分析。在 EKC 框架下，研究 FDI 的技术扩散渠道与碳排放趋同的关系，刻画在地理空间上邻近地区外部影响的区域扩散过程。空间滞后面板数据（SLPDM）计量经济模型如下：

$$\ln\left(\frac{y_{it}}{y_{i,t-1}}\right) = \alpha_{it} + \beta\ln(y_{i,t-1}) + \rho W\ln\left(\frac{y_{it}}{y_{i,t-1}}\right) + \beta_1\ln(VGDP)$$

$$+ \beta_2(\ln(VGDP))^2 + \beta_3\ln(FDI) + \mu_{it} \tag{2.38}$$

空间误差面板数据计量经济模型（SEPDM）如下：

$$\ln\left(\frac{y_{it}}{y_{i,t-1}}\right) = \alpha_{it} + \beta\ln(y_{i,t-1}) + \beta_1\ln(VGDP) + \beta_2(\ln(VGDP))^2$$

$$+ \beta_3\ln(FDI) + \mu_{it} \tag{2.39}$$

$$\mu_{it} = \lambda W\mu_{it} + \varepsilon_{it} \tag{2.40}$$

运用式（2.38）研究 FDI 对碳排放增长的影响；运用式（2.39）和式（2.40）进一步研究不同区域 FDI 的知识扩散效应如何引致技术进步，从而对周边地区的碳排放增长产生影响，参数 λ 衡量地区观察值的误差项引起的区域间空间相互影响的成分。

实际上，外商直接投资对资金引入方碳排放的影响日益引起各方重视，FDI 对中国的碳排放是当前亟待研究的现实问题。本节通过实证模拟对上述问题进行研究。

实证结果表明（见表 2.14～表 2.16）存在条件趋同，且不论是空间误差面板模型（SEPDM）还是空间滞后面板模型（SLPDM），随着距离增大，$\lambda$、$\rho$ 值都逐渐减小，即空间扩散效应逐渐减小。同时，人均 GDP（$VGDP$）的一次项显著为正，二次项显著为负，即符合 EKC 曲线的现象。此外，$FDI$ 的系数均为负，说明随着 $FDI$ 的增加，将会降低人均碳排放增长率。这可能是由于随着我国对外开放的不断扩大和深入，外资企业通过环境友好型技术的转移与外溢提高了本土企业的生产效率，并减少了资源投入和污染排放（许和连，邓玉萍，2012）。

表 2.14　　　　　　　　　　对内开放度低的空间面板模型估计结果

| 模型 | 变量 | 距离阈值 | P 值 | 500 公里 | P 值 | 1000 公里 | P 值 | 1500 公里 | P 值 |
|------|------|---------|------|---------|------|----------|------|----------|------|
| SEPDM | $\alpha$ | -2.8876 | 0.0000 | -2.7618 | 0.0001 | -2.8470 | 0.0001 | -4.0020 | 0.0000 |
| | $\beta$ | -0.0358 | 0.0010 | -0.0359 | 0.0010 | -0.0342 | 0.0012 | -0.0407 | 0.0003 |
| | $VGDP$ | 0.6136 | 0.0000 | 0.5863 | 0.0001 | 0.6037 | 0.0001 | 0.83340 | 0.0000 |
| | $VGDP^2$ | -0.0316 | 0.0001 | -0.0301 | 0.0002 | -0.0310 | 0.0001 | -0.0421 | 0.0000 |
| | $FDI$ | -0.0077 | 0.1918 | -0.0075 | 0.2007 | -0.0080 | 0.1729 | -0.0138 | 0.0173 |
| | $\lambda$ | 0.6152 | 0.0000 | 0.6063 | 0.0000 | 0.5490 | 0.0000 | 0.2459 | 0.0000 |
| SLPDM | $\alpha$ | -3.2960 | 0.0000 | -3.2854 | 0.0000 | -3.3492 | 0.0000 | -3.9584 | 0.0000 |
| | $\beta$ | -0.0361 | 0.0008 | -0.0364 | 0.0009 | -0.0361 | 0.0007 | -0.0405 | 0.0002 |
| | $VGDP$ | 0.6897 | 0.0000 | 0.6864 | 0.0000 | 0.7004 | 0.0000 | 0.8240 | 0.0000 |
| | $VGDP^2$ | -0.03534 | 0.0000 | -0.0351 | 0.0000 | -0.0359 | 0.0000 | -0.0418 | 0.0000 |
| | $FDI$ | -0.0087 | 0.1014 | -0.0088 | 0.1018 | -0.0083 | 0.1180 | -0.0118 | 0.0318 |
| | $\rho$ | 0.5689 | 0.0000 | 0.5568 | 0.0000 | 0.5166 | 0.0000 | 0.2620 | 0.0000 |

表 2.15　　　　　　对内开放度一般的空间面板模型估计结果

| 模型 | 变量 | 距离阈值 | P 值 | 500 公里 | P 值 | 1000 公里 | P 值 | 1500 公里 | P 值 |
|---|---|---|---|---|---|---|---|---|---|
| *SEPDM* | $\alpha$ | − 2.7580 | 0.0001 | − 2.6210 | 0.0002 | − 2.6415 | 0.0002 | − 3.5492 | 0.0000 |
| | $\beta$ | − 0.0356 | 0.0009 | − 0.0356 | 0.0009 | − 0.0333 | 0.0012 | − 0.0374 | 0.0005 |
| | *VGDP* | 0.5862 | 0.0001 | 0.5566 | 0.0002 | 0.5609 | 0.0002 | 0.7400 | 0.0000 |
| | *VGDP*$^2$ | − 0.0301 | 0.0002 | − 0.0285 | 0.0003 | − 0.0288 | 0.0004 | − 0.0374 | 0.0000 |
| | *FDI* | − 0.0075 | 0.2003 | − 0.0074 | 0.2072 | − 0.0076 | 0.1929 | − 0.0127 | 0.0254 |
| | $\lambda$ | 0.6301 | 0.0000 | 0.0000 | 0.6215 | 0.5731 | 0.0000 | 0.3328 | 0.0000 |
| *SLPDM* | $\alpha$ | − 3.1906 | 0.0000 | − 3.1701 | 0.0000 | − 3.1929 | 0.0000 | − 3.5654 | 0.0000 |
| | $\beta$ | − 0.0357 | 0.0007 | − 0.0359 | 0.0008 | − 0.0355 | 0.0007 | − 0.0378 | 0.0004 |
| | *VGDP* | 0.6673 | 0.0000 | 0.6620 | 0.0000 | 0.6672 | 0.0000 | 0.7411 | 0.0000 |
| | *VGDP*$^2$ | − 0.0342 | 0.0000 | − 0.0339 | 0.0000 | − 0.0342 | 0.0000 | − 0.0376 | 0.0000 |
| | *FDI* | − 0.0087 | 0.1001 | − 0.0088 | 0.0999 | − 0.0082 | 0.1206 | − 0.0104 | 0.0537 |
| | $\rho$ | 0.5874 | 0.0000 | 0.5756 | 0.0000 | 0.5421 | 0.0000 | 0.3404 | 0.0000 |

表 2.16　　　　　　对内开放度高的空间面板模型估计

| 模型 | 变量 | 距离阈值 | P 值 | 500 公里 | P 值 | 1000 公里 | P 值 | 1500 公里 | P 值 |
|---|---|---|---|---|---|---|---|---|---|
| *SEPDM* | $\alpha$ | − 2.7748 | 0.0001 | − 2.6545 | 0.0002 | − 2.6695 | 0.0002 | − 3.3642 | 0.0000 |
| | $\beta$ | − 0.0347 | 0.0010 | − 0.0347 | 0.0010 | − 0.0317 | 0.0015 | − 0.0348 | 0.0005 |
| | *VGDP* | 0.5912 | 0.0001 | 0.5651 | 0.0002 | 0.5690 | 0.0002 | 0.7061 | 0.0000 |
| | *VGDP*$^2$ | − 0.0305 | 0.0001 | − 0.0291 | 0.0002 | − 0.0293 | 0.0003 | − 0.0359 | 0.0000 |
| | *FDI* | − 0.0073 | 0.2116 | − 0.0072 | 0.2138 | − 0.0073 | 0.2074 | − 0.0118 | 0.0359 |
| | $\lambda$ | 0.6329 | 0.0000 | 0.6233 | 0.0000 | 0.5814 | 0.0000 | 0.3979 | 0.0000 |
| *SLPDM* | $\alpha$ | − 3.2020 | 0.0000 | − 3.1844 | 0.0000 | − 3.2027 | 0.0000 | − 3.4934 | 0.0000 |
| | $\beta$ | − 0.0347 | 0.0009 | − 0.0348 | 0.0010 | − 0.0342 | 0.0008 | − 0.0364 | 0.0004 |
| | *VGDP* | 0.6708 | 0.0000 | 0.6662 | 0.0000 | 0.6708 | 0.0000 | 0.7291 | 0.0000 |
| | *VGDP*$^2$ | − 0.0345 | 0.0000 | − 0.0342 | 0.0000 | − 0.0344 | 0.0000 | − 0.0372 | 0.0000 |
| | *FDI* | − 0.0084 | 0.1078 | − 0.0086 | 0.1065 | − 0.0079 | 0.1294 | − 0.0097 | 0.0677 |
| | $\rho$ | 0.5893 | 0.0000 | 0.5774 | 0.0000 | 0.5497 | 0.0000 | 0.3959 | 0.0000 |

从对内开放度分析，对内开放度不同时，$\lambda$、$\rho$ 系数也显著不同。当国内对内开放度增大时，$\lambda$、$\rho$ 值也随之增大，空间扩散效用更大，即对内开放度增大会使得人均碳排放发散。同时，随着对内开放度加大，FDI 对人均碳排放趋同的影响程度有所减弱。可能原因是在市场分割的情况下，地方政府利用来自国际贸易的规模经济效应时将放弃国内市场的规模经济效应，因而地方政府有动机加强地方保护，从而促进本地经济增长（陆铭，陈钊，2009）。但当国内对内开放度加强时，区域之间的经济交往密切，可能引起地区之间对 FDI 的竞争，从而削弱 FDI 对人均碳排放趋同的作用。

简而言之，对内开放度越高的空间经济结构，空间相互作用越强，溢出效应越强。因此，提高对内开放度，推进市场一体化，有利于加强区域之间的相互扩散作用。进一步结果表明，对内开放度增强，并不利于人均碳排放的空间趋同。与此同时，FDI 投资有利于碳排放趋同，但对内开放度越高，FDI 对人均碳排放效应越弱，对内开放度强化了 FDI 的集聚程度。

## 2.3.3　本节小结

本节主要研究驱动因素对人均碳排放趋同的影响，实证结果如下：

（1）在未考虑空间地理因素时，我国人均碳排放存在条件趋同。人均 GDP（*VGDP*）和人均碳排放增长率呈正向关系，即经济发展将促进人均碳排放的增长。同时，能源强度（*EI*）和能源结构（*ES*）与人均碳排放增长率也呈正向关系，说明能源强度和能源结构的改善将有利于人均碳排放趋同。而产业结构（*IND*）和城市化（*URBAN*）在不同时段与人均碳排放增长率的关系十分不稳定。同时，我国不同地区的城市化差异明显，东部发达地区城市化程度比较高，而西部地区则比较低，而用最小二乘回归得到的是一个全局平均的结果，在我国区域差异明显的情况下，不能凸显出工业化和城市化双重作用之间的差异。

（2）考虑了空间地理因素后，我国仍存在人均碳排放条件趋同，人均 GDP（*VGDP*）、能源强度（*EI*）、能源结构（*ES*）、产业结构（*IND*）和城市化（*URBAN*）因素与人均碳排放均呈正向相关关系，地区之间的 GDP、能源结构、产业结构和城市化均存在明显的空间溢出效用。而且由于地区差异明显，区域经济发展不平衡，各地区所处的工业化、城市化阶段不同，对人均碳排放趋同的影响也不一致。

此外，实证研究发现，中国的碳排放增长率符合环境库兹涅茨曲线假说，具有倒 U 形曲线特征，EKC 曲线的拐点值为 19143.8 元，即当人均 GDP 大于 19143.8 元时，人均碳排放增长率随着人均 GDP 的增长而降低。我国东部地区基本上进入人均碳排放增长率随着人均 GDP 的增长而降低的状态，其中上海进入该状态最早。

（3）对城市化不同阶段的人均碳排放趋同的驱动因素分析得出，不论城市化处于何阶段，都存在人均碳排放条件 $\beta$ 趋同。需要指出的是，FDI 有利于促进碳排放空间趋同，同时，对内开放度越大，FDI 对人均碳排放空间趋同的影响程度有所减弱。

## 2.4　本 章 小 结

针对当前我国区域人均碳排放差异明显的客观事实，本章首先考察我国区域人均碳排放的空间格局演变过程及俱乐部特征，其次探讨影响碳排放的驱动因素。鉴于我国各个地区碳减排压力存在区域差异，不同区域间的碳排放与其驱动因素之间的关系十分复杂，并非能由常系数的经典回归分析所解释。为此，考虑空间距离和局域空间联系因素，把地理空间效应纳入 STIRPAT 模型框架中，通过地理加权回归方法（GWR）对回归系数进行局域分解获得了区域差异化的回归系数。具体而言：第一，随着时间的推移，绝大多数低人均碳排放区域已跨入中度人均碳排放型；中度人均碳排放型地区也已跨入较高人均碳排放型地区或者高人均碳排放型地区。第二，考虑时空效应，中国区域人均碳排放空间自相关性逐渐加强，且空间集聚呈连片分布的特征。第三，通过 Moran's I 指数对我国区域进行内生分组，采用空间面板模型估计技术，结果发现 L−L 地区人均碳排放存在空间俱乐部趋同，其他地区趋同趋势并不明显；结论启示了在一个区域俱乐部内部，建立一个低碳经济示范区，将可能对相邻地区产生良性的溢出效应。

进一步深入分析得出，我国各个地区人口、人均 GDP（富裕度）和能源强度（技术）驱动因素对碳排放的弹性存在明显差异，区域的碳减排压力及其驱动因素呈现为一种非均衡的联动关系和局域性特征。其中，相比人均 GDP（富裕度）和能源强度（技术），人口对我国碳排放压力的弹性变化区间最小，各地区人均 GDP（富裕度）对碳排放的影响存在着显著不同，能源强度（技术）是影响碳排放的关键因素，因而提高能源利用效率的技术水平是碳减排的关键所在，尤其是在耗能产业相对密集的区域及相对发达地区，能源强度对碳排放的驱动影响更大，这些地区的能源利用效率尚有很大的提升空间。

采用空间计量模型分析碳排放空间趋同时，结果表明，空间距离、人均 GDP、能源强度、能源结构、产业结构、城市化程度、FDI 等因素是影响碳排放空间趋同重要的约束条件。区域经济发展不平衡，各地区所处的工业化、城市化阶段不同，对人均碳排放空间趋同的影响也不一致。

# 第 3 章

## 产业转移态势与碳排放重心
## 空间错位格局分析

在产业结构调整升级背景下，产业转移步伐明显加快。同时，产业发展依托于它们所在的地理空间，为此，合理配置产业空间布局是承接产业成功转移的基础，也是提高产业土地利用效率、降低产业碳排放的重要手段（冯长春等，2015）。显然，产业转移是影响区域碳排放格局变化的关键因素（李平星，曹有挥，2013；马诗慧，2012）。现有研究更多强调产业转移在均衡区域经济增长中的作用，而较少关注产业转移对节能减排的影响（成艾华，魏后凯，2013）。由于我国碳排放空间以及结构上的差异（刘佳骏等，2013；高长春等，2016；黄国华等，2016；朱明许，黄少鹏等，2011；李建豹，黄贤金，2015），区域发展差异问题日益突出，使用区域空间治理手段进行管治势在必行（刘卫东，2014）。欠发达地区正成为产业转移与碳转移的活跃地区，如果不对区域间产业转移进行合理引导，势必增加产业承接区域的碳排放量（廖双红，肖雁飞，2017）。尤其是在环境政策收紧背景下，行业利润空间被压缩，高碳强度区域沦为承接中低碳强度区域"三高"产业转移的"污染避难所"（张永强，张捷，2016）。

同时，"十三五"控制温室气体排放工作的方案明确指出，须分类控制各省碳排放强度，强化区域间碳排放空间协同管治。实际上，气候变化驱动下，地区间对温室气体排放空间的争夺首当其冲，但发展经济、消除贫困所需的排放空间巨大，理应得到优先满足（王礼茂等，2016）。尤其是，"十三五"是全面建成小康社会的决胜阶段，必须全面脱贫，经济必须保持中高速增长，但各种力量和诉求博弈又容易导致产业与碳排放空间错位的现象发生（潘家华，2016）。鉴于碳排放的流动性，从区域视角去考察碳排放空间格局的特征，实行区域联防治理策略势在必行（吴玉鸣，2015；孙攀等，2017）。

长江经济带横跨东、中、西部三大区域，其碳排放的区域性特征明显。国务院关于推动长江经济带发展的指导意见里明确指出：建立生态环境协同保护治理机制，完善长江环境污染联防联控机制，推动长江经济带碳补偿机制。加强区域内联手共治将是促进长江经济带一体化低碳发展和共同应对气候变化的重要手段。这也就为长江经济带区域管理提出了新的科学问题。显然，在研究碳减排政策时，须重视产业一体化协同发展需求同地域空间分割之间的矛盾。为此，本章选取长江经济带作为典型的区域，来探讨产业转移态势与碳排放重心空间错位格局问题。因此，基于产业转移视角下，厘清碳排放重心和产业重心的空间转移格局，对长江经济带产业空间与碳排放空间做出准确研判、解读，有利于在区域之间实施碳补偿，以实现区域间公平发展（赵荣钦等，2014），并为制定碳减排空间管治政策提供科学依据。

## 3.1　研究方法及数据来源

### 3.1.1　研究方法

本研究尝试用相邻年份各省区市相对排放量差值作为类型区划分的

依据，对不同省区市的碳排放变化现状进行分析。按照计算的结果进行五个级别的分类（李平星，曹有挥，2013），如表 3.1 所示。

表 3.1                                         定义类型

| 差值 | （min，−0.5） | （−0.5，−0.1） | （−0.1，0.1） | （0.1，0.5） | （0.5，max） |
|------|------|------|------|------|------|
| 定义类型 | 快速下降型 | 稳定下降型 | 基本稳定型 | 稳定上升型 | 快速上升型 |

同时，运用重心模型来探讨工业与碳排放重心的移动，为此，假定分析范围是由 $n$ 个次级区域组成，然后再到每一个次级区域都会存在一个质点，假设它的属性值为 $m_i$，那么关于这一属性的重心坐标的计算公式如下所示（刘佳骏等，2013；李想等，2013）：

$$X_i = \frac{\sum m_i x_i}{\sum m_i}, \ Y_i = \frac{\sum m_i y_i}{\sum m_i} \tag{3.1}$$

在式（3.1）中，$(X_i，Y_i)$ 是表示所要求的重心坐标；$(x_i，y_i)$ 则表示每个质点的地理坐标；$m_i$ 为属性量值。

碳排放重心的空间位置在不同阶段转移方位的计算公式如下所示：

$$\vartheta_{i-j} = \frac{n\pi}{2} + \text{arctg}\left(\frac{Y_i - Y_j}{X_i - X_j}\right) \tag{3.2}$$

在式（3.2）中，$n$ 可取 0、1、2 三个值，量化重心用不同年份转移的度数来表示，取值范围为 −180°~180°，0°在正东方向，顺时针方向旋转为负，而逆时针方向旋转为正。

重心偏移距离的计算公式，如下所示：

$$D_{a,b} = C \times \sqrt{(x_a - x_b)^2 + (y_a - y_b)^2} \tag{3.3}$$

在式（3.3）中，$D_{a,b}$ 表示重心在不同的两个时间点属性移动的空间距离；$a$ 和 $b$ 则代表不同的两个年份；$(x_a，y_a)$ 和 $(x_b，y_b)$ 表示某属性第 $a$ 年的重心坐标和某属性第 $b$ 年的重心坐标；$C$ 是为常数，代表通过地球表面坐标单位转化为平面距离的系数，取值为 111.111。

### 3.1.2 数据来源及处理

为反映长江经济带产业转移态势，同时考虑碳排放特征，根据国务院长江经济带产业转型升级文件的发展战略定位，以及 11 个省市经济发展现状，本书将长江经济带 11 个省市划分成三个区域。第一类区域划分为净转出区域，包括上海、江苏、浙江三个省市；第二类区域划分为净转入区域，有云南、贵州、四川、重庆；最后一类为其他中部地区，即安徽、湖北、湖南、江西。进一步通过计算每个区域的工业总产值份额和多个年份的动态变化，来反映整个长江经济带的产业转移现状（成艾华，魏后凯，2013）。其中，工业化水平用各个区域第二产业增加值和每个区域 GDP 总值的比率来表示。

本书以工业能源消费引起的碳排放为核算依据。数据来源于长江经济带 1996～2015 年 11 个省市的统计年鉴。工业能源碳排放值的计算公式如下：

$$C = \sum_{i=1} A_i \times b_i \tag{3.4}$$

式（3.4）中：$C$ 代表的是碳排放量，其单位为万吨；$A_i$ 是表示能源 $i$ 的消费量，其单位是万吨标准煤；$b_i$ 为能源 $i$ 的碳排放系数，采用 IPCC《国家温室气体排放订单指南》。

## 3.2 碳排放转移的时空格局演变

### 3.2.1 碳排放的演变格局

实际上，碳排放格局的区域性特征明显（Zhang et al.，2014）。

从图 3.1 中可看出，长江经济带三大类区域的碳排放总量逐年增加，净转出区域的碳排放总量最多。从图 3.2 结果显示，净转出地区的碳排放比重的增速为三类区域中最快的，但净转出区域碳排放量在整个长江经济带所占的比重逐年下降，中西部区域的碳排放量所占比值缓慢上升。而净转入区域碳排放量比重一直保持在较稳定的水平。以 2005 年为时间节点，在此之前其他中西部地区碳排放量在三类地区中所占比重逐年降低，2005 年达到 31.89% 最低值后出现了反弹。从 1995 年开始，净转出区域一直都是长江经济带碳排放比值最高的区域，其碳排放量比重在 40% 左右，在 2005 年以前一直处于上升状态，2005 年达到最高值 40.85%，随后均处于下降状态，至 2014 年下降到 39.26%。可见，长江经济带碳排放呈现地理空间锁定现象和路径依赖性特征。

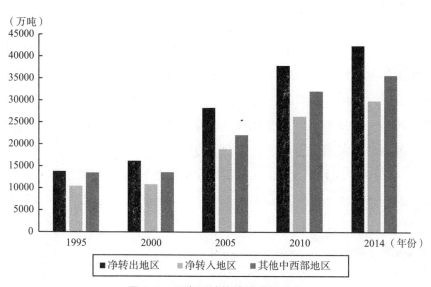

图 3.1　三类区域的碳排放量变化

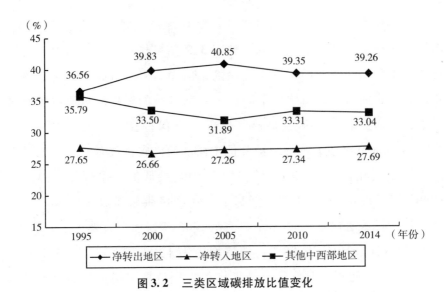

图 3.2　三类区域碳排放比值变化

### 3.2.2　碳排放转移态势

进一步从表 3.2 不难看出，碳排放转移增速不尽一致，各地区碳排放比重的时空格局分异特征明显。1995～2000 年，净转出区域均为快速上升型，除了江西、湖南、四川下降外，其余省市也均呈现为上升的趋势；2000～2005 年，上海变成快速下降型，而江苏、浙江仍为快速上升型，湖南和云南表现为快速上升型，另外的省市则为稳定型或下降型；2005～2010 年，上升型省份主要集中在中部地区和净转入地区，净转出地区的上海和江苏呈下降的趋势；2010～2014 年，呈上升状态的省市主要集中在安徽、江西、四川，净转出地区只有江苏为上升，上海和浙江则表现为下降。

表 3.2　　　　　　　　　碳排放转移的空间格局

| 地区 | 1995～2000 年 | 2000～2005 年 | 2005～2010 年 | 2010～2014 年 |
|---|---|---|---|---|
| 上海 | 快速上升 | 快速下降 | 快速下降 | 快速下降 |
| 江苏 | 快速上升 | 快速上升 | 稳定下降 | 快速上升 |

续表

| 地区 | 1995~2000 年 | 2000~2005 年 | 2005~2010 年 | 2010~2014 年 |
|------|------------|------------|------------|------------|
| 浙江 | 快速上升 | 快速上升 | 稳定上升 | 快速下降 |
| 安徽 | 快速上升 | 基本稳定 | 快速上升 | 稳定上升 |
| 江西 | 稳定下降 | 基本稳定 | 稳定上升 | 快速上升 |
| 湖北 | 快速上升 | 快速下降 | 快速上升 | 快速下降 |
| 湖南 | 快速下降 | 快速上升 | 快速下降 | 快速下降 |
| 重庆 | 快速上升 | 快速下降 | 快速上升 | 稳定下降 |
| 四川 | 快速下降 | 稳定下降 | 稳定上升 | 稳定上升 |
| 云南 | 稳定上升 | 快速上升 | 稳定下降 | 快速下降 |
| 贵州 | 快速上升 | 稳定下降 | 快速上升 | 稳定上升 |

进而言之，长江经济带碳排放格局的变化，在地理空间上可以通过碳排放重心的移动来反映（Lal，2004；Turner，2003）。结果显示（表3.3），碳排放重心移动的距离先减小后又增大，碳排放重心的变动范围是东经113.551°~123.369°，北纬30.327°~32.888°。1995~2000年，碳排放重心的移动速度较大；2000~2010年，表现为碳排放重心从净转出地区渐渐移动到净转入地区及其他中西部地区；在2010~2014年，长江经济带的碳排放重心则向西南地区快速移动，移动的距离达到950.5km，即碳排放重心逐渐向欠发达地区转移。

表 3.3　　　　　　　　长江经济带碳排放重心移动方向和距离

| 年份 | 经度（°） | 纬度（°） | 角度（°） | 移动距离（km） |
|------|---------|---------|---------|-------------|
| 1995 | 113.5515 | 30.3269 | — | — |
| 2000 | 123.3688 | 32.8877 | 75.3807 | 1127.3071 |
| 2005 | 122.9775 | 32.6829 | 62.3841 | 49.0662 |
| 2010 | 122.0763 | 32.5193 | 79.7106 | 101.7751 |
| 2014 | 113.7820 | 30.4250 | 75.8289 | 950.5068 |

# 3.3 产业发展及重心移动态势

从区域产业转移视角来探讨生产中产生的碳排放，体现了受益与责任相匹配（李健等，2015）。为此，有必要进一步分析产业转移的态势。由表3.4和图3.3结果显示，1995～2014年，净转出区域工业总产值比例的均值为53.66%，分水岭是2005年。2005年之前，净转出地区的工业总产值份额呈上涨的趋势，产业聚集明显；2005年之后，呈明显的下降趋势，表明该地区的产业逐渐向其他地区转移。从工业化水平来看，净转出区域的工业化程度很长时间保持在较高值，期间也有小幅度的波动，在2005年之后则逐步下降。净转入区域的工业总产值比重的均值为15.00%，在三大区域中工业总产值所占的份额均是最低；其工业化水平表现为前一个阶段降低而后一个阶段增加的态势，以2005年为转折点呈现U形变化趋势。其他中西部地区工业总产值平均份额为31.33%，一直呈稳步上升状态，表明此区域主要为产业转入的区域；同时，该区域的工业化程度也是一直处于上升状态，增速较大。

表3.4　　　1995～2014年三类区域工业总产值份额与工业化水平　　　单位：%

| 年份 | 净转出地区 | | 净转入地区 | | 其他中西部地区 | |
|------|------------|--------|------------|--------|----------------|--------|
| | 工业总产值份额 | 工业化水平 | 工业总产值份额 | 工业化水平 | 工业总产值份额 | 工业化水平 |
| 1995 | 56.49 | 53.41 | 15.86 | 41.95 | 27.64 | 37.23 |
| 2000 | 57.16 | 50.94 | 14.21 | 38.13 | 28.61 | 38.04 |
| 2005 | 59.19 | 53.48 | 13.14 | 41.34 | 27.65 | 42.94 |
| 2010 | 50.32 | 50.13 | 15.11 | 47.20 | 34.56 | 50.25 |
| 2014 | 45.13 | 45.17 | 16.68 | 45.63 | 38.17 | 59.43 |
| 平均 | 53.66 | 50.63 | 15.00 | 42.85 | 31.33 | 45.58 |

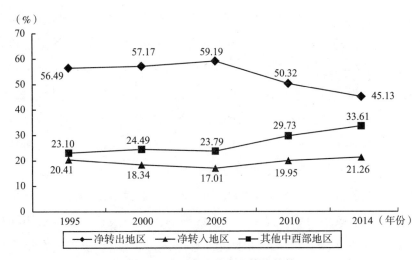

图3.3 三类区域产业转移趋势

进一步从表3.5的结果可以看出,长江经济带的产业转移在地理空间上表现为向西南移动的趋势。工业重心的变动范围为东经114.614°~115.916°,北纬30.693°~30.980°。2005年为工业重心移动方向的临界点,移动的距离在26.6~95.4km之间,2010年最大值达95.4km。

表3.5 长江经济带工业重心移动方向和距离

| 年份 | 经度（°） | 纬度（°） | 角度（°） | 移动距离（km） |
|------|-----------|-----------|-----------|----------------|
| 1995 | 115.4161 | 30.8551 | — | — |
| 2000 | 115.6519 | 30.8131 | −79.9115 | 26.6170 |
| 2005 | 115.9159 | 30.9805 | 57.6292 | 34.7257 |
| 2010 | 115.0762 | 30.8026 | 78.0422 | 95.3637 |
| 2014 | 114.6139 | 30.6932 | 76.6784 | 52.7883 |

当碳排放量和工业总产值出现不完全协同、匹配的现象时,易导致碳排放和产业转移之间空间错位格局的现象（Freedman H. H., 1986；杨磊,高向东,2012；李名升,张建辉等,2013）。为此,进一步从区

域碳排放强度变化的角度，来探索碳排放重心与工业重心错位的原因。结果表明（见图3.4），1995～2000年，三大区域工业碳排放强度变化都表现为下降的态势，净转入区域和净转出区域的工业碳排放强度减少的幅度较为相似，其他中西部地区的工业碳排放强度的下降幅度较大；2000～2014年，三类区域的工业碳排放强度表现出不同的下降速度，净转入地区在2005～2010年的工业碳排放强度下降速度最大，而净转出地区的下降速度则最低。然而从总体上来看，碳排放不仅体现了每个地区本身的发展特点，还取决于在产业转移和产业发展上，长江经济带不同时期的产业政策引导，进而在每个区域的工业发展过程中造成不同程度的影响（滕堂伟，2016；杨本建，毛艳华，2014）。显然，在整个研究期间，净转出区域的工业碳排放强度一直低于净转入区域、其他中西部区域和整个长江经济带的工业碳排放强度；究其原因主要是净转出区域大多把高排放、高污染的产业转入净转入区域和其他中西部地区，这也是碳排放重心移动大于950km，而工业重心仅移动95.4km，导致产业和碳排放空间错位的重要原因。

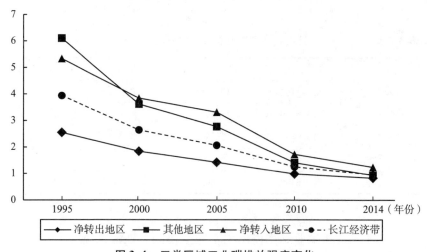

图3.4　三类区域工业碳排放强度变化

# 3.4　结论讨论

区域低碳发展是体现长江经济带生态文明建设的重要方面。为此，首先有必要厘清区域产业和碳排放转移的时空格局。那么，从时间的维度来看，长江经济带三大区域的碳排放格局演变与工业重心的移动具有高度相关性，显然，产业转移发挥了重要作用。从空间维度来看，碳排放重心和工业重心的移动存在空间错位现象，碳排放重心与工业重心移动方向基本一致，但碳排放重心移动的距离远大于工业重心移动的距离。从这可以看出，长江经济带区域发展不平衡、不充分的矛盾，一定程度上加剧了空间错位现象。具体而言，从1995年开始，净转出区域的碳排放总量在长江经济带中比重最大，在2005年以前这个区域的碳排放比重都为增加趋势，随后碳排放比重表现为缓慢降低，这与该区域产业向其他区域转移有关，也充分体现了区域发展与碳排放空间分异特征，进而导致长江经济带产业与碳排放的重心呈现空间错位格局现象。

同时需要指出的是，研究结果发现：一是长江经济带欠发达地区大多是碳排放转移目的地，它们一定程度上成为了长江经济带发达地区产业转移"高排放的避难所"。二是长江经济带碳排放强度呈现下降的趋势，但从产业转移的方向看，往往是从碳排放强度低的发达区域转移到碳排放强度高的欠发达区域，这降低了长江经济带整体减排效果。

# 3.5　本章小结

明晰产业与碳排放重心的移动轨迹，是制定区域碳减排政策须考虑的重要方面。为此，本章通过GIS空间数据挖掘方法，来探索长江经济带产业与碳排放重心转移的空间格局。结果显示，研究期间，碳排放重心移动的距离远大于工业重心移动的距离，产业与碳排放重心存在空间错位格局现象。与此同时，长江经济带碳排放强度呈现下降的趋势，但产业转移的方向往往是从碳排放强度低的发达区域，转移到碳排放强度高的欠发达区域。因此，有必要根据各地区工业特征来科学制定跨区域合作碳减排政策，从而提高碳减排的有效性。

为此，在国家及区域战略的主导下，结合长江经济带产业与碳排放空间转移表现出不同阶段的特点，有必要针对不同的区域发展特征，科学制定符合长江经济带发展规律的碳减排政策。鉴于此，政策启示如下：第一，碳排放与产业重心空间错位现象明显，有必要界定产业转入、转出所带来的碳排放责任，合理制定区域碳补偿政策，这将有利于提升长江经济带整体减排的效果。第二，长江经济带欠发达地区经济发展所需碳排放空间的权力应优先得到满足。为此，欠发达地区在避免成为发达地区的"高碳排放的避难所"同时，须妥善处理不同地区环境管治政策与高排放产业转移之间的矛盾，构建"共同但有区别"的碳减排责任，科学制定因地适宜的产出转移标准，推动长江经济带跨区的产业有序转移。第三，长江经济带碳排放强度均处于下降趋势，这也侧面说明了低碳技术的进步，减排效果逐步显现。但从长江经济带区域内部碳强度差异，进一步可发现，在整个研究期间，净转出区域的工业碳排放强度一直低于净转入区域、其他中西部区域。为此，对于欠发达地区，提升传统能源利用效率，破解产业转移地理空间的高碳锁定，将有利于进一步降低碳强度。对于发达地区，则应推动低碳技术向欠发达地区转移，建立跨地区低碳技术共享平台，大力发挥碳交易市场减排的效果。同时，充分考虑长江经济带空间分异的特征，制定碳排放总量与碳强度双控目标政策，将有利于促进长江经济带区域协调发展与减排的共赢。

# 第 4 章

## 地区产业协调特征与碳强度
## 转移方向及格局分析

区域经济一体化是当今国际经济与贸易发展的表现形式，它一方面能够减轻或消除区域贸易来往障碍（刘朝明，2002；刘瑞娜，王勇，2015），但另一方面又导致商品在贸易流动中隐含的碳负荷发生转移（乔小勇等，2018）。为此，从区域和产业的视角，厘清贸易流动对碳排放的影响机制，追溯各地区产业部门间的内在联系是制定减排政策重要的现实基础。

实际上，从区域的视角可以看出，乘数效应与溢出效应占据主导地位（张同斌，陈婷玉，2017），本地经济积累不仅促进本地区经济发展，而且借助区域间溢出效应惠及周边地区经济发展（周文通，2016），但有可能存在环境效率的损失。同时，经济溢出效应对区域碳排放效应具有极大的促进作用（高雪，2015；张友国，2016），且经济溢出效应贡献持续增强（潘文卿，2015），东部地区由于地理位置优势，经济效应显著，其碳排放高于中部地区（Fu et al.，2013）。不仅如此，中国大多省份的国内贸易表现为"污染避难所"模式，区域间贸易总体上不利于碳减排（张友国，2015），贸易顺差效应是碳排放净转入最主要的原因（Peters et al.，2008；彭水军，2016）。然而，区域产业分工存在的显著差异进一步影响了贸易隐含碳排放（公丕萍，2016）。产业链上游位置的产业，产业链更长，且与其他产业联系更为密切，从而为整个经济系统带来更大的经济效应（吴添，潘文卿，2014），这也必然导致大量的碳排放（赵爱文，李东，2011）。因此，产业结构调整是转变经济增长方式以及引导减排政策方向的必由之路（潘文卿，2015）。

事实上，碳排放的溢出依赖于地区生产技术、能源使用率（Meng et al.，2013），为此，发达地区碳排放强度往往相对较低（渠慎宁，郭朝先，2010），而经济溢出效应显著（余典范，2011）。不仅如此，区域内乘数效应与区域间溢出效应显著的产业集中在高碳排放的产业（赵玉唤，王乾，2016）。高碳排放产业必然会给区域环境增加负担（吴福象，朱蕾，2010；赵荣钦，2010）。正因为如此，不能因区域经济发展，导致碳排放减排压力增大（雷厉等，2011）。那么，明晰产业结构调整对生态环境的作用机理，减缓因产业结构对生态环境的胁迫（杨福霞等，2010；戴其文等，2009），为减排政策的制定提供了新的思路。

为此，在上述学者研究的基础之上，笔者利用目前可获取的最新投入产出表，选取2007年、2010年和2012年的数据，尝试从产业乘数效应和溢出效应的视角下，探讨泛长三角区域碳排放转移的特征及其分布格局，进一步分析泛长三角地区产业乘数效应、溢出效应及碳排放的分布，从而厘清产业结构与国家减排的影响机制。这对泛长三角地区减排政策的制定具有实践意义和政策价值。

# 4.1　研究区域概况

长江三角洲作为中国经济最发达的地区，在我国经济发展中占据极其重要的地位。2016年，《长江经济带发展规划纲要》明确指出：引导产业有序转移，建设承接产业转移平台，创新产业转移方式。本书泛长三角地区包括位于长江下游地区的上海市、江苏省和浙江省，以及位于中游地区的安徽省和江西省。由于地理环境差异，泛长三角地区经济存在典型的区域发展不平衡、不充分的特征（陈江龙等，2016），导致碳排放存在显著的空间差异性（刘佳俊等，2015）。为此，从区域和产业视角，分析泛长三角地区经济水平与碳排放的时空差异及其演变规律，对于有效地引导碳减排责任在区域间的合理分配具有重要的现实意义。

## 4.2　数 据 来 源

本研究以泛长三角为研究区域，使用的数据主要包括中国多区域非竞争型投入产出表和能源统计年鉴数据。鉴于目前可获得最新的投入产出表为2012年的，故研究选取2007年、2010年和2012年的投入产出模型对泛长三角地区经济效应与碳排放问题进行深入探讨。

（1）投入产出数据。本书选取了2007年、2010年和2012年的中国多区域投入产出表为基础数据。以中国2007年价格为基准，对2010年和2012年数据进行了校准，以消除通货膨胀的影响。2007年和2010年多区域投入产出表来自刘卫东课题组的相关研究（刘卫东，2012；唐志鹏等，2014；李方一等，2013），且该投入产出数据被广泛应用（唐志鹏等，2014；李方一等，2013；唐志鹏等，2013），2012年投入产出表在前人的编制方法基础之上编制（齐舒畅，2008）。

（2）能源统计年鉴数据。本研究使用的能源数据来源于《中国能源统计年鉴2008》《中国能源统计年鉴2011》《中国能源统计年鉴2013》，主要包括煤、石油、天然气等能源消耗数据。值得注意的是，能源统计年鉴有6个部门，而MRIO包括了30个部门，本书采用的方法是将能源统计年鉴中的6个部门拆分到30个部门（表4.1），以此得到30个部门的能源消耗量（Manfred et al.，2004）。

表 4.1 产业部门名称

| 代码 | 部门名称 | 代码 | 部门名称 |
|---|---|---|---|
| 1 | 农林牧渔业 | 16 | 通用、专用设备制造业 |
| 2 | 煤炭开采和洗选业 | 17 | 交通运输设备制造业 |
| 3 | 石油和天然气开采业 | 18 | 电气机械及器材制造业 |
| 4 | 金属矿采选业 | 19 | 通信设备、计算机及其他电子设备制造业 |
| 5 | 非金属矿及其他矿采选业 | 20 | 仪器仪表及文化办公用机械制造业 |
| 6 | 食品制造及烟草加工业 | 21 | 其他制造业 |
| 7 | 纺织业 | 22 | 电力、热力的生产和供应业 |
| 8 | 纺织服装鞋帽皮革羽绒及其制品业 | 23 | 燃气及水的生产与供应业 |
| 9 | 木材加工及家具制造业 | 24 | 建筑业 |
| 10 | 造纸印刷及文教体育用品制造业 | 25 | 交通运输及仓储业 |
| 11 | 石油加工、炼焦及核燃料加工业 | 26 | 批发零售业 |
| 12 | 化学工业 | 27 | 住宿餐饮业 |
| 13 | 非金属矿物制品业 | 28 | 租赁和商业服务业 |
| 14 | 金属冶炼及压延加工业 | 29 | 研究与试验发展业 |
| 15 | 金属制品业 | 30 | 其他服务业 |

# 4.3 研究方法

多区域投入产出模型被广泛应用于衡量经济效应（潘文卿，2006；李立华，2007）、碳排放效应（闫云凤，2014）。因此，本书基于此思路，首先，结合区域内乘数效应、区域间溢出效应，来分析产业碳排放强度分布格局；其次，从碳排放效应的视角，分析区域内碳排放与区域间贸易隐含碳的产业分布情况；最后，结合经济效应和碳排放效应分别对泛长三角地区经济效应与碳排放之间的分布格局进行深入探讨。

### 4.3.1　乘 数 效 应 及 溢 出 效 应

从生产到消费的排放分配需要了解整个供应链的情况，多区域投入产出表基于不同产业部门和地区之间的商品流动，既能考虑到每个地区各个部门的经济总产出，又考虑到在某一地区生产在另一地区消费的部门产出。本章的模型建立在相关学者所构建的两区域投入产出模型的基础上（Miller，1963；Round，2005），以三区域投入产出表为例。

三区域非竞争性投入产出模型基本形式如下：

$$
\begin{bmatrix} A_{11} & A_{12} & A_{13} \\ A_{21} & A_{22} & A_{23} \\ A_{31} & A_{32} & A_{33} \end{bmatrix} \begin{bmatrix} X_1 \\ X_2 \\ X_3 \end{bmatrix} + \begin{bmatrix} Y_1 \\ Y_2 \\ Y_3 \end{bmatrix} = \begin{bmatrix} X_1 \\ X_2 \\ X_3 \end{bmatrix} \tag{4.1}
$$

式中：$A_{aa}$ 为区域 $a$ 的区域内直接消耗系数矩阵，$A_{ba}$ 为区域 $a$ 对区域 $b$ 流入产品的直接消耗系数矩阵；$X_a$ 表示区域 $a$ 的总产出，$Y_a$ 表示区域 $a$ 的最终需求。

设 $S_{ba} = (E - A_{bb})^{-1} A_{ba}$，代入式（4.1）后可分别得到区域总产出的表达式。这里以 $X_1$ 为例，如下：

$$
\begin{aligned}
X_1 = & \left[ E - S_{12}(E - S_{23}S_{32})^{-1}(S_{21} + S_{23}S_{31}) - S_{13}(E - S_{32}S_{23})^{-1}(S_{32}S_{21} + S_{31}) \right]^{-1} \\
& \times (E - A_{11})^{-1}Y_1 + \left[ E - S_{12}(E - S_{23}S_{32})^{-1}(S_{21} + S_{23}S_{31}) \right. \\
& \left. - S_{31}(E - S_{32}S_{23})^{-1}(S_{31} + S_{32}S_{21}) \right]^{-1} \times \left[ S_{12}(E - S_{23}S_{32})^{-1} \right. \\
& \left. + S_{13}(E - S_{32}S_{23})^{-1}S_{32} \right](E - A_{22})^{-1}Y_2 + \left[ E - S_{12}(E - S_{23}S_{32})^{-1} \right. \\
& \left. \times (S_{21} + S_{23}S_{31}) - S_{13}(E - S_{32}S_{23})^{-1}(S_{31} + S_{32}S_{21}) \right]^{-1} \\
& \times \left[ S_{13}(E - S_{32}S_{23})^{-1} + S_{12}(E - S_{23}S_{32})^{-1}S_{23} \right](E - A_{33})^{-1}Y_3 \tag{4.2}
\end{aligned}
$$

式中，区域 1 的总产出 $X_1$ 由三部分组成。第一部分，区域间乘数效应：$(E - A_{11})^{-1}$ 代表区域 1 乘数效应，区域 2 的乘数效应为 $(E - A_{22})^{-1}$，$(E - A_{33})^{-1}$ 代表区域 3 的乘数效应；第二部分，区域间溢出效应：区域 2、区域 3 对区域 1 的溢出效应分别为 $S_{12}(E - S_{23}S_{32})^{-1} +$

$S_{13}(E-S_{32}S_{23})^{-1}S_{32}$、$S_{13}(E-S_{32}S_{23})^{-1}+S_{12}(E-S_{23}S_{32})^{-1}S_{23}$；第三部分，区域间反馈作用：区域 2、区域 3 对区域 1 的反馈作用为 $[E-S_{12}(E-S_{23}S_{32})^{-1}(S_{12}+S_{23}S_{31})-S_{13}(E-S_{32}S_{23})^{-1}(S_{32}S_{21}+S_{31})]^{-1}$，其中 $E$ 表示单位矩阵。

我们用 $M_{aa}$ 表示 $a$ 区域内的乘数效应，$N_{ab}$ 表示 $b$ 区域对 $a$ 区域的溢出效应，$F_{aa}$ 表示 $a$ 区域的反馈作用。因此有：

$$X_1 = F_{11}M_{11}Y_1 + F_{11}N_{12}M_{22}Y_2 + F_{11}N_{13}M_{33}Y_3 \tag{4.3}$$

式中：$M_{aa}$ 为地区 $a$ 的里昂惕夫逆矩阵，表示 $a$ 地区内不同部门之间的相互影响；$N_{12}$、$N_{13}$ 分别表示区域 2 和区域 3 对区域 1 的溢出效应，可表示为：

$$N_{12} = S_{12}(E-S_{23}S_{32})^{-1} + S_{13}(E-S_{32}S_{23})^{-1}S_{32} \tag{4.4}$$

$$N_{13} = S_{13}(E-S_{32}S_{23})^{-1} + S_{12}(E-S_{23}S_{32})^{-1}S_{23} \tag{4.5}$$

式（4.4）和式（4.5）分别代表区域 2 和区域 3 对区域 1 的溢出效应，即区域 2 和区域 3 总产出对区域 1 总产出的影响效果。$F_{11}$ 表示区域 1 总产出对区域 2 和区域 3 总产出的影响再反过来对自身总产出变化的影响。可表示如下：

$$F_{11} = [E-S_{12}(E-S_{23}S_{32})^{-1}(S_{21}+S_{23}S_{31})-S_{13}(E-S_{32}S_{23})^{-1}(S_{31}+S_{32}S_{21})]^{-1}$$
$$\tag{4.6}$$

因此，三区域投入产出模型可以转化成如下形式：

$$\begin{bmatrix} X_1 \\ X_2 \\ X_3 \end{bmatrix} = \begin{bmatrix} F_{11} & 0 & 0 \\ 0 & F_{22} & 0 \\ 0 & 0 & F_{33} \end{bmatrix} \begin{bmatrix} E & N_{12} & N_{13} \\ D_{21} & E & D_{23} \\ D_{31} & D_{32} & E \end{bmatrix} \begin{bmatrix} M_{11} & 0 & 0 \\ 0 & M_{22} & 0 \\ 0 & 0 & M_{33} \end{bmatrix} \begin{bmatrix} Y_1 \\ Y_2 \\ Y_3 \end{bmatrix}$$
$$\tag{4.7}$$

根据式（4.7），将区域间投入产出模型中的里昂惕夫逆矩阵改为如下形式：

$$L = \begin{bmatrix} F_{11}M_{11} & F_{11}N_{12}M_{22} & F_{11}N_{13}M_{33} \\ F_{22}N_{21}M_{11} & F_{22}M_{22} & F_{22}N_{23}M_{33} \\ F_{33}N_{31}M_{11} & F_{33}N_{32}M_{22} & F_{33}M_{33} \end{bmatrix} \tag{4.8}$$

由式（4.8）容易看出，各地区最终需求对总产出的影响，可以分解为区域内乘数效应、区域间溢出效应及反馈效应的乘积。因此，通过对式（4.7）和式（4.8）中的乘数效应、溢出效应以及反馈效应测算列向量之和，即可得到区域内乘数效应、区域间溢出效应。故区域内乘数效应为 $e'M_{aa}$，区域间溢出效应为 $e'N_{ab}M_{bb}$，其中 $e$ 为单位向量。

### 4.3.2　能源消费碳排放

本书采用的能源品种主要包括煤、焦炭、汽油、煤油、柴油、燃料油以及天然气，能源碳排放值的计算公式为：

$$C_i = \sum B_i \times \beta_i \tag{4.9}$$

式中：$C_i$ 表示第 $i$ 种能源的碳排放量；$B_i$ 表示第 $i$ 种能源的消耗量；$\beta_i$ 为第 $i$ 种能源的碳排放系数，采用的是 IPCC 发布的《国家温室气体排放订单指南》（IPCC，2006）。式（4.9）得到的为区域碳排放总量，值得指出的是，这里我们把能源统计年鉴中的 6 个部门拆分到 30 个部门，以此得到投入产出表中的部门碳排放系数（Manfred et al.，2004）。

### 4.3.3　贸易隐含碳排放

多区域投入产出分析不仅能反映区域间贸易联系和不同部门间的关系，同时还能区分国内不同区域的产品生产技术的差异性，进而可以明显地提高贸易隐含碳排放的核算精度，因此其多被用于计算区域间的贸易隐含碳排放（Davis and Caladeria，2010；Guo et al.，2012）。本书根据皮特等（Peters et al.，2008）提出的不同地区贸易隐含碳排放计算模型，进一步引入计算国内区域间贸易隐含碳排放，可表述为：

$$C_a = \gamma_a (E - A_{aa})^{-1} \left( Y_{aa} + \sum_b f_{ab} \right) \tag{4.10}$$

式中：$C_a$ 表示区域 $a$ 内产生的总碳排放量；$\gamma_a$ 表示区域 $a$ 内的部门

碳排放强度；$Y_{aa}$ 表示区域 $a$ 内生产并消费的产品；$f_{ab}$ 表示在双边国内贸易中区域 $a$ 和区域 $b$ 之间产生的产品需求。根据式（4.10），区域 $a$ 内最终需求所导致的碳排放量的计算公式为：

$$C_{aa} = \gamma_a (E - A_{aa})^{-1} Y_{aa} \tag{4.11}$$

同样地，在国内贸易中，区域 $a$ 内流出到区域 $b$ 的隐含碳为：

$$O_{ab} = \gamma_a (E - A_{aa})^{-1} f_{ab} \tag{4.12}$$

考虑能源结构和生产技术等因素对不同区域碳排放强度的影响，从区域 $b$ 流入区域 $a$ 的隐含碳为：

$$I_{ba} = \gamma_b (E - A_{bb})^{-1} f_{ba} \tag{4.13}$$

式中：$\gamma_b$ 表示区域 $b$ 内的部门碳排放强度；$A_{bb}$ 为区域 $b$ 内各部门对本地各部门的中间需求系数；$f_{ba}$ 表示区域 $b$ 与区域 $a$ 之间的产品需求。

## 4.4  结果与分析

### 4.4.1  碳 排 放 强 度

碳排放强度与经济发展水平、生产技术有着密切的关系（李爱华等，2017）。碳排放强度如图 4.1～图 4.3 所示，2007 年、2010 年、2012 年产业碳排放强度显示：从区域层面来看，泛长三角地区区域碳排放强度表现为下降趋势，2007 年上海、江苏、浙江、安徽、江西地区碳排放强度分别为 0.24、0.25、0.22、0.57、0.44，2010 年同比分别下降 17.72%、20.20%、27.23%、26.71%、31.31%，2012 年相比 2010 年碳排放强度降幅分别为 18.68%、16.99%、11.78%、13.19%、-1.41%，这主要归因于经济发展过程中技术水平的提高和政府减排政策的实施，这无疑对减排政策的实施提供了有利的条件。不仅如此，经济发展和技术水平优越的长江下游地区碳排放强度均弱于中游地区。从产业层面来看，长江下游地区农林牧渔业（1）、批发零售业（26）、建筑业（24）、交通运输及仓储业（25）和其他服务业（30）的碳排放强度大于中游地区，但是技术密集型的化工、电力、热力、石化、开采业等重点产业的碳排放强度小于中游地区。可见，下游地区工业化进程快，经济发展水平、技术水平等条件优于中游地区，导致技术密集型产业碳排放强度弱于中游地区。总体而言，泛长三角地区的农林牧渔业（1）、化学工业（12）、金属冶炼及压延加工业（14）、通用、专用设备制造业（16）、通信设备、计算机及其他电子设备制造业（19）、建筑业（24）以及交通运输及仓储业（25）和服务业（30）均属于高碳排放产业。

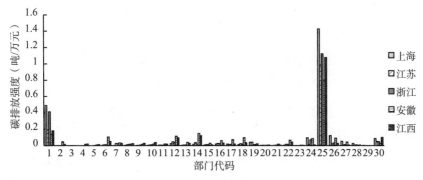

**图 4.1　2007 产业碳排放强度**

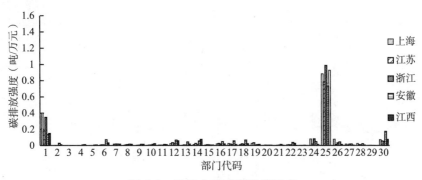

**图 4.2　2010 年产业碳排放强度**

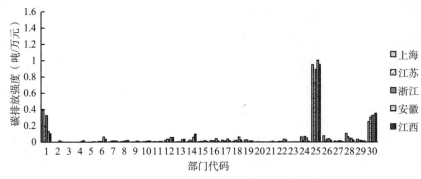

图 4.3　2012 年产业碳排放强度

## 4.4.2　乘数效应与溢出效应

　　区域内乘数效应表示增加 1 单位的产出对区域内经济发展的带动能力。泛长三角地区乘数效应如图 4.4 ~ 图 4.6 所示：从区域角度分析，长江下游地区区域内乘数效应低于中游地区，与碳排放强度分布一致。长三角地区作为核心区域，是泛长三角地区综合实力最强的区域，而中游地区正处于工业化中期初级阶段向中级阶段的过渡时期，促进经济发展仍然是主要目标之一。动态来看，2007 ~ 2012 年该区域内乘数效应有所下降。上海、江苏、浙江、安徽和江西 2007 ~ 2010 年的乘数效应增幅分别为 15.44%、10.24%、13.85%、10.72%、13.38%，2010 ~ 2012 年

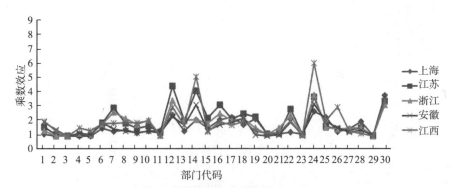

图 4.4　2007 年区域内乘数效应

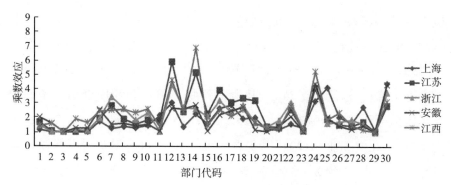

图 4.5　2010 年区域内乘数效应

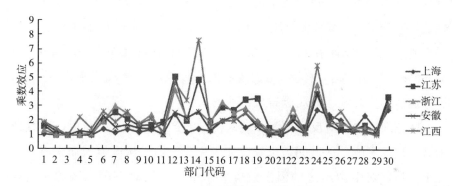

图 4.6　2012 年区域内乘数效应

的乘数效应减弱，分别降低了 14.46%、0.52%、1.17%、4.31%、
−2.41%，表明经济增长呈现出新常态的特征。

从产业层面来看，2007 年上海区域内乘数效应最强的产业依次为其他
服务业（30）、建筑业（24）、化学工业（12）、交通运输及仓储业（25）
和交通运输设备制造业（17），占区域内乘数效应近 30%，虽然 2010
年区域内最强的产业依然与 2007 年一致，但是顺序存在变化，2012 年
的租赁和商业服务业（28）取代了交通运输设备业（17），跃居第 5
位，不仅如此，江苏、浙江、安徽和江西地区产业结构均发生变化。因
此可见，产业结构调整有利于区域一体化程度加强，碳排放强度减弱。
即便如此，高碳排放产业在区域内乘数效应中具有绝对优势。2007 年、

2010 年、2012 年，上海的其他服务业（30）、建筑业（24）、化学工业（12）和交通运输及仓储业（25）合计占区域内乘数效应的比例分别为23.23%、25.93%、21.89%，江苏的化学工业（12）、金属冶炼及压延加工业（14）、建筑业（24）、其他服务业（30）和通用专用设备制造业（16）合计占比分别高达 30.96%、32.15%、21.34%，浙江的建筑业（24）、化学工业（12）、其他服务业（30）和通用专用设备制造业（16）合计占比分别为 23.41%、24.24%、24.20%，其他服务业（30）、建筑业（24）、金属冶炼及压延加工业（14）和化学工业（12）合计在安徽区域内乘数效应中占比分别为 24.73%、25.25%、23.68%，建筑业（24）、金属冶炼及压延加工业（14）、其他服务业（30）和化学工业（12）合计在江西区域内乘数效应中占比分别为 29.43%、28.96%、30.47%。由此可见，区域内乘数效应聚集在高碳排放产业，区域经济的发展离不开高碳排放产业的支撑。

区域间溢出效应反映当一个地区的最终产出提高 1 单位时，对其他地区产出的影响。区域间溢出效应如表 4.2 所示，从区域层面来看，长江下游地区对中游地区的溢出效应大于中游地区对下游地区的溢出效应。上海、江苏、浙江对中游地区经济溢出，2007 年分别为 0.30、0.58、0.53，2012 年分别为 0.24、0.98、0.29；中游地区对它们的溢出效应，2007 年分别为 0.05、0.08、0.06，2012 年分别为 0.13、0.17、0.12。这表明下游地区带动中游地区经济发展水平能力强，中游地区对下游地区经济带动能力较弱，可见，安徽和江西融入长三角区域有待进一步深入。从动态的角度来看，2007～2012 年泛长三角区域间溢出效应表现为增加特征。具体来看，2007～2010 年江苏和安徽溢出效应分别增加了 2.93%、32.97%，同理，2010～2012 年上海、江苏、浙江、安徽和江西这一比例分别为 31.37%、78.47%、11.83%、67.36%、439.62%。尤其值得关注的是，安徽和江西对下游地区的溢出效应在增加，表明泛长三角地区经济一体化程度增强。综前所述，区域间经济溢出效应呈现下游地区向中游地区单向溢出，从碳排放强度低的地区向碳排放强度高的地区溢出。

表 4.2　　　　　　　　　　　泛长三角地区区域间溢出效应

| 地区 | 年份 | 上海 | 江苏 | 浙江 | 安徽 | 江西 |
|------|------|------|------|------|------|------|
| 上海 | 2007 | | 0.13 | 0.20 | 0.04 | 0.01 |
| | 2010 | | 0.07 | 0.10 | 0.03 | 0.01 |
| | 2012 | | 0.22 | 0.35 | 0.10 | 0.03 |
| 江苏 | 2007 | 0.08 | | 0.23 | 0.06 | 0.02 |
| | 2010 | 0.08 | | 0.24 | 0.07 | 0.02 |
| | 2012 | 0.15 | | 0.22 | 0.14 | 0.03 |
| 浙江 | 2007 | 0.15 | 0.15 | | 0.04 | 0.02 |
| | 2010 | 0.16 | 0.19 | | 0.06 | 0.01 |
| | 2012 | 0.26 | 0.36 | | 0.09 | 0.03 |
| 安徽 | 2007 | 0.22 | 0.47 | 0.35 | | 0.03 |
| | 2010 | 0.16 | 0.41 | 0.23 | | 0.02 |
| | 2012 | 0.18 | 0.78 | 0.19 | | 0.20 |
| 江西 | 2007 | 0.08 | 0.11 | 0.18 | 0.05 | |
| | 2010 | 0.10 | 0.20 | 0.20 | 0.08 | |
| | 2012 | 0.06 | 0.21 | 0.10 | 0.08 | |

　　鉴于区域产业结构和资源禀赋的不同，区域间产业溢出效应有显著区别。与区域内产业分布不同，区域间产业溢出效应并不集中在高碳排放产业，这主要是因为高碳排放产业依赖本地区优势发展，可以获得较高的经济效应。具体来看：2007 年（见图 4.7），上海溢出产业主要为化学工业（12）、造纸印刷及文教体育用品制造业（10）、交通运输设备制造业（17）和木材加工及家具制造业（9），它们的溢出效应合计约占上海溢出效应的 50%，为 0.26；江苏主要表现在化学工业（12）、木材加工及家具制造业（19）、纺织业（7）和交通运输设备制造业（17），它们的溢出效应合计数在江苏溢出效应占比高达 53.69%；浙江

在化学工业（12）、纺织业（17）、金属冶炼及压延加工业（14）和建筑业（24）的溢出效应合计数在浙江总溢出效应中，占比高达51.99%；安徽地区溢出效应突出产业集中在化学工业（12）和交通运输设备制造业（17），它们的溢出效应为0.07，化学工业（12）、通用专用设备制造业（16）和电力、热力的生产与供应业（22）在江西地区溢出效应显著，合计占比高达51.93%。不仅如此，产业溢出主要表现碳排放强度低的地区向高的地区溢出。

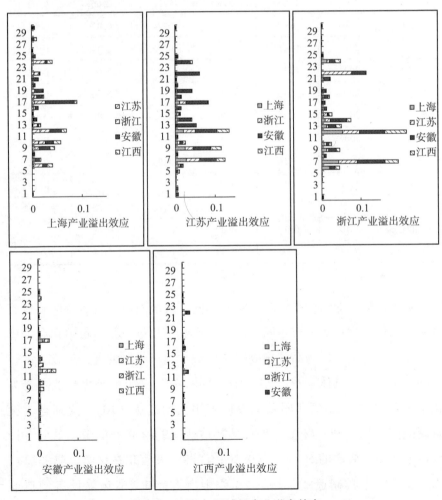

**图4.7 2007年区域间产业溢出效应**

　　2011年区域间溢出产业结构发生变化（见图4.8）。上海对中游地区的溢出产业集中在交通运输设备制造业（17）、木材加工及家具制造业（9）和化学工业（12），它们的溢出效应占比上海对中游地区经济溢出效应的42.65%；上海对江苏地区溢出效应突出的产业集中在化学工业（12）和造纸术印刷及文教体育用品制造业（10），占溢出效应的40.88%；上海对浙江溢出效应集中在建筑业（24）、交通运输设备制造业（17）和化学工业（12），占比高达43.09%。江苏、浙江对上海溢出效应突出的产业为木材加工及家具制造业（19）和化学工业（12），

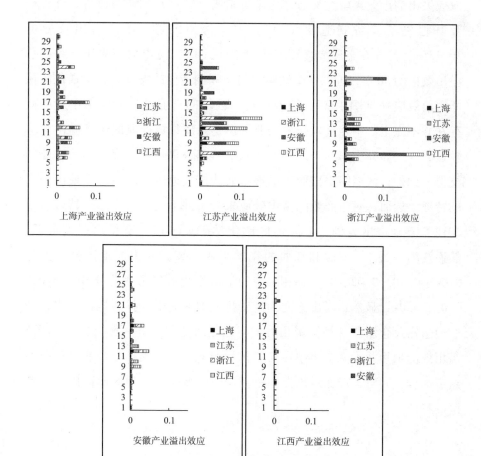

**图4.8　2010年区域间产业溢出效应**

它们约占对上海经济溢出效应的50%，浙江对中游地区溢出产业集中在纺织业（7）、化学工业（12），它们占对中游地区经济溢出效应的49.94%。安徽对上海和浙江地区溢出效应突出的产业集中在交通运输设备及仓储业（25）和化学工业（12），对江西溢出产业集中在木材加工及家具制造业（9）和化学工业（12），占比高达44.57%。

与2007年、2010年区域间溢出产业结构不同，2012年，江苏、浙江、安徽和江西对上海地区溢出产业集中在交通运输及仓储业（25）、化学工业（12）和交通运输设备制造业（17），上海对江苏、浙江溢出效应突出的产业集中在交通运输设备制造业（17）和通信设备、计算机及其他电子设备制造业（19），占上海对江苏、浙江溢出效应的36.13%，江苏在金属冶炼及压延加工业（14）溢出效应突出，约占总溢出效应的50%，可见，交通运输设备和制造业的发展有利于强化区域间溢出效应（见图4.9）。综前所述，区域间产业溢出效应集中的产业存在并不完全集中在高碳排放产业，但是高碳排放产业的经济溢出效应较显著，正如乔小勇等（2018）所说，经济发展离不开高碳排放产业的支撑。此外，区域间溢出效应呈现出低碳排放地区向高碳排放地区溢出的特征，然而，对于产业间溢出效应来看，并不完全符合这一特征。以2012年产业溢出为例，上海地区的化学工业（12）碳排放强度最低，然而江苏、浙江、安徽和江西的化学工业（12）对上海地区分别溢出0.06、0.10、0.02、0.01，相对应的上海溢出效应分别为0.01、0.02、0.01、0.01，显然，溢出方向为高碳排放地区向低碳排放地区溢出，而交通运输及仓储业（25）溢出方向与区域间溢出方向一致。综上，产业溢出效应虽然并不完全集中在高碳排放产业，但高碳排放产业是重要的组成部分，同时，产业溢出方向不完全遵循低碳排放地区向高碳排放地区的特征。

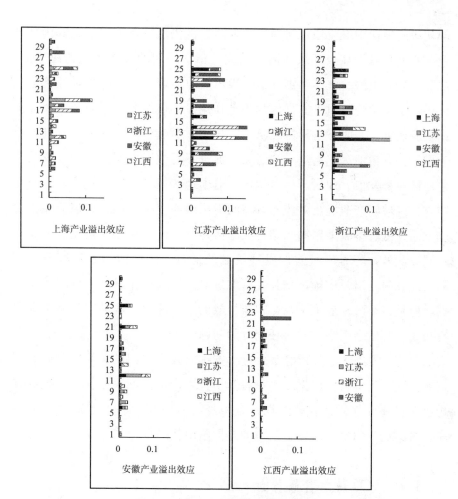

**图4.9　2012年区域间产业溢出效应**

进而言之，区域经济效应分布格局均是乘数效应最大，溢出效应最小，乘数效应占据显著的主导地位。乘数效应越大的地区，其内部关联度越密切；反之，其内部关联度越低。位于长江下游的上海、江苏和浙江工业进程快、经济发展水平高、经济体量大、地理分布及交通运输条件等因素导致其开放程度相对显著，区域内产业关联度相对较弱，而且主导产业集中在交通运输及仓储业（25）、服务业（30）、化学工业（12）等高碳排放产业；位于长江中游的安徽和江西，处于工业化中期的初级阶段向中级阶段过渡时期，发展经济仍然是首要目的，其内部产业关联度相对较高。区域间溢出效应是由区域间的经济关联所决定的，如前所述，上海、江苏和浙江地区溢出效应显著，对中游地区经济带动作用强于中游地区对下游地区的带动作用。不仅如此，下游地区相互溢出效应显著，表明下游地区经济"一体化"程度较高，而安徽和江西对于融入长三角地区仍需进一步努力。促进下游地区发展，有利于泛长三角地区经济发展，而对于中游地区，对本地区域经济发展更有利。与此同时，区域间产业溢出效应与区域间溢出效应表现不同，区域间溢出效应方向为低碳排放地区向高碳排放地区溢出，而产业之间溢出方向略有不同。此外，随着区域协调发展机制的运行，区域内乘数效应逐渐减弱，区域间溢出效应逐渐增强，这无疑对区域间合作发展提供了现实依据。但是，经济发展水平是影响碳排放的主要原因，区域间经济活动愈发频繁，必然会面临减排责任划分的问题。

为此，须进一步分析经济效应与碳排放效应之间的关系，为政府制定减排政策提供科学依据，本章将基于投入产出模型对泛长三角地区碳排放效应进行分析，从多维视角分析经济效应与贸易隐含碳之间的关联，对泛长三角地区碳减排政策的差异给出新的解释。

### 4.4.3 贸易隐含碳分析

推进区域经济一体化是促进经济协调发展的动力，可以使得区域间贸易来往障碍减轻或消除，但其推进过程中也存在很多隐患（刘瑞娜，王勇，2015）。经济活动是产生碳排放的主要原因，贸易活动频繁必然会面临区域减排责任划分的难题，尤其是高碳排放产业对碳排放的影响显著，高碳排放产业集中的地区碳排放水平相对较高。因此，在经济一体化背景下，调整产业结构，对于减缓区域碳排放责任有重要现实意义。

区域碳排放包含本地碳排放和贸易隐含碳，一方面区域内部经济活动致使本地碳排放产生，另一方面区域之间的贸易活动引致贸易隐含碳。如图4.10所示，从本地碳排放占比区域碳排放的比重来看，各地的本地碳排放占比均达到60%以上，显然，本地碳排放是区域碳排放中最重要的组成部分。从区域层面来看，2007年、2010年、2012年上海本地碳排放占比相对较低，分别为85.58%、84.37%、66.41%，而江西省这一比例分别为96.90%、97.70%、94.68%，这与上海和江西区域内乘数效应是相呼应的，上海区域内产业关联相对较低，而与外省区域之间有着频繁的经济联系，本地碳排放强度低导致区域内碳排放占比并不突出。相比而言，江西区域内部产业关联较高，与外省区域之间经济联系相对较弱，本地碳排放强度较高导致区域内碳排放占比较明显。虽然安徽与江西地区同属于中游地区，但是安徽区域内碳排放的降幅大于江西地区。2016年安徽省人民政府发布的《皖江城市带承接产业转移示范区规划》立足于安徽，以振兴安徽为依托，以融入长三角区域为目标，致使安徽内部产业关联度较弱，且碳排放强度低，因此区域内部碳排放较江西地区低。

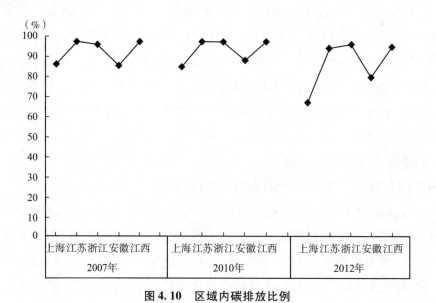

**图4.10　区域内碳排放比例**

综合区域内乘数效应、区域内碳排放比例和区域碳排放强度，不难发现，泛长三角地区区域内乘数效应与区域内碳排放占比表现了显著的空间相似性。长三角地区碳排放强度弱于安徽、江西；在乘数效应方面，依然是长三角区域内部关联度弱于安徽、江西；与此同时，区域内部碳排放高的地区集中在乘数效应和碳排放强度高的地区。值得注意的是，随着区域间贸易活动不断频繁，区域内碳排放减弱，这无疑有利于区域实现协调减排的目标。

由于产业碳排放强度与乘数效应不同，区域内产业碳排放分布存在显著差异。从表4.3的结果可得，区域内碳排放排名前10的产业占据显著的主导地位，均占区域内碳排放85%以上。然而，从区域层面看，长三角地区区域内乘数效应和碳排放强度均低于安徽、江西，甚至于区域内碳排放在区域碳排放的占比低于安徽、江西。与之相反的是，长三角地区排名前10的产业碳排放均大于安徽、江西。2007年上海、江苏、浙江排名前10的产业的碳排放分别为6745.41万吨、12214.24万吨、8459.31万吨，安徽、江西分别为2425.64万吨、3413.02万吨，2012年上海、江苏、浙江、安徽与江西碳排放分别为4939.99万吨、14357.85万吨、11917.68万吨、3959.09万吨、5222.33万吨。因此，长三角地区实际碳排放水平高于中游地区，究其原因，长三角地区经济规模远远高于中游地区。即便如此，随着减排政策的实施，碳排放增幅减缓。上海、江苏、浙江、安徽与江西2007~2010年碳排放分别同比增长16.13%、4.05%、38.12%、37.99%、43.28%，2010~2012年增幅有所减缓，分别为－36.94%、12.98%、1.99%、18.29%、6.79%。因此，这为早日实现碳减排目标提供了有利的条件。

此外，从产业的视角来看，2007~2012年虽然区域碳排放产业结构存在差异性，但是碳排放较多的产业仍然集中在交通运输及仓储业（17）、其他服务业（30）、建筑业（24）、化学工业（12）、金属冶炼及压延加工业（14），这些产业的碳排放之和均占区域碳排放的65%以上，上述产业均属于碳排放强度和区域内乘数效应高的产业。因此，碳排放强度和区域内乘数效应高的产业在区域内碳排放中是最重要的组成部分。

表 4. 3　　　　　　　　　区域内产业碳排放　　　　　单位：%

| 年份 | 产业代码 | 上海 | 产业代码 | 江苏 | 产业代码 | 浙江 | 产业代码 | 安徽 | 产业代码 | 江西 |
|---|---|---|---|---|---|---|---|---|---|---|
| 2007 | 25 | 35.16 | 14 | 19.60 | 30 | 20.84 | 30 | 29.76 | 25 | 21.70 |
| | 30 | 33.24 | 30 | 16.68 | 25 | 15.35 | 25 | 26.13 | 24 | 17.77 |
| | 24 | 5.91 | 12 | 14.44 | 24 | 12.22 | 24 | 11.22 | 14 | 16.30 |
| | 12 | 5.66 | 25 | 13.78 | 12 | 11.71 | 1 | 9.86 | 30 | 14.26 |
| | 14 | 3.77 | 16 | 5.62 | 1 | 7.48 | 14 | 8.06 | 1 | 8.83 |
| | 19 | 2.92 | 1 | 5.25 | 14 | 5.30 | 26 | 3.97 | 26 | 8.43 |
| | 28 | 2.63 | 24 | 5.04 | 7 | 4.40 | 6 | 2.55 | 12 | 4.37 |
| | 26 | 2.13 | 7 | 3.63 | 16 | 3.97 | 12 | 2.36 | 6 | 1.68 |
| | 16 | 1.89 | 26 | 2.96 | 26 | 3.86 | 18 | 1.43 | 22 | 1.58 |
| | 1 | 1.84 | 18 | 2.70 | 6 | 2.28 | 22 | 1.11 | 10 | 0.81 |
| 2010 | 25 | 43.48 | 25 | 19.01 | 30 | 25.99 | 30 | 31.73 | 14 | 28.42 |
| | 30 | 26.37 | 30 | 16.31 | 25 | 14.91 | 25 | 23.12 | 25 | 17.01 |
| | 12 | 5.94 | 12 | 12.94 | 12 | 12.40 | 24 | 14.79 | 24 | 13.46 |
| | 24 | 5.55 | 24 | 8.59 | 24 | 11.00 | 1 | 10.08 | 30 | 9.14 |
| | 26 | 4.01 | 14 | 7.69 | 7 | 7.17 | 6 | 4.09 | 12 | 8.71 |
| | 28 | 3.52 | 16 | 6.51 | 1 | 5.51 | 12 | 3.46 | 1 | 4.37 |
| | 16 | 1.77 | 1 | 5.78 | 26 | 4.12 | 18 | 2.10 | 6 | 3.68 |
| | 17 | 1.58 | 19 | 4.17 | 16 | 3.20 | 13 | 2.04 | 26 | 3.59 |
| | 6 | 1.33 | 18 | 3.25 | 8 | 2.20 | 14 | 1.64 | 22 | 3.04 |
| | 14 | 1.33 | 7 | 3.19 | 18 | 2.18 | 26 | 1.52 | 18 | 1.22 |
| 2012 | 25 | 40.78 | 30 | 23.42 | 30 | 23.84 | 25 | 25.79 | 14 | 21.13 |
| | 30 | 25.50 | 25 | 22.45 | 25 | 21.08 | 30 | 25.51 | 25 | 17.33 |
| | 28 | 8.74 | 12 | 14.72 | 24 | 12.94 | 24 | 17.35 | 30 | 13.95 |
| | 24 | 7.66 | 1 | 6.00 | 12 | 12.35 | 1 | 9.78 | 24 | 13.61 |
| | 26 | 7.44 | 14 | 5.48 | 1 | 5.74 | 12 | 4.28 | 12 | 6.47 |
| | 1 | 2.13 | 19 | 3.70 | 7 | 3.70 | 6 | 3.68 | 26 | 5.98 |
| | 12 | 1.80 | 18 | 3.40 | 16 | 3.40 | 14 | 3.11 | 22 | 5.02 |
| | 19 | 1.39 | 24 | 3.40 | 26 | 3.03 | 16 | 1.79 | 1 | 4.74 |
| | 17 | 1.30 | 26 | 2.81 | 6 | 1.75 | 22 | 1.61 | 13 | 2.79 |
| | 6 | 0.81 | 6 | 2.49 | 18 | 1.58 | 26 | 1.53 | 6 | 2.68 |

贸易隐含碳是区域碳排放重要组成部分，随着地区之间的产品和服务及贸易，隐含碳排放在各区域间存在溢出效应。由表4.4可得，2007年有598.59万吨$CO_2$是生产排放地和消费排放地分离的，也就是说，长三角地区贸易隐含碳仅占地区碳排放的1.53%，到2010年，各地区贸易隐含碳增加到610.17万吨，占区域碳排放的1.60%，2012年，地区贸易隐含碳增加较大，为2845.01万吨，占区域碳排放的5.69%。具体到区域来看，2007年、2010年、2012年，上海地区贸易隐含碳最多，分别为216.87万吨、246.06万吨、1264.11万吨，安徽隐含碳次之，分别为124.82万吨、125.42万吨、673.90万吨，江西贸易隐含碳明显最少，仅分别占区域贸易隐含碳的5.95%、6.87%、4.74%。其中，2007~2012年，上海作为最大的贸易隐含碳流出地，2007年上海碳排放的2.62%是长三角其他地区消费引起的，2012年这一比例上升到16.58%；上海碳排放主要是由江苏消费引起的，2007年、2010年、2012年上海对江苏贸易隐含碳分别为96.21万吨、124.47万吨、528.32万吨，而江苏流出上海的分别为35.75万吨、27.47万吨、156.88万吨。也就是说上海向江苏出口贸易隐含碳是其进口的近3倍。同样地，作为溢出效应较低的江西地区，江西流出的贸易隐含碳小于其接受流入的隐含碳，从流出碳212.35万吨，到接受流入416.12万吨。可见，经济发达的地区是主要的贸易隐含碳净流出地，这一趋势仍未改变（闫云凤，2014）。

表4.4　　　　　　　　　　　碳排放溢出效应　　　　　　　　　　单位：万吨

| 地区 | 年份 | 上海 | 江苏 | 浙江 | 安徽 | 江西 |
|------|------|------|------|------|------|------|
| 上海 | 2007 |  | 96.21 | 60.53 | 21.52 | 38.61 |
|  | 2010 |  | 124.47 | 58.03 | 24.18 | 39.38 |
|  | 2012 |  | 528.32 | 357.38 | 302.41 | 75.99 |
| 江苏 | 2007 | 35.75 |  | 46.62 | 24.83 | 8.26 |
|  | 2010 | 27.47 |  | 33.01 | 23.88 | 6.28 |
|  | 2012 | 156.88 |  | 75.87 | 210.11 | 21.16 |

续表

| 地区 | 年份 | 上海 | 江苏 | 浙江 | 安徽 | 江西 |
|------|------|------|------|------|------|------|
| 浙江 | 2007 | 37.16 | 40.58 | | 16.02 | 12.08 |
| | 2010 | 33.91 | 46.41 | | 15.86 | 9.95 |
| | 2012 | 126.89 | 93.05 | | 67.87 | 20.30 |
| 安徽 | 2007 | 33.58 | 43.71 | 36.46 | | 11.07 |
| | 2010 | 34.45 | 50.96 | 30.18 | | 9.84 |
| | 2012 | 125.49 | 325.81 | 59.39 | | 163.21 |
| 江西 | 2007 | 10.79 | 7.37 | 12.54 | 4.89 | |
| | 2010 | 10.52 | 9.14 | 16.18 | 6.06 | |
| | 2012 | 30.47 | 35.92 | 24.21 | 44.26 | |

此外，长江下游地区碳排放强度弱于中游地区，区域间经济溢出效应呈现低碳排放地区向高碳排放地区溢出。同样地，区域间碳排放溢出方向为低碳排放地区向高碳排放地区溢出。不仅如此，对于经济溢出效应较高的下游地区，贸易隐含碳也相对较高。综前所述，区域间经济溢出和碳排放溢出效应呈现出低碳排放地区向高碳排放地区溢出的方向。

由表4.5~表4.7的结果可得，区域间产业碳排放溢出效应显示，泛长三角地区碳排放排名前10的产业均占区域贸易隐含碳的90%以上，而且2007~2012年呈现增加趋势。其中，2007~2010年上海、浙江、安徽和江西碳排放增加幅度分别为14.65%、2.51%、0.83%、16.63%。2010~2012年增加幅度加快，2012年上海、江苏和安徽贸易隐含碳约是2010年的4倍，浙江和江西地区约为2倍，正因为如此，区域内碳排放相对减弱，区域间贸易隐含碳增多。

表 4.5　　　　　　　　　　　　　2007 年产业碳溢出效应　　　　　　　　　　　　单位：万吨

| 地区 | 产业代码 | 上海 | 产业代码 | 江苏 | 产业代码 | 浙江 | 产业代码 | 安徽 | 产业代码 | 江西 |
|---|---|---|---|---|---|---|---|---|---|---|
| 上海 | | | 25 | 76.39 | 25 | 41.27 | 25 | 10.63 | 25 | 33.77 |
| | | | 30 | 10.90 | 12 | 7.01 | 26 | 2.67 | 30 | 2.97 |
| | | | 12 | 2.41 | 30 | 5.70 | 12 | 2.11 | 12 | 0.65 |
| | | | 17 | 2.01 | 14 | 1.33 | 17 | 1.63 | 16 | 0.30 |
| | | | 16 | 0.79 | 27 | 1.07 | 16 | 1.41 | 26 | 0.19 |
| | | | 19 | 0.76 | 16 | 0.95 | 30 | 1.22 | 27 | 0.18 |
| | | | 26 | 0.50 | 6 | 0.60 | 19 | 0.51 | 17 | 0.12 |
| | | | 18 | 0.46 | 15 | 0.45 | 27 | 0.33 | 19 | 0.11 |
| | | | 14 | 0.44 | 26 | 0.44 | 14 | 0.23 | 6 | 0.10 |
| | | | 11 | 0.40 | 18 | 0.40 | 18 | 0.18 | 28 | 0.07 |
| 江苏 | 12 | 7.32 | | | 12 | 14.27 | 12 | 6.50 | 25 | 2.51 |
| | 1 | 6.98 | | | 14 | 7.69 | 19 | 4.73 | 12 | 1.69 |
| | 30 | 5.37 | | | 7 | 5.13 | 1 | 3.66 | 1 | 1.18 |
| | 19 | 3.33 | | | 1 | 4.44 | 26 | 2.57 | 30 | 0.97 |
| | 18 | 2.10 | | | 25 | 3.31 | 16 | 2.09 | 22 | 0.69 |
| | 25 | 1.98 | | | 22 | 2.98 | 14 | 1.62 | 16 | 0.35 |
| | 26 | 1.91 | | | 15 | 2.24 | 25 | 0.59 | 26 | 0.20 |
| | 14 | 1.41 | | | 30 | 2.01 | 13 | 0.52 | 14 | 0.15 |
| | 16 | 1.24 | | | 16 | 1.12 | 18 | 0.51 | 19 | 0.09 |
| | 22 | 0.89 | | | 19 | 1.03 | 24 | 0.39 | 13 | 0.07 |
| 浙江 | 12 | 6.90 | 25 | 18.18 | | | 12 | 4.15 | 25 | 7.27 |
| | 25 | 5.79 | 12 | 6.01 | | | 25 | 2.32 | 12 | 1.56 |
| | 1 | 5.02 | 7 | 3.88 | | | 26 | 2.17 | 16 | 0.81 |
| | 17 | 3.70 | 1 | 2.68 | | | 1 | 1.80 | 1 | 0.57 |
| | 30 | 3.25 | 30 | 2.49 | | | 16 | 1.56 | 30 | 0.53 |
| | 18 | 1.74 | 17 | 1.86 | | | 17 | 0.84 | 17 | 0.24 |
| | 26 | 1.49 | 15 | 0.92 | | | 27 | 0.47 | 27 | 0.23 |
| | 16 | 1.45 | 16 | 0.85 | | | 8 | 0.39 | 22 | 0.17 |
| | 22 | 1.40 | 18 | 0.71 | | | 6 | 0.36 | 15 | 0.15 |
| | 6 | 1.16 | 11 | 0.54 | | | 21 | 0.33 | 26 | 0.13 |

| 地区 | 产业代码 | 上海 | 产业代码 | 江苏 | 产业代码 | 浙江 | 产业代码 | 安徽 | 产业代码 | 江西 |
|---|---|---|---|---|---|---|---|---|---|---|
| 安徽 | 1 | 12.58 | 25 | 18.20 | 25 | 11.33 | | | 25 | 7.28 |
| | 25 | 7.47 | 1 | 10.50 | 1 | 9.10 | | | 1 | 2.15 |
| | 17 | 3.57 | 14 | 2.59 | 14 | 6.33 | | | 22 | 0.30 |
| | 30 | 1.96 | 17 | 2.33 | 12 | 2.82 | | | 12 | 0.30 |
| | 18 | 1.85 | 12 | 2.00 | 6 | 1.21 | | | 30 | 0.28 |
| | 12 | 1.35 | 22 | 1.38 | 18 | 1.03 | | | 6 | 0.20 |
| | 6 | 1.14 | 30 | 1.35 | 2 | 1.02 | | | 14 | 0.12 |
| | 14 | 1.00 | 13 | 1.23 | 30 | 0.73 | | | 17 | 0.10 |
| | 26 | 0.94 | 18 | 1.14 | 22 | 0.47 | | | 16 | 0.08 |
| | 2 | 0.47 | 2 | 0.96 | 17 | 0.42 | | | 26 | 0.07 |
| 江西 | 1 | 6.18 | 1 | 2.68 | 1 | 5.44 | 1 | 2.04 | | |
| | 30 | 1.01 | 25 | 1.37 | 12 | 2.75 | 26 | 1.06 | | |
| | 26 | 0.84 | 12 | 1.23 | 14 | 1.87 | 12 | 0.91 | | |
| | 12 | 0.67 | 30 | 0.75 | 25 | 0.78 | 10 | 0.17 | | |
| | 25 | 0.54 | 26 | 0.26 | 6 | 0.46 | 14 | 0.16 | | |
| | 6 | 0.53 | 14 | 0.18 | 30 | 0.37 | 25 | 0.16 | | |
| | 10 | 0.24 | 6 | 0.17 | 26 | 0.23 | 9 | 0.11 | | |
| | 14 | 0.20 | 9 | 0.16 | 13 | 0.22 | 30 | 0.07 | | |
| | 13 | 0.17 | 5 | 0.15 | 7 | 0.12 | 6 | 0.06 | | |
| | 9 | 0.13 | 10 | 0.13 | 18 | 0.08 | 18 | 0.04 | | |

表 4.6　　　　　　　　　　2010 年产业碳溢出效应　　　　　　　单位：万吨

| 地区 | 产业代码 | 上海 | 产业代码 | 江苏 | 产业代码 | 浙江 | 产业代码 | 安徽 | 产业代码 | 江西 |
|---|---|---|---|---|---|---|---|---|---|---|
| 上海 | | | 25 | 105.07 | 25 | 47.09 | 25 | 13.87 | 25 | 36.42 |
| | | | 30 | 10.78 | 30 | 4.32 | 26 | 4.23 | 30 | 1.86 |
| | | | 17 | 4.13 | 12 | 3.22 | 17 | 2.33 | 12 | 0.27 |
| | | | 12 | 1.19 | 6 | 0.73 | 12 | 1.27 | 26 | 0.25 |
| | | | 26 | 1.12 | 26 | 0.57 | 16 | 1.10 | 17 | 0.16 |
| | | | 16 | 0.67 | 16 | 0.53 | 30 | 0.68 | 16 | 0.16 |
| | | | 6 | 0.50 | 17 | 0.45 | 28 | 0.17 | 6 | 0.12 |
| | | | 18 | 0.25 | 27 | 0.35 | 18 | 0.10 | 28 | 0.06 |
| | | | 28 | 0.16 | 14 | 0.26 | 27 | 0.08 | 27 | 0.04 |
| | | | 11 | 0.15 | 18 | 0.16 | 14 | 0.08 | 11 | 0.01 |

续表

| 地区 | 产业代码 | 上海 | 产业代码 | 江苏 | 产业代码 | 浙江 | 产业代码 | 安徽 | 产业代码 | 江西 |
|---|---|---|---|---|---|---|---|---|---|---|
| 江苏 | 12 | 5.43 | | | 12 | 9.32 | 12 | 5.53 | 25 | 2.34 |
| | 30 | 4.18 | | | 7 | 5.11 | 1 | 4.72 | 1 | 1.21 |
| | 1 | 4.13 | | | 1 | 4.18 | 19 | 4.43 | 12 | 1.04 |
| | 25 | 3.32 | | | 25 | 4.00 | 16 | 2.17 | 30 | 0.64 |
| | 19 | 2.07 | | | 14 | 2.84 | 26 | 1.40 | 22 | 0.28 |
| | 18 | 1.87 | | | 30 | 1.61 | 14 | 1.06 | 16 | 0.25 |
| | 17 | 1.02 | | | 22 | 1.47 | 13 | 0.90 | 26 | 0.07 |
| | 16 | 0.99 | | | 15 | 1.32 | 25 | 0.90 | 19 | 0.06 |
| | 26 | 0.95 | | | 16 | 0.82 | 17 | 0.62 | 13 | 0.06 |
| | 14 | 0.88 | | | 18 | 0.79 | 18 | 0.61 | 24 | 0.05 |
| 浙江 | 25 | 9.93 | 25 | 25.95 | | | 25 | 3.67 | 25 | 6.66 |
| | 12 | 5.15 | 12 | 4.48 | | | 12 | 3.66 | 12 | 0.96 |
| | 30 | 3.69 | 30 | 3.52 | | | 1 | 2.11 | 16 | 0.56 |
| | 1 | 2.80 | 7 | 3.08 | | | 16 | 1.55 | 1 | 0.53 |
| | 17 | 2.59 | 1 | 2.38 | | | 26 | 1.26 | 30 | 0.47 |
| | 18 | 1.73 | 17 | 2.07 | | | 17 | 0.81 | 17 | 0.16 |
| | 13 | 1.22 | 16 | 0.95 | | | 18 | 0.41 | 27 | 0.12 |
| | 16 | 1.08 | 18 | 0.94 | | | 21 | 0.35 | 22 | 0.08 |
| | 22 | 0.82 | 15 | 0.85 | | | 8 | 0.31 | 15 | 0.08 |
| | 7 | 0.80 | 6 | 0.34 | | | 27 | 0.30 | 8 | 0.07 |
| 安徽 | 1 | 10.05 | 25 | 20.75 | 25 | 10.91 | | | 25 | 5.90 |
| | 25 | 9.77 | 1 | 10.68 | 1 | 8.94 | | | 1 | 2.31 |
| | 17 | 4.40 | 17 | 4.62 | 6 | 1.95 | | | 6 | 0.36 |
| | 30 | 2.73 | 13 | 3.92 | 12 | 1.72 | | | 30 | 0.34 |
| | 18 | 1.73 | 30 | 2.61 | 30 | 1.06 | | | 22 | 0.31 |
| | 6 | 1.64 | 6 | 1.61 | 14 | 1.04 | | | 12 | 0.22 |
| | 12 | 1.20 | 12 | 1.51 | 13 | 0.92 | | | 17 | 0.12 |
| | 14 | 0.53 | 18 | 1.45 | 18 | 0.85 | | | 16 | 0.10 |
| | 26 | 0.45 | 22 | 1.15 | 2 | 0.74 | | | 18 | 0.06 |
| | 13 | 0.39 | 14 | 0.71 | 17 | 0.55 | | | 26 | 0.04 |

| 地区 | 产业代码 | 上海 | 产业代码 | 江苏 | 产业代码 | 浙江 | 产业代码 | 安徽 | 产业代码 | 江西 |
|------|----------|------|----------|------|----------|------|----------|------|----------|------|
|      | 1 | 3.91 | 12 | 2.05 | 14 | 4.91 | 12 | 1.85 |  |  |
|      | 30 | 1.44 | 1 | 1.91 | 12 | 4.33 | 1 | 1.63 |  |  |
|      | 12 | 1.10 | 25 | 1.85 | 1 | 3.74 | 14 | 0.73 |  |  |
|      | 25 | 0.86 | 30 | 1.07 | 25 | 0.89 | 26 | 0.71 |  |  |
| 江西 | 6 | 0.74 | 14 | 0.69 | 6 | 0.77 | 10 | 0.33 |  |  |
|      | 14 | 0.65 | 6 | 0.33 | 30 | 0.44 | 25 | 0.24 |  |  |
|      | 26 | 0.49 | 5 | 0.29 | 13 | 0.25 | 9 | 0.15 |  |  |
|      | 10 | 0.49 | 10 | 0.21 | 7 | 0.22 | 6 | 0.09 |  |  |
|      | 13 | 0.26 | 9 | 0.19 | 18 | 0.13 | 18 | 0.08 |  |  |
|      | 18 | 0.15 | 26 | 0.12 | 27 | 0.11 | 30 | 0.06 |  |  |

表4.7 　　　　　　　　2012年产业碳溢出效应　　　　　　　单位：万吨

| 地区 | 产业代码 | 上海 | 产业代码 | 江苏 | 产业代码 | 浙江 | 产业代码 | 安徽 | 产业代码 | 江西 |
|------|----------|------|----------|------|----------|------|----------|------|----------|------|
|      |  |  | 25 | 491.25 | 25 | 314.94 | 25 | 259.14 | 25 | 71.32 |
|      |  |  | 30 | 9.89 | 26 | 16.43 | 26 | 25.20 | 30 | 1.37 |
|      |  |  | 16 | 6.71 | 30 | 9.06 | 30 | 11.04 | 26 | 1.21 |
|      |  |  | 28 | 6.15 | 12 | 6.71 | 28 | 2.30 | 17 | 0.95 |
| 上海 |  |  | 12 | 5.93 | 17 | 2.50 | 12 | 1.81 | 19 | 0.28 |
|      |  |  | 29 | 2.29 | 19 | 1.58 | 16 | 0.94 | 12 | 0.21 |
|      |  |  | 24 | 1.95 | 16 | 1.56 | 17 | 0.48 | 29 | 0.15 |
|      |  |  | 14 | 1.14 | 14 | 0.98 | 24 | 0.28 | 16 | 0.12 |
|      |  |  | 19 | 0.98 | 1 | 0.98 | 6 | 0.27 | 27 | 0.11 |
|      |  |  | 6 | 0.83 | 6 | 0.88 | 19 | 0.21 | 6 | 0.11 |

续表

| 地区 | 产业代码 | 上海 | 产业代码 | 江苏 | 产业代码 | 浙江 | 产业代码 | 安徽 | 产业代码 | 江西 |
|---|---|---|---|---|---|---|---|---|---|---|
| 江苏 | 25 | 99.96 | | | 25 | 26.22 | 25 | 124.74 | 25 | 14.39 |
| | 30 | 26.79 | | | 1 | 22.15 | 26 | 18.31 | 1 | 2.01 |
| | 1 | 12.91 | | | 12 | 12.77 | 30 | 18.30 | 30 | 1.26 |
| | 19 | 4.29 | | | 30 | 3.41 | 12 | 17.19 | 12 | 0.87 |
| | 18 | 3.91 | | | 18 | 2.12 | 1 | 16.78 | 19 | 0.74 |
| | 12 | 3.60 | | | 26 | 2.11 | 24 | 2.97 | 26 | 0.38 |
| | 28 | 1.87 | | | 19 | 2.00 | 16 | 2.72 | 17 | 0.34 |
| | 6 | 0.66 | | | 7 | 1.37 | 28 | 2.16 | 18 | 0.30 |
| | 17 | 0.64 | | | 27 | 1.14 | 18 | 1.69 | 27 | 0.26 |
| | 7 | 0.57 | | | 14 | 0.72 | 19 | 1.20 | 16 | 0.16 |
| 浙江 | 25 | 93.41 | 25 | 71.42 | | | 25 | 42.92 | 25 | 15.50 |
| | 30 | 13.68 | 12 | 8.34 | | | 26 | 12.60 | 27 | 1.31 |
| | 1 | 7.36 | 30 | 2.71 | | | 12 | 2.86 | 1 | 0.71 |
| | 12 | 3.41 | 1 | 2.52 | | | 30 | 2.81 | 26 | 0.70 |
| | 7 | 1.69 | 16 | 2.45 | | | 1 | 2.39 | 8 | 0.52 |
| | 8 | 1.31 | 7 | 1.81 | | | 27 | 1.62 | 12 | 0.50 |
| | 18 | 1.31 | 14 | 1.11 | | | 16 | 0.62 | 30 | 0.40 |
| | 27 | 1.15 | 10 | 0.90 | | | 7 | 0.55 | 17 | 0.20 |
| | 17 | 0.77 | 18 | 0.68 | | | 8 | 0.49 | 7 | 0.11 |
| | 6 | 0.62 | 6 | 0.52 | | | 10 | 0.22 | 16 | 0.10 |
| 安徽 | 25 | 93.19 | 25 | 241.19 | 25 | 27.55 | | | 25 | 137.31 |
| | 30 | 15.85 | 1 | 21.10 | 1 | 21.03 | | | 22 | 8.24 |
| | 1 | 10.09 | 30 | 16.85 | 30 | 2.84 | | | 1 | 7.63 |
| | 6 | 2.19 | 18 | 14.13 | 6 | 2.13 | | | 30 | 3.24 |
| | 18 | 1.41 | 14 | 11.55 | 26 | 1.63 | | | 6 | 1.98 |
| | 28 | 1.33 | 6 | 6.68 | 14 | 1.30 | | | 26 | 1.52 |
| | 12 | 0.27 | 12 | 4.30 | 18 | 0.87 | | | 18 | 0.75 |
| | 17 | 0.26 | 13 | 2.58 | 12 | 0.84 | | | 17 | 0.66 |
| | 14 | 0.24 | 16 | 2.24 | 22 | 0.28 | | | 12 | 0.46 |
| | 22 | 0.15 | 28 | 2.13 | 27 | 0.25 | | | 27 | 0.46 |

| 地区 | 产业代码 | 上海 | 产业代码 | 江苏 | 产业代码 | 浙江 | 产业代码 | 安徽 | 产业代码 | 江西 |
|---|---|---|---|---|---|---|---|---|---|---|
|  | 25 | 24.27 | 25 | 23.57 | 25 | 9.60 | 25 | 31.74 |  |  |
|  | 1 | 3.06 | 14 | 6.10 | 1 | 7.93 | 1 | 4.87 |  |  |
|  | 30 | 1.52 | 1 | 3.03 | 14 | 3.93 | 26 | 2.73 |  |  |
|  | 14 | 0.71 | 12 | 1.12 | 12 | 0.90 | 14 | 2.02 |  |  |
| 江西 | 6 | 0.34 | 30 | 0.88 | 26 | 0.42 | 30 | 1.32 |  |  |
|  | 12 | 0.24 | 13 | 0.50 | 27 | 0.40 | 12 | 0.80 |  |  |
|  | 13 | 0.14 | 13 | 0.46 | 6 | 0.36 | 6 | 0.40 |  |  |
|  | 27 | 0.07 | 4 | 0.07 | 30 | 0.35 | 27 | 0.22 |  |  |
|  | 18 | 0.03 | 18 | 0.04 | 13 | 0.22 | 13 | 0.04 |  |  |
|  | 8 | 0.02 | 9 | 0.04 | 8 | 0.03 | 8 | 0.03 |  |  |

与区域内部产业碳排放分布不同，产业溢出效应主要是由区域间产业关联所决定的。整体来看，上海作为我国国际航运中心，2007年、2010年、2012年交通运输及仓储业（25）的贸易隐含碳最多，在各年上海贸易隐含碳中所占比例分别为74.73%、82.28%、89.92%。江苏地区贸易隐含碳分布表现显著差异性，2007年、2010年，江苏流出到上海碳排放集中在化学工业（12）、农林牧渔业（1）、其他服务业（30），它们合计占各年区域贸易隐含碳比例分别为55.02%、50.02%，流出到安徽地区碳排放聚集在化学工业（12）、通信设备、计算机及其电子设备制造业（19），它们各年的占比分别为59.97%、61.47%，流出到江西碳排放聚集在交通运输及仓储业（25）、化学工业（12）和农林牧渔业（1），它们各年的占比分别为65.13%、73.09%。2007年浙江贸易隐含碳聚集在化学工业（12）和交通运输及仓储业（25），其在区域总贸易隐含碳中占比为49.31%，2010年与之有所差异，浙江在2010年贸易碳排放聚集在交通运输及仓储业（25），其占贸易隐含碳的43.54%。2007年、2010年安徽的农林牧渔业（1）和交通运输及仓储

业（25）的贸易隐含碳分别占各年贸易隐含碳的62.98%、63.24%。江西地区2007年与2010年贸易隐含碳产业分布存在明显不同，2007年江西在农林牧渔业（1）占比本地区流出贸易碳排放的45.91%，2010年江西流出到上海的碳排放聚集在农林牧渔业（1）、其他服务业（30），在江西流出上海的贸易碳排放中占比61.31%，流出到江苏和安徽的聚集在化学工业（12）和农林牧渔业（1），在江西流出到江苏和安徽的贸易碳排放中占比分别为63.57%、69.47%，与此同时，江西流出到浙江的聚集在金属冶炼及压延加工业（14）和化学工业（12），占江西流出到浙江的贸易碳排放的80.22%。因此，区域间贸易隐含碳产业分布存在显著差异性。更加值得关注的是，2012年上海、江苏、浙江、安徽和江西贸易隐含碳均聚集在交通运输及仓储业（25），且分别占各区域贸易隐含碳的89.92%、57.18%、72.46%、74.08%、66.13%。由此可得，交通运输设施的建设，不仅能够促进经济发展，同时对二氧化碳的排放也有一定的促进作用。综前所述，区域贸易隐含碳大多聚集在交通运输及仓储业（25）、化学工业（12）、农林牧渔业（1）、金属冶炼及压延加工业（14）、通信设备、计算机及其电子设备制造业（19），这些均属于高碳排放产业，而且区域间经济溢出效应程度增强，区域间贸易隐含碳增多。但是，也存在区域间贸易隐含碳减弱的产业，2007~2012年江苏流出到上海的化学工业（12）的贸易隐含碳下降幅度为50.82%，2007~2010年江西农林牧渔业（1）的贸易隐含碳下降幅度为31.52%，2007~2010年上海地区在其他服务业的贸易碳排放减少了15.15%。因此，区域贸易间合理的产业结构调整可以缓解减排压力。同时，本书基于篇幅的原因，产业碳排放流入的部分在附录A.1~附录A.3表格中体现。

与区域内碳排放产业分布格局一致，区域间贸易隐含碳主要分布在高碳排放产业。但这与区域间经济溢出效应分布格局不尽相同，区域间溢出效应并不完全聚集在高碳排放产业。现阶段，随着科技革命与产业革命的不断演化与发展，产业部门的碳排放强度有逐年降低的趋势；同时，由于区域经济一体化的不断深入，区域间贸易得到有效的提升，区域间经济相互溢出效应增强，随之而来的贸易隐含碳相对增多。

事实证明，随着经济一体化的不断深入，区域内乘数效应减弱，区域间溢出效应不断增强。与此同时，区域内部乘数效应较高的产业集中在高碳排放产业，伴随着碳排放强度与区域内乘数效应同步减弱，导致区域内碳排放逐渐减少；且大多聚集在高碳排放产业，区域间经济溢出效应突出的产业并不完全聚集在高碳排放产业。因此，制定减排策略时，优化产业结构具有重要意义。

## 4.4.4 本节小结

本节构建了多区域投入产出模型深入探讨泛长三角地区经济效应与碳排放之间的关联，从产业结构的视角解析了 2007 年、2010 年、2012 年的经济效应与碳排放的分布格局。本节主要研究结论有以下几点。

（1）从经济效应上看，2007～2012 年无论是长江下游地区还是中游地区，其区域内乘数效应和溢出效应呈现如下基本格局：区域内乘数效应大于区域间溢出效应，同时，区域内乘数效应主要集中在高碳排放产业，区域间溢出效应突出的产业并不完全是高碳排放产业，但是高碳排放产业是其重要的组成部分，溢出方向表现为碳排放强度低的地区向碳排放强度高的地区溢出。动态地看，区域内乘数效应在减弱，然而，区域间溢出效应却在进一步增强，表明随着时间的推移，长江下游地区与中游地区一体化程度在加强。

（2）从碳排放效应上看，区域内乘数效应和碳排放强度逐渐减弱的同时，区域内碳排放呈现下降的趋势，且主要分布在高碳排放产业，这与区域内乘数效应分布一致；与之对应的贸易隐含碳增强，且贸易隐含碳溢出方向由碳排放强度低的地区流向碳排放强度高的地区。碳排放较多的产业分布在高碳排放产业，这与经济溢出效应存在差异。当然，对比下游地区与中游地区的相互溢出效应，发现无论是经济溢出还是贸易隐含碳，2007～2012 年均呈现下游地区高于中游地区这一特征，表明下游地区经济发展的同时面临着碳排放的增多。

（3）从产业结构上看，高碳排放产业集中在交通运输及仓储业（25）、批发零售业（26）、农林牧渔业（1）及其他工业部门，但区域碳排放强度呈现下降的趋势。区域内乘数效应、区域内碳排放以及区域间贸易隐含碳表现特征趋近一致，产业结构存在高碳锁定的现象。这势必会对加重区域贸易碳排放的减排责任。而区域间经济溢出效应并不完全聚集在高碳排放产业，高碳排放产业更多依赖区域内部的优势发展。

（4）基于多区域投入产出模型对经济效应与碳排放效应的进一步核算，从经济效应视角发现，尽管安徽和江西融入长三角地区任重而道远，但是区域间贸易逐渐增强，这也表明经济一体化程度在加强。从碳排放视角发现，贸易隐含碳的多少取决于区域间乘数效应的大小，贸易隐含碳越多，区域间乘数效应越大。这无疑为落实到区域以及产业层面的减排责任的划分提供了科学依据，并且对区域间产业减排责任分担划分具有较强减排政策的实践意义，为政府制定相关经济安排、产业与环境政策提供了新的思路和理念，有利于政府优化贸易碳排放的政府决策与评估过程。

# 4.5　本章小结

本章基于 2007 年、2010 年、2012 年投入产出模型，探讨了泛长三角地区产业间经济效应与碳排放的演变规律及其分布格局。所得结论是：区域内乘数效应明显高于区域间溢出效应，长江下游地区区域内乘数效应弱于中游地区，但区域间溢出效应强于中游地区，且区域间溢出效应沿着低碳排放强度区域向高碳排放强度区域溢出；同时，乘数效应大多集中在高碳排放产业，碳排放呈现高碳排放产业聚集的现象。不仅如此，区域内碳排放分布格局与乘数效应、碳排放强度分布趋于一致，碳排放高的地区聚集在乘数效应和碳排放强度高的地区。与之不同的是，区域间经济溢出效应并不完全聚集在高碳排放产业，贸易隐含碳聚集在高碳排放产业，区域间产业碳排放溢出存在高碳排放地区向低碳排放地区溢出的特征。由此可以看出，区域发展的关键在于区域内产业结构优化和经济制度的完善，随着区域经济一体化的发展，区域间贸易活动频繁，其他地区对本区域经济贡献增强的同时，也增加贸易隐含碳。因此，区域减排责任划分，考量贸易隐含碳的影响，有利于碳减排政策的科学制定。

# 第 5 章

## 区域碳排放转移的演化机制、结构分解及减排对策分析

应对气候变化已成为全球共同关注的环境问题，作为负责任的大国，中国对气候变化问题尤其重视（Ge et al.，2000；Ge，2009；Gao et al.，2012；Ge et al.，2015）。为此，在巴黎气候变化大会上，我国就明确提出，我国计划 2030 年左右碳排放达到峰值，且将努力早日达峰。实际上，碳峰值的时间与水平，取决于今后区域发展模式的转变与政策导向（柴麒敏，2015，何建坤等，2016）。然而，区域一体化的快速发展的进程中，区域间贸易必然伴随着商品的生产者和消费者出现地理空间的分离，导致碳排放的区域间转移（Chen et al.，2016）。为此，针对区域贸易隐含碳特点制定减排责任分担机制，这已是区域合作减排须重点关注的问题。

本章首先基于全国的视角，从区域一体化的角度来探讨碳排放转移的演化过程。显然，我国区域一体化过程的加速，必然导致区域间碳排放转移的事实。为此，希冀在区域一体化进程中，探讨碳排放转移的演化机制，碳减排责任的分担及影响因素。一方面，这有利于为碳减排合作以及碳排放权分配提供科学依据；另一方面，为建立区域碳补偿和保护的财政资金投入力度提供政策依据。同时需要指出的是，鉴于长江中

游地区相比长三角地区的一体化程度，该区域的一体化进程还须进一步完善。长江中游地区为研究区域一体化进程中，伴随着碳减排责任分担提供了现实案例，这也是本章选取长江中游地区作为典型区域的初衷。

进一步，基于全国的视角，在一个地区在碳排放转移的态势下，来建立与我国的其他省份之间碳减排责任的合作分担机制，为此，重点通过耦合投入产出模型和结构分解模型，本章拟以河南省为例，一方面，在研究方法上进一步丰富区域贸易隐含碳排放的建模理论，另一方面，在研究内容与政策上也为相关利益主体深入地认识区域贸易对本地碳排放的影响以及制定更具有针对性的区域减排策略提供重要理论依据。对于省域之间的合作减排对策分析具有较强的现实指导意义。

## 5.1　地区间贸易隐含碳、责任划分及其 SDA 分解研究

目前学者们关于贸易隐含碳及减排责任相关问题的研究主要从以下三方面进行。一是基于"生产—消费"责任制理论测算中国各区域间的碳排放量、碳排放转移量及其碳排放的空间转移特征的研究（Feng et al.，2013；Vause et al.，2013；钟章奇等，2018；彭水军等，2015；张增凯等，2011）；二是单一省域或全国层面的贸易隐含碳及其减排问题的研究（Chen et al.，2013；钟章奇等，2017；Zhang et al.，2014；Huang et al.，2015）；三是探讨产业结构演变趋势及其减排潜力分析（张云和唐海燕，2015；祁神军和张云波，2013；吴常艳等，2015）。

与此同时，为探究影响贸易隐含碳转移的原因，学者们对贸易隐含碳的影响因素已做了十分有价值的研究。采用 STIRPAT 模型分析影响中国 $CO_2$ 排放的因素（Li et al.，2011），结果表明人均 GDP 增长是导致 $CO_2$ 排放增加的最主要的因素。邓吉祥等（2014）采用 LMDI 分解方法，表明人口规模效应对区域碳排放有较大的正影响，经济发展效应对经济发达地区的碳排放正效应弱于其他地区，能源强度效应对经济结构

调整活跃地区的碳排放有较强的抑制作用，能源结构效应对碳排放的影响有较大波动。鲁万波等（2013）基于 LMDI 的"两层完全分解法"对中国 1994~2008 年的碳排放量进行分解，从产业结构的角度探究了六大产业部门对碳排放的贡献，分析了能源结构、能源强度、产业结构和总产值四大因素对碳排放的影响。庞军等（2014）基于 GTAP8 构建 MRIO 模型，对 2004~2007 年中国对欧盟出口隐含碳排放总量影响因素进行分析，表明出口规模扩大是导致隐含碳排放总量增加的主要原因，技术进步起着削减作用，结构效应总体为增加作用但程度很小。显然，有效结合碳排放影响因素对制定减排责任划分具有较强的现实指导意义，并且取得了非常有意义的结论，但仍存在进一步拓展之处。第一，在区域层面的碳排放量及其相关问题的研究上，单个省域的研究已经较成熟（Wu et al.，2015；王长建，张虹鸥，2016；黄蕊等，2015；Wang et al.，2013；Xi et al.，2011），而对多区域的研究相对比较缺乏，因此本书选择长江中游地区希冀对多区域层面的碳排放进行补充。第二，结构分解分析（structure decomposition analysis，SDA）是研究驱动因素比较有效的一种方法，常用来研究各个变量的变化如何影响贸易流出隐含碳排放的增长，即研究各自变量对因变量的贡献程度（Wang et al.，2017；Xu and Dietzenbacher，2014；王丽丽等，2012；顾阿伦，吕志强，2016）。但以往对驱动因素的研究大多局限于 3~4 个因素，为挖掘贸易隐含碳背后深层次的原因，本书将在以往因素分解基础上做进一步拓展。

鉴于此，本书通过构建 MRIO 模型和 SDA 模型，选择长江中游地区作为研究对象来探讨以下两个重要问题。第一，在全国范围内，长江中游地区贸易隐含碳是以生产为主还是以消费为主？长江中游地区贸易隐含碳是净流入地区还是净流出地区？如果是净流出（入），那么主要净流出（入）行业是什么？第二，在减排责任划分政策层面，本书在厘清生产者和消费者责任的基础上，结合影响贸易碳排放增长的因素重新界定减排责任。希冀为国家制定"既能激发消费者选择具有更低碳环保的生产者，又能激发生产者提高主动减排积极性"的减排政策提供意见。

### 5.1.1 模型方法与数据处理

#### 5.1.1.1 研究区域概况

伴随着区域经济快速发展，长江中游地区对外界能源需求不断增加，为此能源中隐含的碳排放也会不断增大。长江经济带 2005～2013 年碳排放总量为 284.6 亿吨，约占全国 664 亿吨碳排放量的 42.9%，整个长江经济带碳排放增长率高于全国平均水平（Huang et al.，2015）。同时，长江经济带生态补偿方案中也指出：通过统筹一般性转移支付和相关专项转移支付资金，建立激励引导机制，明显加大对长江经济带生态补偿和保护的财政资金投入力度。实际上，长江中游地区（皖、赣、鄂、湘）在长江经济带中起到连接上下游的纽带作用，在整个长江经济带碳排放的增长中占据举足轻重的地位。因此选择长江中游地区进行贸易隐含碳相关的研究具有重要意义。

#### 5.1.1.2 模型方法

（1）贸易隐含碳测算的 MRIO 模型。多区域投入产出表可以更好说明不同省份不同行业部门间复杂的行业关联程度。为此，很多学者比较青睐采用在全国尺度上研究碳排放相关问题（Su and Ang，2014；陈志建等，2015；张霄阳等，2016；程叶青等，2014）。根据宏观经济学，结合矩阵代数的知识进一步将投入产出表表示为：

$$X = (I - A)^{-1}Y \tag{5.1}$$

式中，$X$ 表示部门总产出向量；$Y$ 为最终需求向量；$A$ 表示直接消耗系数矩阵；$I$ 为单位矩阵，与 $A$ 同阶，$(I-A)^{-1}$ 表示里昂惕夫逆矩阵。为更好研究贸易流出商品中隐含的碳排放，在式（5.1）的基础上引入直接碳排放系数，得到：

$$EC = E(I - A)^{-1}Y \tag{5.2}$$

其中，$EC$ 是碳排放总量；$E$ 表示行业部门直接碳排放系数。进一步，对 $Y$ 分解：

$$EC = E(I-A)^{-1}(Y_{ii} + Y_{ij}) \qquad (5.3)$$

式（5.3）中，$Y_{ii}$ 表示用于本地生产与消费的商品；$Y_{ij}$ 表示用于贸易到其他省份或地区消费的需求。

（2）贸易隐含碳的 SDA 模型。SDA 模型有多种形式的测算方法。其中，在理论上相对完善的是加权平均法，但因其计算量大，操作起来较难实现，因此加权平均法很少被采用；而两极分解法可以避免上述缺点，而且与加权平均法的解近似，显得比较直观（杜运苏，张为付，2012；赵玉焕，刘娅，2015；江洪，2016；赵玉焕等，2014）。因此本书在进行结构分解分析时，采用两极分解法。

为此，测算影响两个时期贸易流出隐含碳排放变动因素的大小，采用 SDA 两极分解法在式（5.2）的基础上做进一步的拓展，有：

$$EC = C \cdot M \cdot (I-A)^{-1} \cdot F \cdot S \qquad (5.4)$$

式（5.4）中，$C$ 是 $CO_2$ 排放量与能源消耗量的比值，即能源碳排放效应，反映了 1 单位能源相应地释放多少单位的 $CO_2$，其中 $CO_2$ 排放量为《能源统计年鉴》中能源相关数据与 IPCC 中标煤系数的乘积；$M$ 表示能源消耗量与部门总产出的倒数的乘积，即能源强度效应，反映了单位 GDP 消耗的能源；$(I-A)^{-1}$ 表示里昂惕夫逆矩阵，反映行业间的关联程度，即行业关联效应，记为 L；$F$ 是一省域到另一省域的流出总额，称为规模效应；$S$ 表示一省域的某个产业部门对另一省域的出口值与 $F$ 的比值，即结构效应。在式（5.4）的基础上，运用 SDA 中的两极分解法对 $\Delta EC$ 进行结构分解分析。下标 0 和 1 分别代表基准期和计算期，若从基期（即 0 期）开始分解，即：

$$\begin{aligned}
\Delta EC &= EC_1 - EC_0 \\
&= C_1 M_1 L_1 F_1 S_1 - C_0 M_0 L_0 F_0 S_0 \\
&= \Delta C M_0 L_0 F_0 S_0 + C_1 \Delta M L_0 F_0 S_0 \\
&\quad + C_1 M_1 \Delta L F_0 S_0 \\
&\quad + C_1 M_1 L_1 \Delta F S_0 + C_1 M_1 L_1 F_1 \Delta S \qquad (5.5)
\end{aligned}$$

若从计算期（即 1 期）开始分解，即：

$$\Delta EC = EC_1 - EC_0$$
$$= C_1 M_1 L_1 F_1 S_1 - C_0 M_0 L_0 F_0 S_0$$
$$= \Delta C M_1 L_1 F_1 S_1 + C_0 \Delta M L_1 F_1 S_1$$
$$+ C_0 M_0 \Delta L F_1 S_1$$
$$+ C_0 M_0 L_0 \Delta F S_1 + C_0 M_0 L_0 F_0 \Delta S \qquad (5.6)$$

取 0 期和 1 期的算术平均数，可得到：

$$\Delta EC = 1/2 (\Delta C M_0 L_0 F_0 S_0 + \Delta C M_1 L_1 F_1 S_1) + 1/2 (C_1 \Delta M L_0 F_0 S_0 + C_0 \Delta M L_1 F_1 S_1)$$
$$+ 1/2 (C_1 M_1 \Delta L F_0 S_0 + C_0 M_0 \Delta L F_1 S_1) + 1/2 (C_1 M_1 L_1 \Delta F S_0 + C_0 M_0 L_0 \Delta F S_1)$$
$$+ 1/2 (C_1 M_1 L_1 F_1 \Delta S + C_0 M_0 L_0 \Delta F S_1) \qquad (5.7)$$

式（5.7）可进一步写为：

$$f(\Delta EC) = f(\Delta C) + f(\Delta M) + f(\Delta L) + f(\Delta F) + f(\Delta S) \qquad (5.8)$$

式（5.8）有 5 个构成项，依次代表 5 个自变量变动对贸易流出隐含碳排放变动的影响大小，具体如表 5.1 所示。

**表 5.1　　　　　　　　　流出隐含碳的驱动因素测算公式**

| 驱动因素 | 贡献值（$f$） | 贡献值展开公式 |
| --- | --- | --- |
| 能源碳排放效应 | $f(\Delta C)$ | $1/2 (\Delta C M_0 L_0 F_0 S_0 + \Delta C M_1 L_1 F_1 S_1)$ |
| 能源强度效应 | $f(\Delta M)$ | $1/2 (C_1 \Delta M L_0 F_0 S_0 + C_0 \Delta M L_1 F_1 S_1)$ |
| 行业关联效应 | $f(\Delta L)$ | $1/2 (C_1 M_1 \Delta L F_0 S_0 + C_0 M_0 \Delta L F_1 S_1)$ |
| 规模效应 | $f(\Delta F)$ | $1/2 (C_1 M_1 L_1 \Delta F S_0 + C_0 M_0 L_0 \Delta F S_1)$ |
| 结构效应 | $f(\Delta S)$ | $1/2 (C_1 M_1 L_1 F_1 \Delta S + C_0 M_0 L_0 \Delta F S_1)$ |

### 5.1.1.3　数据处理

测算长江中游地区与其他省域间贸易隐含碳需要两个方面的数据：反映长江中游地区与其他省域各部门相关联的多区域投入产出数据及各部门直接碳排放系数。

（1）投入产出表方面。根据研究需求采用中国多区域投入产出表，鉴于目前可获得最新的投入产出表为 2012 年，为此，本研究选取 2007 年、2010 年和 2012 年数据展开对长江中游地区碳排放问题的探讨。其中对获得的投入产出表做以下处理：此表基于中国 30 个省区市（西藏、台湾和香港和澳门因缺少统计数据而未列为研究对象）30 个行业部门间的贸易流量，关于行业部门的划分见表 5.2。此外，为消除通货膨胀的作用，本研究以 2007 年为基准，对 2010 年和 2012 年进行校准，以保证数据的可比性，相应数据来源于相关年份的《中国统计年鉴》。

（2）直接碳排放系数方面。首先，本研究基于 2008 年、2011 年和 2013 年的《中国能源统计年鉴》获得 2007 年、2010 年和 2012 年能源数据（本书包含煤、焦炭、汽油、煤油、柴油、燃料油、天然气），并依据能源平衡表中分行业终端能源消费，进一步将不同省域 6 部门能源消费量对应拆分到 30 个部门，得到不同省域 30 部门的能源消费量；其次，结合 IPCC 提供的能源排放因子（IPCC，2006），获得各省域不同部门的碳排放量，进而得到各省域不同部门对应的直接碳排放系数。

表 5.2　　　　　　　　　　　行业部门归类

| 代码 | 行业 | 代码 | 行业 |
|---|---|---|---|
| 1 | 农业 | 16 | 通用、专用设备制造业 |
| 2 | 煤炭开采和洗选业 | 17 | 交通运输设备制造业 |
| 3 | 石油和天然气开采业 | 18 | 电气机械及器材制造业 |
| 4 | 金属矿采选业 | 19 | 通信设备、计算机及其他电子设备制造业 |
| 5 | 非金属矿及其他矿采选业 | 20 | 仪器仪表及文化办公用机械制造业 |
| 6 | 食品制造及烟草加工业 | 21 | 其他制造业 |
| 7 | 纺织业 | 22 | 电力、热力的生产和供应业 |
| 8 | 纺织服装鞋帽皮革羽绒及其制品业 | 23 | 燃气及水的生产与供应业 |
| 9 | 木材加工及家具制造业 | 24 | 建筑业 |
| 10 | 造纸印刷及文教体育用品制造业 | 25 | 交通运输及仓储业 |
| 11 | 石油加工、炼焦及核燃料加工业 | 26 | 批发零售业 |
| 12 | 化学工业 | 27 | 住宿餐饮业 |
| 13 | 非金属矿物制品业 | 28 | 租赁和商业服务业 |
| 14 | 金属冶炼及压延加工业 | 29 | 研究与试验发展业 |
| 15 | 金属制品业 | 30 | 其他服务业 |

## 5.1.2　结果分析与讨论

### 5.1.2.1　基于"生产—消费"端的 $CO_2$ 排放量

由式（5.1）、式（5.2）构建全国多区域投入产出表，进而依据式（5.3）测算2007年、2010年和2012年长江中游地区基于生产端和消费端的 $CO_2$ 排放量（长江中游地区贸易流出到各个省份的 $CO_2$ 排放量详情参见附录 A 的表 A.4）。如表 5.3 所示，2007 年、2010 年及 2012 年长江中游地区基于生产端和消费端的 $CO_2$ 排放量分为两类。第一类为湖北和湖南，其生产端高于消费端 $CO_2$ 的排放量。2007 年和 2012 年两省基于生产和消费端 $CO_2$ 排放量相当，这是由于两省用于输出的产品或服务含碳量与对外省能源密集型产品的需求相差不大；而 2010 年基于生产端的 $CO_2$ 排放量将近消费端 $CO_2$ 排放量的 2 倍，这可能是两省对外省能源密集型产品有部分的需求，但其需求远小于其输出到其他省份的产品或服务。第二类是江西和安徽，2007 年、2010 年和 2012 年两省基于生产端 $CO_2$ 排放量高或低于消费端的情形均有，究其原因可能由于两省是经济欠发达地区，行业间结构不够完善，因此不同年份通过区域间贸易调入或调出到其他地区的商品或服务有些许差异。总体而言长江中游地区基于生产端 $CO_2$ 的排放量高于消费端，因为生产端的核算方法隐藏了调出商品或服务中 $CO_2$ 排放转移，所以，长江中游地区在生产责任制下，间接为其他省份承担了部分排放责任。

表5.3　　　　　　　　基于"生产—消费"端 $CO_2$ 的排放量　　　　单位：百万吨

| 年份 | 湖北 | | 湖南 | |
|---|---|---|---|---|
| | 基于生产端的排放 | 基于消费端的排放 | 基于生产端的排放 | 基于消费端的排放 |
| 2007 | 121.09 | 116.40 | 96.97 | 92.63 |
| 2010 | 142.43 | 71.88 | 102.22 | 52.83 |
| 2012 | 201.48 | 200.15 | 128.80 | 126.61 |

| 年份 | 江西 | | 安徽 | |
|------|------|------|------|------|
| | 基于生产端的排放 | 基于消费端的排放 | 基于生产端的排放 | 基于消费端的排放 |
| 2007 | 40.08 | 42.97 | 35.27 | 34.40 |
| 2010 | 60.94 | 46.30 | 57.88 | 31.71 |
| 2012 | 73.16 | 76.76 | 65.98 | 71.82 |

### 5.1.2.2　长江中游地区贸易隐含碳的比较分析

基于多区域投入产出表，得到 2007 年、2010 年及 2012 年长江中游地区贸易隐含碳的总流出量、流入量及净流出量，其中净流出量 = 流出量 – 流入量。结果如表 5.4 所示，依据净流出量的正负，2007 年、2010 年和 2012 年长江中游地区贸易隐含碳的划分大致可分为两类。第一类为贸易隐含碳始终保持净流出量的湖北和湖南。湖北和湖南贸易隐含碳的流出量均表现为先增加后减少的趋势，其中湖北的流入量及净流出量与其流出量呈现相同态势，而 2010～2012 年湖南流出量虽增加了 2.35 百万吨 $CO_2$，但流入量的相对量大于流出量，使得湖南的净流出量呈现递减趋势。总体上湖南和湖北都显示为净流出地区，这可能是由于这两个地区以能源、化工等高耗能商品或服务为输出，而以深加工等绿色低碳产品为主要引入的产品。第二类为贸易隐含碳以净流入为主的江西和安徽。江西和安徽流出到全国其他地区的隐含碳都表现为增加趋势。2012 年安徽的流入量为 21.16 百万吨 $CO_2$，近似于 2010 年的 3 倍，其流入量的相对增加量远大于相对流出量的增加，使得 2012 年安徽成为净流入地区；江西则一直都处于净流入的状态。整体而言安徽和江西以净流入为主，究其原因可能为这两个地区处于经济欠发达行列，行业间结构相较于发达地区不够完善，为满足本地消费需求需通过区域间贸易调入其他地区的商品或服务，一定程度上，生产端减排责任要小于消费端减排责任。

表 5.4　　　　　　　　　长江中游地区贸易隐含碳的比较　　　　　　单位：百万吨

| 年份 | 安徽 | | | 江西 | | |
|---|---|---|---|---|---|---|
| | 流出量 | 流入量 | 净流出量 | 流出量 | 流入量 | 净流出量 |
| 2007 | 6.22 | 5.34 | 0.87 | 1.46 | 4.35 | -2.89 |
| 2010 | 7.55 | 6.84 | 0.71 | 1.95 | 3.97 | -2.02 |
| 2012 | 15.26 | 21.16 | -5.89 | 4.53 | 8.17 | -3.64 |

| 年份 | 湖北 | | | 湖南 | | |
|---|---|---|---|---|---|---|
| | 流出量 | 流入量 | 净流出量 | 流出量 | 流入量 | 净流出量 |
| 2007 | 7.83 | 2.98 | 4.84 | 6.97 | 2.64 | 4.33 |
| 2010 | 9.84 | 3.34 | 6.50 | 6.25 | 3.27 | 2.99 |
| 2012 | 2.90 | 1.45 | 1.45 | 8.60 | 6.47 | 2.13 |

### 5.1.2.3　长江中游地区贸易隐含碳的行业分析

本部分基于区域间贸易隐含碳的行业角度进行分析，即研究长江中游地区流出、流入及净流出（入）贸易隐含碳的行业占比分析，同时本书研究了长江中游地区贸易流出到最多地区的隐含碳量及占比的行业分析（见附录 A 的表 A.5），以期更好地进行行业分析。需要说明的是，限于篇幅，本书选择研究区域中每个地区流出（入）行业比重靠前的前 6 个行业进行分析；因每个地区比重靠前的前 6 个行业占比之和较大，几乎解释了所有行业的占比分析，所以，可以更好地反映行业区域间贸易隐含碳的发展趋势。

（1）长江中游地区流出贸易隐含碳的行业分析。进一步，深入探讨 2007 年、2010 年和 2012 年长江中游地区贸易隐含碳流出到全国其他地区的主要行业分布，结果如表 5.5 所示，安徽流出的贸易隐含碳主要集中在交通运输及仓储业、农业、化学工业和电气机械及器材制造业。较显著的是 2012 年交通运输及仓储业相较于 2007 年及 2010 年增长趋势明显提高了 15% 以上，流出量增加高达近 460 万吨 $CO_2$，这一方面反映了 2012 年安徽交通运输及仓储业的流出量在 30 个行业中的相对比例大大提高，另一方面说明了安徽 30 个行业的总流出量也大幅度增加。江西和湖南流出贸易隐含碳比重较高的前 6 个行业比较相似，其中金属冶炼及压延加工业、化学工业、农业及交通运输及仓储业是江西及湖南通过贸易流出隐含碳的主要行业，这 4 个行业流出隐含碳之和均占同期两省流出总和的 67% 以上，较为显著的是 2012 年江西交通运输及仓储业较 2007 年及 2010 年骤增了近 20%，2007 年和 2010 年湖北贸易隐含碳流出到全国其他地区的集中高碳行业较为接近，其中 30 个行业中比重较高的是交通运输及仓储业，均在 59% 以上。2012 年湖北很多行业占比相较于 2007 年和 2010 年发生一定变动，其中食品制造及烟草加工业的变化最为显著，增幅均达 53% 以上；农业在 30 个行业的比重相对增大，但贸易隐含碳的流出量却呈显著减少的趋势，说明 2012 年湖北总的流出量相较于 2007 年和 2010 年明显减少。总体来看，长江中游地区处于经济欠发达地区，行业间结构相对不够稳定。

表 5.5　分时期长江中游地区贸易隐含碳流出量及占比的行业分析

| 省份 | 2007 年 | | | 2010 年 | | | 2012 年 | | |
|---|---|---|---|---|---|---|---|---|---|
| | 行业代码 | 流出量（万吨） | 占比（%） | 行业代码 | 流出量（万吨） | 占比（%） | 行业代码 | 流出量（万吨） | 占比（%） |
| 安徽 | 25 | 172.79 | 38.65 | 25 | 172.94 | 42.90 | 25 | 632.55 | 58.24 |
| | 1 | 68.14 | 15.24 | 1 | 68.29 | 16.94 | 1 | 74.75 | 6.88 |
| | 12 | 50.63 | 11.32 | 12 | 28.13 | 6.98 | 6 | 71.08 | 6.54 |
| | 14 | 43.33 | 9.69 | 18 | 24.62 | 6.11 | 18 | 68.64 | 6.32 |
| | 18 | 30.55 | 6.83 | 17 | 20.47 | 5.08 | 14 | 67.97 | 6.26 |
| | 6 | 18.05 | 4.04 | 13 | 19.81 | 4.91 | 12 | 52.59 | 4.84 |
| 江西 | 1 | 33.15 | 30.72 | 12 | 42.57 | 27.36 | 25 | 155.83 | 39.88 |
| | 12 | 25.78 | 23.89 | 14 | 42.07 | 27.04 | 14 | 105.29 | 26.94 |
| | 14 | 15.06 | 13.96 | 1 | 21.13 | 13.58 | 12 | 44.73 | 11.45 |
| | 25 | 11.63 | 10.78 | 25 | 15.63 | 10.05 | 1 | 26.62 | 6.81 |
| | 10 | 4.94 | 4.58 | 10 | 6.32 | 4.07 | 3 | 26.62 | 6.81 |
| | 6 | 2.61 | 2.42 | 18 | 3.99 | 2.56 | 6 | 8.98 | 2.30 |

续表

| 省份 | 2007 年 | | | 2010 年 | | | 2012 年 | | |
| --- | --- | --- | --- | --- | --- | --- | --- | --- | --- |
| | 行业代码 | 流出量（万吨） | 占比（%） | 行业代码 | 流出量（万吨） | 占比（%） | 行业代码 | 流出量（万吨） | 占比（%） |
| 湖北 | 25 | 388.64 | 68.73 | 25 | 384.86 | 59.78 | 6 | 94.61 | 58.84 |
| | 1 | 62.19 | 11.00 | 1 | 69.68 | 10.82 | 1 | 26.19 | 16.29 |
| | 6 | 28.58 | 5.05 | 26 | 42.25 | 6.56 | 12 | 10.00 | 6.22 |
| | 22 | 16.10 | 2.85 | 6 | 33.75 | 5.24 | 14 | 7.78 | 4.84 |
| | 26 | 15.51 | 2.74 | 22 | 29.95 | 4.65 | 7 | 6.26 | 3.89 |
| | 7 | 12.48 | 2.21 | 7 | 21.27 | 3.30 | 17 | 4.33 | 2.69 |
| 湖南 | 1 | 139.11 | 31.63 | 1 | 96.80 | 29.48 | 1 | 132.24 | 30.72 |
| | 14 | 134.80 | 30.65 | 14 | 78.23 | 23.82 | 14 | 72.39 | 16.82 |
| | 25 | 33.72 | 7.67 | 12 | 24.44 | 7.44 | 6 | 66.20 | 15.38 |
| | 26 | 28.60 | 6.50 | 25 | 38.93 | 11.86 | 12 | 52.88 | 12.28 |
| | 12 | 26.29 | 5.98 | 6 | 18.56 | 5.65 | 16 | 35.76 | 8.31 |
| | 6 | 24.20 | 5.50 | 26 | 18.42 | 5.61 | 25 | 31.22 | 7.25 |

（2）长江中游地区流入贸易隐含碳的行业分布。2007 年、2010 年和 2012 年长江中游地区流入贸易隐含碳的主要行业分布如表 5.6 所示。安徽来自其他地区的贸易隐含碳主要集中于金属冶炼及压延加工业、食品制造及烟草加工业及建筑业，2012 年安徽比重较高的前 6 个行业流入量明显增加但比重却没有较大差异，说明 2012 年安徽的流入量相较于 2007 年和 2012 年显著增加。江西和湖南来自其他地区的贸易隐含碳主要行业存在一定的差异，这可能是由于每个地区需求不同，其中江西来自其他地区的行业主要集中在金属冶炼及压延加工业、电力、热力的生产和供应业、建筑业及批发零售业。2007 年和 2010 年湖南流入贸易隐含碳比重较高的前 6 个行业比较相似，主要集中在建筑业、金属冶炼及压延加工业、农业和石油加工、炼焦及核燃料加工业，而 2012 年主要行业流入隐含碳规模增大，同时行业间结构显著变化。2010 年和 2012

年湖北来自其他地区的贸易隐含碳主要稳定地集中在食品制造及烟草加工业、金属冶炼及压延加工业及建筑业。而湖北 2012 年流入的行业间结构变动较大，其中电力、热力的生产和供应业较 2007 年和 2010 年出现较大增幅，增幅高达 33% 以上。整体来说，长江中游地区流入贸易隐含碳相比流出贸易隐含碳的规模较小。

表 5.6　　分时期长江中游地区贸易隐含碳流入量及占比的行业分析

| 省份 | 2007 年 | | | 2010 年 | | | 2012 年 | | |
|---|---|---|---|---|---|---|---|---|---|
| | 行业代码 | 流入量（万吨） | 占比（%） | 行业代码 | 流入量（万吨） | 占比（%） | 行业代码 | 流入量（万吨） | 占比（%） |
| 安徽 | 1 | 37.36 | 9.58 | 24 | 61.41 | 10.71 | 25 | 240.98 | 14.34 |
| | 6 | 36.24 | 9.29 | 6 | 57.31 | 9.99 | 14 | 214.67 | 12.78 |
| | 24 | 35.93 | 9.05 | 18 | 49.11 | 8.56 | 24 | 185.81 | 11.06 |
| | 14 | 35.28 | 9.21 | 30 | 44.59 | 7.77 | 30 | 126.27 | 7.52 |
| | 25 | 33.87 | 8.68 | 14 | 41.55 | 7.24 | 13 | 84.82 | 5.05 |
| | 30 | 31.70 | 8.13 | 17 | 39.86 | 6.95 | 6 | 74.90 | 4.46 |
| 江西 | 14 | 48.86 | 16.01 | 14 | 37.00 | 15.47 | 22 | 125.95 | 17.85 |
| | 26 | 43.87 | 14.37 | 6 | 24.66 | 10.31 | 14 | 103.91 | 14.72 |
| | 24 | 28.34 | 9.28 | 12 | 20.77 | 8.68 | 24 | 65.57 | 9.29 |
| | 25 | 22.84 | 7.48 | 22 | 20.25 | 8.47 | 25 | 58.40 | 8.28 |
| | 22 | 21.06 | 6.90 | 26 | 19.89 | 8.32 | 26 | 51.54 | 7.30 |
| | 12 | 19.08 | 6.25 | 24 | 12.40 | 5.18 | 11 | 51.12 | 7.24 |
| 湖北 | 6 | 34.73 | 16.73 | 6 | 32.23 | 14.66 | 22 | 54.39 | 40.63 |
| | 1 | 20.44 | 9.84 | 14 | 20.13 | 9.16 | 14 | 11.33 | 8.46 |
| | 30 | 15.90 | 7.66 | 24 | 17.91 | 8.15 | 11 | 11.22 | 8.38 |
| | 24 | 14.33 | 6.90 | 22 | 15.75 | 7.17 | 12 | 9.83 | 7.34 |
| | 12 | 12.78 | 6.15 | 13 | 14.75 | 6.71 | 24 | 8.69 | 6.49 |
| | 14 | 12.23 | 5.89 | 25 | 14.67 | 6.67 | 13 | 8.50 | 6.35 |

续表

| 省份 | 2007 年 | | | 2010 年 | | | 2012 年 | | |
| --- | --- | --- | --- | --- | --- | --- | --- | --- | --- |
| | 行业代码 | 流入量（万吨） | 占比（%） | 行业代码 | 流入量（万吨） | 占比（%） | 行业代码 | 流入量（万吨） | 占比（%） |
| 湖南 | 24 | 20.86 | 12.00 | 24 | 24.71 | 12.08 | 24 | 68.89 | 16.13 |
| | 11 | 17.52 | 10.07 | 6 | 19.62 | 9.59 | 14 | 49.84 | 11.67 |
| | 30 | 16.60 | 9.54 | 11 | 18.61 | 9.10 | 25 | 40.19 | 9.41 |
| | 1 | 16.53 | 9.50 | 14 | 15.23 | 7.44 | 22 | 36.04 | 8.44 |
| | 14 | 15.79 | 9.08 | 1 | 14.10 | 6.89 | 30 | 28.31 | 6.63 |
| | 6 | 15.01 | 8.63 | 30 | 14.07 | 6.88 | 2 | 24.58 | 5.76 |

（3）长江中游地区净流出（入）贸易隐含碳的行业分布。2007 年、2010 年和2012 年长江中游地区净流出（入）贸易隐含碳的行业分布如表5.7 所示。安徽对全国其他地区的净流出行业主要集中在交通运输及仓储业和农业，较为显著的是交通运输及仓储业，其净流出在 2007 年、2010 年、2012 年分别约占安徽所有行业净流出总和的 243.43%、−79.27%、−65.91%，说明安徽各行业在 2007 年以净流出为主，2010 年和2012 年以净流入为主；净流入行业主要表现为建筑业和通用、专用设备制造业。江西主要净流出行业 2007 年和2010 年集中在农业和化学工业，而 2012 年集中在交通运输仓储业及石油天然气开采业，同时不难发现江西主要净流出行业占比均为负，说明江西行业主要是净流入行业。湖北以净流出为主，其中 2007 年和2010 年湖北主要的净流出行业集中在交通运输及仓储业和农业，净流入行业集中在建筑业和化学工业；2012 年湖北主要的净流出行业集中在食品制造及烟草加工业和农业，净流入行业主要集中在电力、热力的生产和供应业及石油加工、炼焦及核燃料加工业。湖南以净流出为主，其中湖南的主要净流出行业集中在农业、金属冶炼及压延加工业和化学工业，而净流入行业主要表现为建筑业及石油加工、炼焦及核燃料加工业。

表 5.7 分时期长江中游地区贸易隐含碳净流出（入）量及占比的行业分析

单位：万吨

| 省份 | 2007年 净流出 行业 | EO（占比） | 2007年 净流入 行业 | EI（占比） | 2010年 净流出 行业 | EO（占比） | 2010年 净流入 行业 | EI（占比） | 2012年 净流出 行业 | EO（占比） | 2012年 净流入 行业 | EI（占比） |
|---|---|---|---|---|---|---|---|---|---|---|---|---|
| 安徽 | 25 | 138.91（243.43%） | 24 | -35.93（-62.96%） | 25 | 135.20（-79.27%） | 24 | -61.41（36.01%） | 25 | 391.57（-65.91%） | 16 | -65.51（11.03%） |
| | 1 | 30.78（53.95%） | 30 | -30.79（-53.96%） | 1 | 35.26（-20.67%） | 6 | -43.45（25.47%） | 1 | 24.93（-4.20%） | 24 | -185.78（31.27%） |
| | 12 | 24.21（42.42%） | 6 | -18.19（-31.87%） | 13 | 1.43（-0.84%） | 14 | -33.50（19.64%） | 18 | 13.44（-2.26%） | 14 | -146.69（24.69%） |
| | 14 | 8.05（14.11%） | 16 | -9.30（-16.29%） | — | — | 30 | -33.32（19.54%） | — | — | 22 | -131.25（22.09%） |
| | 18 | 6.86（12.02%） | 15 | -8.38（-14.69%） | — | — | 18 | -24.50（14.36%） | — | — | 30 | -101.15（17.03%） |
| | 2 | 3.82（6.69%） | 27 | -8.06（-14.12%） | — | — | 16 | -21.89（12.83%） | — | — | 13 | -69.58（11.71%） |
| 江西 | 1 | 17.72（-8.98%） | 26 | -42.43（21.50%） | 12 | 21.80（-64.66%） | 6 | -21.02（62.35%） | 25 | 155.83（-96.61%） | 22 | -125.46（77.78%） |
| | 12 | 6.70（-3.39%） | 14 | -33.80（17.13%） | 1 | 16.08（-47.70%） | 22 | -20.23（60.02%） | 3 | 26.62（-16.50%） | 24 | -65.57（40.65%） |
| | — | — | 24 | -28.34（14.36%） | 25 | 15.63（-46.37%） | 24 | -12.39（36.76%） | 12 | 16.97（-10.52%） | 11 | -51.03（31.64%） |

续表

| 省份 | 2007 年 净流出 行业 | 2007 年 净流出 EO（占比） | 2007 年 净流入 行业 | 2007 年 净流入 EI（占比） | 2010 年 净流出 行业 | 2010 年 净流出 EO（占比） | 2010 年 净流入 行业 | 2010 年 净流入 EI（占比） | 2012 年 净流出 行业 | 2012 年 净流出 EO（占比） | 2012 年 净流入 行业 | 2012 年 净流入 EI（占比） |
|---|---|---|---|---|---|---|---|---|---|---|---|---|
| 江西 | — | — | 22 | −21.05（10.67%） | 14 | 5.07（−15.03%） | 11 | −10.90（32.34%） | 1 | 16.88（−10.47%） | 13 | −26.33（16.32%） |
| | — | — | 30 | −16.91（8.57%） | 30 | 3.68（−10.91%） | 13 | −5.47（16.23%） | 26 | 3.20（−1.98%） | 2 | −24.54（15.21%） |
| | — | — | 6 | −12.59（6.38%） | 26 | 1.43（−4.23%） | 9 | −5.06（15.00%） | 30 | 1.76（−1.09%） | 4 | −17.74（11.00%） |
| 湖北 | 25 | 378.76（105.85%） | 24 | −14.33（−4.00%） | 25 | 370.19（87.31%） | 24 | −17.91（−4.22%） | 6 | 88.42（328.02%） | 22 | −54.38（−201.73%） |
| | 1 | 41.75（11.67%） | 11 | −11.98（−3.35%） | 1 | 55.32（13.05%） | 12 | −11.96（−2.82%） | 1 | 24.38（90.43%） | 11 | −11.21（−41.58%） |
| | 26 | 12.74（3.56%） | 12 | −10.83（−3.03%） | 26 | 39.81（9.39%） | 14 | −10.63（−2.51%） | 7 | 5.64（20.92%） | 24 | −8.69（−32.22%） |
| | 22 | 8.15（2.28%） | 30 | −7.54（−2.11%） | 7 | 15.67（3.70%） | 16 | −6.39（−1.51%） | 5 | 3.75（13.93%） | 13 | −6.80（−25.21%） |
| | 7 | 5.45（1.52%） | 16 | −7.05（−1.97%） | 22 | 14.20（3.35%） | 11 | −5.97（−1.41%） | 15 | 1.47（5.47%） | 14 | −3.55（−13.17%） |
| | 15 | 0.54（0.15%） | 6 | −6.15（−1.72%） | 27 | 2.83（0.67%） | 13 | −5.49（−1.29%） | 17 | 1.28（4.74%） | 25 | −3.02（−11.19%） |

续表

| 省份 | 2007年 | | | | 2010年 | | | | 2012年 | | | |
|---|---|---|---|---|---|---|---|---|---|---|---|---|
| | 净流出 | | 净流入 | | 净流出 | | 净流入 | | 净流出 | | 净流入 | |
| | 行业 | EO（占比） | 行业 | EI（占比） | 行业 | EO（占比） | 行业 | EI（占比） | 行业 | EO（占比） | 行业 | EI（占比） |
| 湖南 | 1 | 122.58（46.11%） | 24 | -18.94（-7.12%） | 1 | 82.70（66.83%） | 24 | -22.81（-18.43%） | 1 | 114.96（3378.54%） | 24 | -68.82（-2022.63%） |
| | 14 | 119.02（44.77%） | 11 | -11.47（-4.31%） | 14 | 63.00（50.91%） | 11 | -17.35（-14.02%） | 6 | 47.85（1406.19%） | 22 | -36.04（-1059.16%） |
| | 25 | 27.57（10.37%） | 30 | -5.11（-1.92%） | 25 | 28.63（23.13%） | 22 | -8.81（-7.12%） | 12 | 34.81（1023.15%） | 2 | -24.56（-721.89%） |
| | 26 | 25.69（9.66%） | 27 | -3.49（-1.31%） | 12 | 13.80（11.15%） | 2 | -4.76（-3.84%） | 14 | 22.55（662.76%） | 30 | -12.42（-365.00%） |
| | 12 | 15.58（5.86%） | 4 | -2.49（-0.94%） | 26 | 13.46（10.88%） | 27 | -4.76（-3.84%） | 16 | 11.42（335.65%） | 11 | -11.33（-333.11%） |
| | 6 | 9.18（3.45%） | 22 | -2.38（-0.89%） | 16 | 4.62（3.74%） | 13 | -3.95（-3.19%） | 19 | 0.62（18.13%） | 28 | -11.12（-326.84%） |

注：EO表示净流出，EI表示净流入。

从上文来看，长江中游地区 30 个行业贸易隐含碳的净流入规模总体小于净流出规模。发达地区通过区域间贸易将高能耗、高污染和能源密集型行业嫁接到欠发达地区或不发达地区，由欠发达地区或不发达地区进行加工制造，虽减少发达地区的碳排放但也增加了欠发达或不发达地区的碳排放。表面上针对行业嫁接隐含碳"消费者买单"显得较为合理，但仅仅由消费者买单，生产者又可能会丧失主动降低碳排放的积极主动性。因此如何合理界定"生产—消费"责任显得尤为重要。

### 5.1.2.4　长江中游地区流出贸易隐含碳的 SDA 分解

基于上述结果，进一步探讨各个因素的变化如何影响贸易隐含碳流出量的增长，这将有利于合理界定"生产—消费"责任。为此，进一步采用 SDA 方法来研究相关因素的贡献。为此，下面的研究即是基于表 5.1 中的公式进行计算，来探讨能源碳排放效应、能源强度效应、行业关联效应、规模效应和结构效应对长江中游地区流出贸易隐含碳变动的影响。

如表 5.8 所示，安徽规模效应的贡献值分别为 60.44 百万吨、120.35 百万吨和 208.35 百万吨 $CO_2$，对应贡献率分别为 293.01%、72.44% 和 111.57%，表明规模效应的增加是促进贸易隐含碳流出量扩大的主要原因；而 2007～2010 年及 2007～2012 年结构效应总体表现为较大的阻碍作用，使得在规模效应大幅扩大的情况下，贸易流出碳排放不至于增长太多；能源强度效应、能源碳排放效应和行业关联效应在不同年份没有明显的促进或阻碍作用。江西 2007～2010 年 5 个驱动因素对贸易流出碳排放变动的影响和安徽驱动因素的影响近似相反；2007～2012 年能源强度表现为阻碍作用，规模效应和结构效应对江西贸易流出碳排放量的增加起到较大的促进作用。湖北贸易隐含碳流出到其他地区的贸易隐含碳呈现先增加后减少的趋势；2007～2010 年规模效应起到主要的促进作用，能源强度效应表现为较大的阻碍作用，因此在规模效应大幅扩大的情况下，贸易流出碳排放的增长并不是很多；2010～2012 年及 2007～2012 年规模效应表现为较大的促进作用，结构效应表现为较大的阻碍作用。湖南贸易流出的隐含碳 2007～2010 年呈递减趋势，而

2010～2012 年及 2007～2012 年表现为递增趋势，其中 2007～2010 年 5
个驱动因素对贸易流出碳排放变动的影响，除能源碳排放效应外，其他
与安徽的相似，2010～2012 年及 2007～2012 年的规模效应和行业关联
效应表现出促进作用，能源碳排放效应和结构效应呈现出阻碍作用，能
源碳排放强度无明显促进或阻碍作用。整体来看，规模效应的增加是促
进贸易流出碳排放扩大的主要因素；能源强度效应和能源碳排放效应主
要起削减的作用；行业关联效应主要起促进作用；结构效应促进或阻碍
作用不够明显。若依据长江中游地区驱动因素的作用界定出"既能激发
消费者选择具有更低碳环保的生产者又能激发生产者提高主动减排的积
极性"的减排责任，这将具有重要的现实意义。

表 5.8 　　　　　　分时期长江中游地区流出隐含碳影响因素分解

| 时期 | 驱动因素 | 安徽 | | 江西 | | 湖北 | | 湖南 | |
|---|---|---|---|---|---|---|---|---|---|
| | | f（百万吨） | 贡献率（%） | f（百万吨） | 贡献率（%） | f（百万吨） | 贡献率（%） | f（百万吨） | 贡献率（%） |
| 2007～2010 年 | 能源碳排放效应 | 1.86 | 9.02 | -0.20 | 25.99 | 10.10 | 32.28 | -1.28 | 7.02 |
| | 能源强度效应 | -7.47 | -36.22 | -5.58 | 736.61 | -104.71 | -334.77 | -50.27 | 276.17 |
| | 行业关联效应 | -0.17 | -0.80 | -0.01 | 0.99 | -3.43 | -10.96 | -0.10 | 0.56 |
| | 规模效应 | 60.44 | 293.01 | 22.57 | -2979.14 | 121.03 | 386.92 | 63.45 | -348.60 |
| | 结构效应 | -34.03 | -165.00 | -17.54 | 2315.56 | 8.30 | 26.54 | -30.00 | 164.84 |
| 2010～2012 年 | 能源碳排放效应 | -13.80 | -8.30 | -0.88 | -1.43 | 1.09 | -0.55 | -6.02 | -12.98 |
| | 能源强度效应 | 33.82 | 20.36 | -2.90 | -4.75 | 8.13 | -4.13 | 8.08 | 17.44 |
| | 行业关联效应 | 1.03 | 0.62 | 0.26 | 0.42 | -0.33 | 0.17 | 17.20 | 37.11 |
| | 规模效应 | 120.35 | 72.44 | 7.64 | 12.51 | -44.39 | 22.55 | 46.51 | 100.32 |
| | 结构效应 | 24.73 | 14.89 | 56.97 | 93.25 | 161.35 | 81.97 | -19.42 | -41.88 |
| 2007～2012 年 | 能源碳排放效应 | -7.88 | -4.22 | -1.26 | -2.09 | 6.55 | -3.96 | -8.02 | -30.07 |
| | 能源强度效应 | 29.09 | 15.58 | 15.17 | -25.13 | -35.87 | 21.67 | -41.86 | -157.04 |
| | 行业关联效应 | 0.68 | 0.36 | 0.21 | 0.35 | -3.20 | 1.93 | 18.33 | 68.77 |
| | 规模效应 | 208.35 | 111.57 | 48.42 | 80.24 | 12.79 | -7.73 | 121.10 | 454.26 |
| | 结构效应 | -43.49 | -23.29 | 28.14 | 46.64 | -145.85 | 88.09 | -62.89 | -235.91 |

### 5.1.3　本节小结

#### 5.1.3.1　研究结论

以长江中游地区为研究区域，本节构建了2007年、2010年和2012年的MRIO模型对长江中游地区贸易含碳排放进行测算，同时，采用SDA方法，深入探讨了影响贸易隐含碳排放的驱动因素。主要研究发现：

（1）2007年、2010年及2012年湖北和湖南基于生产端$CO_2$的排放量高于消费端，江西和安徽两省基于生产端排放量高或低于消费端的情形均有。总体来看长江中游地区基于生产端$CO_2$的排放量高于消费端，因生产端的核算方法隐藏了调出商品或服务中的$CO_2$排放转移，所以在生产责任制下，长江中游地区间接为其他地区承担了部分减排责任。

（2）基于多区域间贸易隐含碳的角度分析，整体上湖南和湖北以净流出为主，而安徽和江西以净流入为主，究其原因可能为安徽和江西地区处于经济欠发达行列，行业结构相较于发达地区不够完善，为满足本地消费需求需通过区域间贸易调入其他地区的商品或服务，在生产责任制下，一定程度上使安徽和江西成为减排责任有利的地区，湖南和湖北成为减排责任不利的地区。

（3）具体到行业来看，安徽和江西主要以净流入为主，安徽净流出行业主要集中在交通运输及仓储业和农业，净流入行业主要表现为建筑业和通用、专用设备制造业；江西主要净流出行业2007年和2010年集中在农业和化学工业，而2012年集中在交通运输及仓储业和石油天然气开采业。湖北以净流出为主，其中2007年和2010年湖北主要的净流出行业集中在交通运输及仓储业和农业，净流入行业集中在建筑业和化学工业。2012年湖北主要的净流出行业集中在食品制造及烟草加工业和农业，净流入行业主要集中在电力、热力的生产和供应业及石油加工、炼焦及核燃料加工业。湖南以净流出为主，其中湖南的主要净流出行业集中在农业、金属冶炼及压延加工业和化学工业，而净流入行业主要表现为建筑业及石油加工、炼焦及核燃料加工业。总体上，长江中游地区30个行业通过贸易隐含碳的净流入规模小于净流出规模。

（4）从影响贸易隐含碳增加因素的角度来看，总体研究发现长江中游地区规模效应的增加是促进贸易流出碳排放扩大的主要因素，能源强度效应和能源碳排放效应主要起削减的作用，行业关联效应主要起促进作用，结构效应促进或阻碍作用不够明显。

### 5.1.3.2  深入探讨

本节结合上述所得重要结论基于以下两方面进行讨论。

（1）生产端的核算方法隐藏了调出商品或服务中的 $CO_2$ 排放转移。这样一来，欠发达或不发达地区间接为其他地区承担了大量排放责任，因此，在减排责任上应适当采取发达地区给予欠发达或不发达中损失严重地区相应"碳补偿"措施，同时欠发达或不发达地区也应针对高碳行业设置相应的减排计划，努力实现绿色行业和低碳行业的双赢。发达地区通过区域间贸易将高能耗、高污染和能源密集型行业嫁接到欠发达地区或不发达地区，由欠发达地区或不发达地区进行加工制造，虽减少了发达地区的碳排放却增加了欠发达或不发达地区的碳排放，使得全国总体碳排放仍表现为增加态势。有些学者考虑以"消费者买单"界定碳减排责任，若仅仅依据"谁消费谁买单"，生产者可能降低减少碳排放的积极性。

（2）本节在厘清生产和消费者责任的基础上，结合影响贸易隐含碳排放量增长的因素重新界定减排责任。从规模效应看，由于发达地区通过贸易调入大量本地区资源短缺的产品却把污染留在欠发达及不发达地区，为避免消费者只享受成果不承担义务的情况，"消费者买单"是较恰当的。从能源强度效应和能源碳排放效应来看，由"生产和消费者共同买单"较为合理。事实上，生产者本身能源使用效率低及高碳产出结构是碳排放增加的主要来源，生产者有责任主动减少本身的碳排放；发达地区的消费者对能源密集型产品的需求加剧了碳排放量，因此生产和消费者共同努力将有利于减排的实施。

结构效应体现各地区贸易产品的种类，调出产品基本是本地丰富的产品，调入产品是本地区稀缺的产品。从这个层面看，主要调入产品的地区获得的益处多于调出地区，因此"消费者买单"比较恰当。而从行业关联效应角度应由"生产和消费者共同买单"较合理，一方面发达地区较低的行业技术是基于先发展排放的基础上的，另一方面生产者也有义务主动提高自身行业结构和引导行业升级。

## 5.2 区域碳排放转移的演变特征与结构分解及减排对策分析

近年来，随着区域经济的迅速发展，河南省对外部能源需求迅速增长，由此产生的碳排放也显著增加。王铮，朱永彬（2008）研究表明，在 1995 ~ 2006 年，河南省人均碳排放量平均增长率和碳排放总量平均增长率分别为 8.4% 和 9.1%。而相关统计数据表明河南省能源消费总量从 2002 年的 $72.4 \times 10^6$ 吨标煤增长到 2010 年的 $238.1 \times 10^6$ 吨标煤，年均增长率为 28.6%（国家统计局能源统计司，2003，2011）。此外，更为严重的是，其能源消费量对外依赖非常严重，统计数据计算表明其折合成标煤后需要从中国其他地区调入的能源需求量占其总需求量的比例从 2002 年的 30.5% 增长到 2010 年的 50.1%，年均增长率约为 2.4%（国家统计局能源统计司，2003，2011）。王铮等（2010）研究发现未来一段时间（约到 2034 年）河南省的能源需求量及其产生的碳排放还会持续增加。为此，在区域经济快速发展的背景下，其减排形势十分严峻。故而在此情形下，探讨河南省的贸易隐含碳排放及其相关问题就具有重要意义。

本节主要研究的问题是：2002 ~ 2010 年河南省贸易隐含碳排放是怎样演变的以及何种因素驱动了这种变化？流入河南省的贸易隐含碳排放主要来自哪里以及流出河南省的贸易隐含碳排放又去了哪里？在区域减

排政策上，河南省应该如何应对才能减轻贸易对本地碳排放及其减排责任划分的影响。

## 5.2.1　研究方法与数据来源

### 5.2.1.1　研究方法

根据区域投入产出分析原理以及中国多区域投入产出表可知，各地区间的中间需求系数可以表示为：

$$
Z_t = \begin{bmatrix}
Z_t^{1,1} & \cdots & Z_t^{1,n} & \cdots & Z_t^{1,N} \\
\vdots & \ddots & & & \vdots \\
Z_t^{n,1} & \cdots & Z_t^{n,n} & \cdots & Z_t^{n,N} \\
\vdots & & & \ddots & \vdots \\
Z_t^{N,1} & \cdots & Z_t^{N,n} & \cdots & Z_t^{N,N}
\end{bmatrix} \tag{5.9}
$$

其中，$Z_t^{rs}$ 表示 $t$ 时期区域 $r$ 对区域 $s$ 的中间投入量，而 $z_{ij,t}^{rs}$ 则为 $t$ 时期，对于 $r, s \in N$，由区域 $r$ 中的 $i$ 部门给区域 $s$ 中的 $j$ 部门的中间投入量，故中间投入系数 $a_{ij,t}^{rs} = \dfrac{z_{ij,t}^{rs}}{x_{j,t}^{s}}$，$x_{j,t}^{s}$ 为 $t$ 时期区域 $s$ 部门 $j$ 的总产出。$N$ 表示中国除西藏、香港、澳门和台湾以外的 30 个省区市，即 $N = 30$；$n \in N$。此外，本节还构造一个跟 $Z_t$ 具有相同结构的投入矩阵 $A_t$：

$$
A_t = \begin{bmatrix}
A_t^{1,1} & \cdots & A_t^{1,n} & \cdots & A_t^{1,N} \\
\vdots & \ddots & & & \vdots \\
A_t^{n,1} & \cdots & A_t^{n,n} & \cdots & A_t^{n,N} \\
\vdots & & & \ddots & \vdots \\
A_t^{N,1} & \cdots & A_t^{N,n} & \cdots & A_t^{N,N}
\end{bmatrix} \tag{5.10}
$$

其中，$A_t^{rs}$ 为 $t$ 时期区域 $r$ 对区域 $s$ 的中间投入量，且 $r, s \in N$。根据多区域投入产出表，可得到各地区的最终需求矩阵表示为：

$$F_t = \begin{bmatrix} f_t^{1,1} & \cdots & f_t^{1,n} & \cdots & f_t^{1,N} \\ \vdots & \ddots & \vdots & & \vdots \\ f_t^{n,1} & \cdots & f_t^{n,n} & \cdots & f_t^{n,N} \\ \vdots & & \vdots & \ddots & \vdots \\ f_t^{N,1} & \cdots & f_t^{N,n} & \cdots & f_t^{N,N} \end{bmatrix} \qquad (5.11)$$

其中，$f_t^{rs}$ 为 $t$ 期区域 $r$ 对区域 $s$ 的最终需求，且 $r$，$s \in N$。而根据投入产出表的行列平衡原理可知：

$$x_t^r = \sum_{s=1}^{N} Z_t^{rs} \boldsymbol{u} + \sum_{s=1}^{N} f_t^{rs} \qquad (5.12)$$

其中，$x_t^r$ 为 $t$ 期区域 $r$ 的产出；$\boldsymbol{u}$ 为一个由 1 构成的具有跟中间需求系数（$Z$）同等结构的矢量。对于所有地区而言，可将式（5.12）写成：$x_t = Z_t \boldsymbol{u} + F_t \boldsymbol{u}$，同样还有：$x_t = A_t x_t + F_t \boldsymbol{u}$，故可得到 $Z_t \boldsymbol{u} = A_t x_t$，且 $x_t = (I - A_t)^{-1} F_t \boldsymbol{u}$，此时 $M_t \equiv (I - A_t)^{-1}$。$M_t$ 为里昂惕夫逆矩阵；$I$ 为单位矩阵；$A_t$ 为中间投入矩阵。

区域单位最终产品所产生的直接或者间接碳排放矩阵为：

$$V_t = \begin{bmatrix} (w_t^1)' M_t^{1,1} & \cdots & (w_t^1)' M_t^{1,n} & \cdots & (w_t^1)' M_t^{1,N} \\ \vdots & \ddots & \vdots & & \vdots \\ (w_t^n)' M_t^{n,1} & \cdots & (w_t^n)' M_t^{n,n} & \cdots & (w_t^n)' M_t^{n,N} \\ \vdots & & \vdots & \ddots & \vdots \\ (w_t^N)' M_t^{N,1} & \cdots & (w_t^N)' M_t^{N,n} & \cdots & (w_t^N)' M_t^{N,N} \end{bmatrix} \qquad (5.13)$$

其中，$M_t^{rs}$ 为 $t$ 期区域 $r$ 对区域 $s$ 的中间投入的里昂惕夫逆矩阵，且 $r$，$s \in N$。区域 $r$ 直接碳排放系数为 $w_{i,t}^r = \dfrac{e_{i,t}^r}{x_{i,t}^r}$，即部门 $i$ 的总碳排放与其总产出的比值（吨/万元）。根据式（5.13），故 $v_t^{rs} = (w_t^r)' M_t^{rs}$，$v_{i,t}^{rs}$ 为区域 $s$ 单位最终产品中在区域 $r$ 部门 $i$ 中所产生的直接地或间接的碳排放量。

需要注意的是，本节中河南省的贸易隐含碳排放并不包含其国际贸易中进出口贸易隐含碳排放，而之所以这样处理主要是由于：第一，研究表明，国内贸易对河南省碳排放的影响远远大于国际贸易（Guo et al.，2012；黄蕊等，2015）；第二，对河南省而言，其各部门进出口来自其他国家或者地区可能有近百个，一一根据相应的区域间投入产出表来确定其各部门的单位产出碳排放强度值难度很大，显然这也是不现实的。为此，根据式（5.9）～式（5.13）的推导，河南省（$r$）与任一省域（$s$）间的贸易隐含碳（$EEP$）为：

$$EEP_{r-s} = \Big[ \sum_{k=1}^{N} (v_t^{kr})' \Big] f_t^{rs} + (v_t^{rs})' \Big( \sum_{k=1}^{N} f_t^{sk} \Big),$$

$$s \neq r; \ s, \ k \in N, \ N = 1, 2, 3, \cdots, 30 \qquad (5.14)$$

其中，$EEP_{r-s}$ 为河南省（$r$）与任一省域（$s$）间的贸易隐含碳排放，第一项为最终需求消费中由于河南省（$r$）与省域 $s$ 间贸易带来的碳排放；$k$ 为中国区域间投入产出表中的省域。实际上，对于河南省来说，其最终需求消费部分是由中国其他地区（包含河南）提供的，这其中的区域间贸易必然会带来贸易隐含碳排放。故式（5.14）中，$\sum_{k=1}^{N} v^{kr}$ 为河南省 1 单位的最终产品生产过程中所有的碳排放，$f^{rs}$ 为省域 $s$ 与河南省的最终需求。第二项为中间投入部分由于河南省和省域 $s$ 之间贸易带来的碳排放。$v^{rs}$ 为生产 1 单位的 $s(s \neq r)$ 省域的最终消费产品需要从河南省（$r$）调入的中间投入碳排放量，$\sum_{k=1}^{N} f^{sk}$ 为 $s(s \neq r)$ 省域生产的所有最终需求。

进一步可知，河南省（$r$）的流出贸易隐含碳排放（$EEE$）和流入贸易隐含碳排放（$EEI$）分别可以表示如下：

$$EEE_r = \sum_{s \neq r}^{N} EEP_{r-s}$$

$$= \Big[ \sum_{k=1}^{N} (v_t^{kr})' \Big] \Big( \sum_{s \neq r}^{N} f_t^{rs} \Big) + \sum_{s \neq r}^{N} \Big[ (v_t^{rs})' \Big( \sum_{k=1}^{N} f_t^{rk} \Big) \Big] \qquad (5.15)$$

$$EEI_r = \sum_{s \neq r}^{N} EEP_{s-r}$$

$$= \sum_{s \neq r}^{N} \Big[ \sum_{k=1}^{N} (v_t^{ks})' \Big] f_t^{sr} + \Big[ \sum_{s \neq r}^{N} (v_t^{sr})' \Big] \Big( \sum_{k=1}^{N} f_t^{rk} \Big) \qquad (5.16)$$

从上述研究中不难得到 $EEE_r$ 和 $EEI_r$ 是由矩阵 $V$ 和 $F$ 所决定的，而 $V$ 是由碳排放强度矩阵 $w$ 和里昂惕夫逆矩阵 $M$ 所决定的，而 $M$ 取决于直接消耗系数矩阵 $A$。事实上，直接消耗系数矩阵 $A$ 表示中国投入产出表中各个区域间的中间投入系数，显然这种区域间投入产出系数主要是可以追溯单位中间投入的来源地。然而需要指出的是，在实际生产过程中，针对各个地区各部门生产的中间产品是来源于哪些区域，以及单位产出需要多少中间产品这些并不清楚。事实上，这就是所谓的生产技术系数。对于区域 $r$ 而言，可通过加总其投入系数获得，本节中设定一个矩阵 $H$，进一步将直接消耗系数矩阵表示为：

$$H_t^r = \sum_{s=1}^{N} A_t^{sr} \tag{5.17}$$

式中，$H_t^r$ 为本研究构造的 $t$ 期区域 $r$ 的直接消耗系数矩阵。而在给定生产技术投入矩阵后，就可以确定中间投入产品的来源，即中间投入的贸易结构 $T$：

$$T_t = \begin{bmatrix} T_t^{1,1} & \cdots & T_t^{1,n} & \cdots & T_t^{1,N} \\ \vdots & \ddots & \vdots & & \vdots \\ T_t^{n,1} & \cdots & T_t^{n,n} & \cdots & T_t^{n,N} \\ \vdots & & \vdots & \ddots & \vdots \\ T_t^{N,1} & \cdots & T_t^{N,n} & \cdots & T_t^{N,N} \end{bmatrix}, \quad t_{ij,t}^{sr} = \frac{a_{ij,t}^{sr}}{h_{ij,t}^r}, \quad A_t^{sr} = T_t^{sr} \otimes H_t^r \tag{5.18}$$

式中，$T_t^{sr}$ 为 $t$ 期区域 $s$ 对区域 $r$ 的中间投入贸易结构量；$t_{ij,t}^{sr}$ 为 $t$ 期区域 $s$ 部门 $i$ 对区域 $r$ 部门 $j$ 的中间投入的贸易结构系数；$a_{ij,t}^{sr}$ 为 $t$ 期区域 $s$ 部门 $i$ 对区域 $r$ 部门 $j$ 的中间投入系数；$h_{ij,t}^r$ 为 $t$ 期区域 $r$ 部门 $i$ 对 $j$ 的直接消耗系数。同样的，最终需求矩阵 $F$ 可以拆分成最终消费水平和最终消费贸易结构两部分，其中定义河南省（$r$）的最终需求向量为：$q_t^r = \sum_{s=1}^{N} f_t^{sr}$，则最终产品的贸易结构矩阵为：

$$D_t = \begin{bmatrix} d_t^{1,1} & \cdots & d_t^{1,n} & \cdots & d_t^{1,N} \\ \vdots & \ddots & \vdots & & \vdots \\ d_t^{n,1} & \cdots & d_t^{n,n} & \cdots & d_t^{n,N} \\ \vdots & & \vdots & \ddots & \vdots \\ d_t^{N,1} & \cdots & d_t^{N,n} & \cdots & d_t^{N,N} \end{bmatrix}, \text{且 } d_{j,t}^{sr} = \frac{f_{j,t}^{sr}}{q_{j,t}^r}, \ f_t^{sr} = d_t^{sr} \otimes q_t^r$$

$$(5.19)$$

式中，$d_{j,t}^{sr}$ 为 $t$ 期区域 $s$ 部门 $j$ 对区域 $r$ 的最终需求量；$q_{j,t}^r$ 为 $t$ 期区域 $r$ 部门的最终需求。根据上述定义，即可得到河南省（$r$）的 $EEE_{r,t}$ 和 $EEI_{r,t}$ 在时间 $t$ 中各个因素的贡献程度。另外，本节将各个因素区别为本地和区域外两种，而影响因素则包括碳排放强度、中间投入结构、生产技术、最终产品贸易结构、最终需求。因此，对于河南省（$r$）而言：

$$w_t = w_t^{(r)} + w_t^{(-r)}$$
$$T_t = T_t^{(r)} + T_t^{(-r)}$$
$$H_t = H_t^{(r)} + H_t^{(-r)}$$
$$D_t = D_t^{(r)} + D_t^{(-r)}$$
$$q_t = q_t^{(r)} + q_t^{(-r)} \qquad (5.20)$$

其中，$w_t^{(r)}$ 仅包括区域 $r$ 的碳排放强度，区域 $r$ 外的碳排放强度为 0，即 $(w^{(r)})' = [0' \cdots 0'(w^r)' 0' \cdots 0']'$。相应地，$w_t^{(-r)}$ 表示区域 $r$ 外的碳排放强度，区域 $r$ 的碳排放强度为 0，即 $(w^{(-r)})' = [(w^1)' \cdots (w^{r-1})' 0'$ $(w^{r+1})' \cdots (w^N)']'$，其他符号含义请参见表5.9。同样地，对于 $q$ 和 $H$ 可采用同样的方法来进行拆分。最后，对于矩阵 $T$ 采用如下方式进行拆分：

$$T_t^{(r)} = \begin{bmatrix} 0 & \cdots & T_t^{1,r} & \cdots & 0 \\ \vdots & \ddots & \vdots & & \vdots \\ T_t^{r,1} & \cdots & T_t^{r,r} & \cdots & T_t^{r,N} \\ \vdots & & \vdots & \ddots & \vdots \\ 0 & \cdots & T_t^{N,r} & \cdots & 0 \end{bmatrix}, \text{且 } T_t^{(-r)} = T_t - T_t^{(r)}$$

$$(5.21)$$

式中, $T_t^{(r)}$ 和 $T_t^{(-r)}$ 分别表示 $t$ 期区域 $r$ 和区域 $r$ 外中间投入结构。

**表5.9** 驱动河南贸易隐含碳排放演变的因素

| 因素 | 含义 |
|------|------|
| $\Delta w^r$ | 河南省的碳排放强度 |
| $\Delta w^{-r}$ | 除河南省外的中国其他省区市的碳排放强度 |
| $\Delta T^r$ | 河南省的中间投入结构 |
| $\Delta T^{-r}$ | 除河南省外的中国其他省区市的中间投入结构 |
| $\Delta H^r$ | 河南省的生产技术 |
| $\Delta H^{-r}$ | 除河南省外的中国其他省区市的生产技术 |
| $\Delta D^r$ | 河南省的最终消费贸易结构 |
| $\Delta D^{-r}$ | 除河南省外的中国其他省区市的最终消费贸易结构 |
| $\Delta q^r$ | 河南省的最终消费需求 |
| $\Delta q^{-r}$ | 除河南省外的中国其他省区市的最终消费需求 |

为此,基于上述分析与模型推导,就可将驱动贸易隐含碳排放演变的因素进行分解。详细各因素如表5.9所示,而 $EEE_r$ 和 $EEI_r$ 与各因素的关系可表示为:

$$EEE_{r,t} = f_t^r(w_t^{(r)}, w_t^{(-r)}, T_t^{(r)}, T_t^{(-r)}, H_t^{(r)}, H_t^{(-r)}, D_t^{(r)}, D_t^{(-r)}, q_t^{(r)}, q_t^{(-r)})$$

$$(5.22)$$

$$EEI_{r,t} = g_t^r(w_t^{(r)}, w_t^{(-r)}, T_t^{(r)}, T_t^{(-r)}, H_t^{(r)}, H_t^{(-r)}, D_t^{(r)}, D_t^{(-r)}, q_t^{(r)}, q_t^{(-r)})$$

$$(5.23)$$

式中, $f_t^{(r)}(\cdot)$ 和 $g_t^{(r)}(\cdot)$ 分别为驱动 $t$ 期区域 $r$ 的流出和流入贸易隐含碳排放演变的关系模型。需要指出的是当前涉及上述因素分解方法的研究中,针对具体如何分解因素变量并未有一个统一的共识,不同的选择步骤会产生不同的结果(Dietzenbacher and Los,1998;Ang et al.,2009)。事实上,相关研究表明极值结构分解法与所有分解方法得到的平均值都是最接近的(Dietzenbacher et al.,1998),同时有学者认为极值结构分解法比较符合现实结果（De Haan，2001；Xu and Dietzen-bacher，2014）。为此，本节也沿用了该分解方法，其分解方式如下：第1个极值（$f^r_{polar1}$）为先对第1个变量做改变，其他因素保持不变，然后是第2个因素，再第3个，依此类推；第2个极值（$f^r_{polar2}$）为先对最后一个变量做改变，其他因素保持不变，接着是倒数第2个因素，再倒数第3个，依此类推。将求得的$f^r_{polar1}$和$f^r_{polar2}$取几何平均值，即得到 $EEE$ 在第 $t$ 年和第 $t-1$ 年的变化；$EEI$ 的分解类似。则：

$$\Delta EEE_{r,(t-1,t)} = \frac{\Delta EEE_{r,t}}{\Delta EEE_{r,t-1}} = \sqrt{f^r_{polar1} \times f^r_{polar2}}$$

$$\Delta EEI_{r,(t-1,t)} = \frac{\Delta EEI_{r,t}}{\Delta EEI_{r,t-1}} = \sqrt{g^r_{polar1} \times g^r_{polar2}} \qquad (5.24)$$

式中，$\Delta EEE_{r,(t-1,t)}$ 和 $\Delta EEI_{r,(t-1,t)}$ 分别表示区域 $r$ 第 $t$ 年和第 $t-1$ 年流出和流入的贸易隐含碳的变化。根据上述推导模型，2002～2010年河南省（$r$）的流出与流入贸易隐含碳排放即可进行分解，得到如表5.9中所示的10个因素的贡献。

### 5.2.1.2 数据来源及处理

本研究所需的基础数据是中国多区域间投入产出表。为此，本研究也仅针对2002～2010年河南省的贸易隐含碳排放及其相关问题开展探讨。需要说明的是：2002年多区域间投入产出表为王铮课题组编制，其已经被应用于探讨中国区域产业结构演变（王铮，孙翊，2013）；而2007年和2010年多区域间投入产出表则来自刘卫东课题组的相关研究（刘卫东等，2012；刘卫东等，2014），且均已被广泛应用（Feng et al.，2013；Zhong et al.，2015；唐志鹏等，2013；李方一等，2013）。此外，为消除通货膨胀因素的影响，本节以2002年价格为基准，对2007年和2010年数据进行校准，以满足研究需要。

另外，对于区域各部门的单位产值碳排放，由于缺乏相关直接数据，本节采用如下方式进行计算：分别根据2003年、2008年和2011年统计年鉴数据库（国家统计局能源统计司，2003；国家统计局能源统计

司，2008；国家统计局能源统计司，2011）得到 2002 年、2007 年和
2010 年区域分行业一次能源（包括煤、石油、天然气）的最终使用数
据。同时基于 2006 年 IPCC 提供的化石能源碳排放因子（IPCC，2006），
计算各省域的分行业碳排放量数据，再除以各省域各部门总产出，即可
得到各省域各部门单位产值碳排放。

最后需要指出的是，区域间投入产出表的产业分类为 30 个部门，
而能源平衡表中的产业分类为 6 个部门。为了使二者的部门能相互对
应，在当前研究中存在两种方法，即将投入产出表按照能源表合并或能
源表按照投入产出表进行拆分。对此，不同学者的观点不尽一致，如马
查多（Machado，2000）认为应采用前者，而伦根等（Lenzen，2004）
则提倡采用后者。而研究表明，这两种方法各有优缺点，前一种方法在
保证投入产出表完备性方面具有优势，而后一种方法则能避免加入额外
的能源消费导致的潜在误差（Su et al.，2010）。结合现有数据，本节依
据能源平衡表将研究区域的产业分为 6 个部门，代码 1、2、3、4、5、6
分别对应农林牧渔业、工业、建筑业、交通运输业、批发零售餐饮业、
其他服务业各部门，并对 2002 年、2007 年和 2010 年区域间投入产出表
中的部门做相应的合并处理。

## 5.2.2 结果分析与讨论

### 5.2.2.1 贸易隐含碳的演变及其因素分解

基于上述模型与数据，本节首先计算河南省分部门的贸易隐含碳排
放变化情况（见表 5.10）。从流出贸易隐含碳排放来看，除农业外，
2002~2010 年河南省其他部门流出的贸易隐含碳排放均呈现出不同程度地
升高，而从流入的贸易隐含碳排放来看，除交通运输业部门外，2002~
2010 年流入河南省其他部门的贸易隐含碳排放均表现出增加趋势。工
业、建筑业和其他服务业这 3 个部门的流入和流出贸易隐含碳排放均呈

现迅速增长，而进一步的计算显示，2002～2010年这3个部门流出和流入的贸易隐含碳排放占河南省总流出和流入量的比例均维持在90%以上，这就表明当前造成河南省贸易隐含碳排放迅速增加的主要原因是由工业、建筑业和其他服务业所致。而根据钟章奇等（Zhong et al.，2015）的研究表明，在基于生产责任制核算区域碳排放方式下，由于流出贸易隐含碳会计入该部门所产生的总碳排放之中，因此河南省这3个部门可能需要承担相对更多的减排责任。同时为减轻贸易对河南省碳排放及其减排责任的影响，可能也需重点关注这3个部门。

表5.10　　　　　　　2002～2010年河南省分部门贸易隐含碳的变化　　　　单位：百万吨

| 年份 | 1 EEE（EEI） | 2 EEE（EEI） | 3 EEE（EEI） | 4 EEE（EEI） | 5 EEE（EEI） | 6 EEE（EEI） | 汇总 EEE（EEI） |
|---|---|---|---|---|---|---|---|
| 2002 | 2.8（1.9） | 38.9（37.4） | 15.3（4.1） | 1.13（1.7） | 1.82（0.6） | 7.0（3.9） | 67.0（49.7） |
| 2007 | 5.2（3.8） | 85.2（85.0） | 46.7（13.4） | 1.84（1.3） | 3.56（1.5） | 14.6（12.6） | 157.1（117.6） |
| 2010 | 4.8（4.4） | 121.1（141.8） | 49.3（15.1） | 2.06（1.0） | 4.36（2.1） | 15.3（14.5） | 197.0（178.8） |

注：1、2、3、4、5、6分别为农林牧渔业、工业、建筑业、交通运输业、批发零售餐饮业、其他服务业。

总体来看，2002～2010年河南省各个部门流出和流入的贸易隐含碳排放均呈现上升趋势，这就不可避免地推动了整个河南省贸易隐含碳排放的增加。而进一步来看，这不仅显示出当前商品的生产地和消费地分离趋势愈发显著，同时也表明了贸易正在加剧碳排放的区域转移。

其次，本节对河南省EEE和EEI演变的驱动因素进行分解。具体来看，区域外的最终消费需求对河南省EEE的影响最为显著，而本区域的最终消费需求则对河南省EEI的影响最大。由表5.11可知，本地碳排放强度对其EEE的影响也较为明显，如2002～2010年，河南省本地碳排放强度变化对其EEE带来了5.6%的下降。这也充分说明近年来区域的减排政策在逐渐发挥作用。而就本地中间投入结构对河南省EEE变化的影响来看，在2002～2007年间，本地中间投入结构导致其EEE增加

32.0%，而在 2007～2010 年间，该因素则导致其 $EEE$ 下降 12.4%。这表明在 2007～2010 年间河南省区域产业结构是在不断优化的，但优化程度还不够，因此整体上看在 2002～2010 年间，本地中间投入结构依然导致其 $EEE$ 增加了 14.6%。同时，本地生产技术也对河南省 $EEE$ 变化产生了一定影响，如在 2002～2010 年间河南省本地生产技术的变化导致其 $EEE$ 下降了 41.5%，这说明河南省的生产技术在此期间有较明显的改进并一定程度上减少了其流出贸易隐含碳排放。

表 5.11　　　　　　　　　　河南省的流出贸易隐含碳因素分解　　　　　　单位：%

| 时间 | $\Delta EEE$ | $\Delta w^r$ | $\Delta w^{-r}$ | $\Delta T^r$ | $\Delta T^{-r}$ | $\Delta H^r$ | $\Delta H^{-r}$ | $\Delta D^r$ | $\Delta D^{-r}$ | $\Delta q^r$ | $\Delta q^{-r}$ |
|---|---|---|---|---|---|---|---|---|---|---|---|
| $t_1$ | 134.4 | 12.2 | 1.2 | 32.0 | 0.7 | -38.8 | 9.2 | 25.1 | 0.9 | 0.6 | 83.2 |
| $t_2$ | 25.4 | -15.9 | -1.5 | -12.4 | -0.6 | -2.3 | 4.3 | 6.8 | 0.3 | 0.6 | 58.4 |
| $t_3$ | 194.0 | -5.6 | -0.4 | 14.6 | 0.3 | -41.5 | 12.5 | 38.5 | 1.2 | 1.4 | 190.9 |

注：$t_1$、$t_2$ 和 $t_3$ 分别表示 2002～2007 年、2007～2010 年和 2002～2010 年这 3 个时间段。

对于河南省流入贸易隐含碳而言（见表 5.12），影响最大的因素为本地的最终消费需求和本地的最终产品贸易结构。而区域外的最终产品贸易结构对 $EEI$ 的影响较小，这是因为区域外最终产品贸易结构对于 $EEI$ 的作用是间接的，其余区域若最终消费河南省的产品，会导致河南省进口更多的中间投入产品来生产，从而导致河南省的 $EEI$ 呈现出微弱上升。另外，区域外的碳排放强度变化也能一定程度上减少河南省的 $EEI$，如在 2002～2010 年间该因素导致其 $EEI$ 下降5.6%。而分阶段来看，区域外碳排放强度的负面作用也是发生在 2007～2010 年，而在 2002～2007 年间，这一作用为 17.5%。事实上，这也说明中国各地区都在积极进行节能减排，从而也一定程度上可能推动区域贸易隐含碳排放的下降。

表 5.12　　　　　　　河南省的流入贸易隐含碳因素分解　　　　单位：%

| 时间 | $\Delta EEI$ | $\Delta w^r$ | $\Delta w^{-r}$ | $\Delta T^r$ | $\Delta T^{-r}$ | $\Delta H^r$ | $\Delta H^{-r}$ | $\Delta D^r$ | $\Delta D^{-r}$ | $\Delta q^r$ | $\Delta q^{-r}$ |
|------|------|------|------|------|------|------|------|------|------|------|------|
| $t_1$ | 136.7 | 0.1 | 17.5 | 2.7 | 4.5 | −26.6 | 4.7 | 21.5 | 0.1 | 89.1 | 6.1 |
| $t_2$ | 52.0 | −0.2 | −18.8 | −3.7 | 1.2 | −1.3 | 2.8 | 8.0 | 0.1 | 67.5 | 4.9 |
| $t_3$ | 259.9 | −0.1 | −5.6 | 0.1 | 5.9 | −28.1 | 6.2 | 32.7 | 0.2 | 215.9 | 12.3 |

注：$t_1$、$t_2$ 和 $t_3$ 分别表示 2002～2007 年、2007～2010 年和 2002～2010 年这 3 个时间段。

最后，如表 5.12 所示，2002～2010 年本地的生产技术变化会使得河南省 $EEI$ 下降 28.1%，这可能是由于 2010 年单位产品的产出比 2002 年包含了更少的中间投入和更多的价值，即每单位最终产品的生产需要的中间投入减少，从而导致碳排放的下降。而本地的最终消费需求和本地的碳排放强度对河南省 $EEE$ 和 $EEI$ 的影响程度均较小，造成这种现象的原因主要是与河南省区域外最终消费中的贸易隐含碳有关，而在区域经济一体化过程中，这部分产品先由河南省提供中间投入，调出后又被河南省调入使用，因此这部分同时出现在两个方程之中，从而使得其对河南省贸易隐含碳排放的变化影响较小。

总体来看，对于河南省而言，其 $EEE$ 主要受外部需求和本地生产结构的影响，而 $EEI$ 则主要受本地需求和外地生产结构的影响。但是反过来，上述研究表明区域外的碳排放强度对本地 $EEE$ 没有影响以及区域外最终消费需求对本地 $EEI$ 没有影响均是不成立的。而这其中主要原因为间接包含的因素，即对于河南省的 $EEE$ 而言，包括为了满足所有最终产品的生产而从外地进口的中间投入部分产生的碳排放。

#### 5.2.2.2　贸易隐含碳的地理源分析

2002～2010 年河南省贸易隐含碳排放的地理源被给出在表 5.13 中。首先，从流出河南省的贸易隐含碳排放来看，表 5.13 显示，2002 年流出河南省的贸易隐含碳排放主要集中在中国的中部和东南部地区。而随着区域经济的迅速发展，除新疆和内蒙古也逐渐成为河南省流出贸易隐含碳排放的地区外，整体而言，与 2002 年相比，2007 年与 2010 年流出河南省贸易隐含碳排放的总体区域格局并未发生本质变化。具体来看，2002 年河南省贸易隐含碳排放的流出地主要是河北、浙江、山东、江苏和湖北等地。这表明与其他地区相比，这些地区的碳排放受河南省贸易隐含碳的影响可能相对更大。

**表 5.13**　　　　　**河南省流出到其他地区的贸易隐含碳排放量**　　　单位：百万吨

| 地区 | 2002 年 | 2007 年 | 2010 年 |
|---|---|---|---|
| 安徽 | 3.39 | 7.015949 | 9.38203 |
| 北京 | 3.44 | 5.049762 | 5.235828 |
| 福建 | 1.92 | 3.25567 | 3.794489 |
| 甘肃 | 1.18 | 2.675935 | 2.991046 |
| 广东 | 3.11 | 11.16141 | 13.08046 |
| 广西 | 1.26 | 3.210029 | 4.667292 |
| 贵州 | 0.78 | 1.710522 | 2.137071 |
| 海南 | 0.65 | 0.210483 | 0.259252 |
| 河北 | 6.80 | 10.4419 | 13.9072 |
| 河南 | 0.00 | 0.00 | 0.00 |
| 黑龙江 | 1.49 | 2.255482 | 2.943733 |
| 湖北 | 3.53 | 4.355014 | 4.502116 |
| 湖南 | 2.14 | 4.837495 | 6.509924 |
| 吉林 | 2.17 | 4.084285 | 4.626408 |
| 江苏 | 4.24 | 13.97733 | 18.52848 |
| 江西 | 1.74 | 3.114908 | 2.906572 |
| 辽宁 | 1.54 | 2.979375 | 4.970566 |
| 内蒙古 | 1.19 | 3.23589 | 8.624764 |
| 宁夏 | 0.54 | 1.628755 | 2.102224 |
| 青海 | 0.39 | 0.752041 | 0.861402 |
| 山东 | 5.18 | 7.672187 | 8.503032 |
| 山西 | 1.10 | 2.350392 | 4.316359 |

续表

| 地区 | 2002 年 | 2007 年 | 2010 年 |
|------|---------|---------|---------|
| 陕西 | 3. 30 | 10. 42329 | 15. 69294 |
| 上海 | 2. 13 | 11. 08376 | 14. 06698 |
| 四川 | 1. 58 | 5. 573183 | 5. 976952 |
| 天津 | 1. 36 | 4. 93827 | 7. 940978 |
| 新疆 | 1. 22 | 7. 460064 | 8. 105748 |
| 云南 | 1. 21 | 1. 813332 | 2. 367918 |
| 浙江 | 5. 42 | 16. 54171 | 15. 1061 |
| 重庆 | 3. 01 | 3. 259581 | 2. 870052 |

而从流入河南省的贸易隐含碳排放来看，表 5. 14 显示，2002 ~ 2010 年流入河南省的贸易隐含碳排放总体格局并未出现显著变化，均是集中于我国的东部、东北部和中部地区，且具有显著的地理邻近效应，也就是说流入河南省的贸易隐含碳排放来自其周边地区。进一步，具体来看，2002 年流入河南省的贸易隐含碳排放的省份主要是河北、安徽、湖北、山东和山西等地。这说明在区域经济一体化过程中，河南省在与这些地区发生贸易的过程中，固然给河南省带来了资本和能源等资源，但其流入的贸易隐含碳对河南省碳排放及其减排责任也带来了不利影响，因此提高这些地区的能源利用效率以及加大其节能生产技术水平投入等以减低其贸易中的含碳量的措施，可能在一定程度上有利于缓解贸易隐含碳对河南省产生的负面影响。

表 5. 14　　　　其他地区流入到河南省的贸易隐含碳排放量　　单位：百万吨

| 地区 | 2002 年 | 2007 年 | 2010 年 |
|------|---------|---------|---------|
| 安徽 | 4. 55 | 6. 36 | 14. 02 |
| 北京 | 1. 51 | 3. 39 | 4. 28 |
| 福建 | 0. 34 | 1. 24 | 1. 80 |

续表

| 地区 | 2002 年 | 2007 年 | 2010 年 |
|------|---------|---------|---------|
| 甘肃 | 0.55 | 1.46 | 2.37 |
| 广东 | 1.22 | 5.56 | 7.36 |
| 广西 | 1.22 | 1.32 | 1.69 |
| 贵州 | 1.20 | 4.00 | 4.87 |
| 海南 | 0.25 | 0.27 | 0.41 |
| 河北 | 9.48 | 14.27 | 20.56 |
| 河南 | 0.00 | 0.00 | 0.00 |
| 黑龙江 | 1.38 | 3.09 | 3.42 |
| 湖北 | 2.62 | 1.32 | 1.97 |
| 湖南 | 1.72 | 2.57 | 4.26 |
| 吉林 | 1.67 | 5.85 | 6.60 |
| 江苏 | 1.56 | 9.81 | 15.45 |
| 江西 | 0.80 | 0.64 | 1.15 |
| 辽宁 | 1.60 | 6.87 | 9.45 |
| 内蒙古 | 1.46 | 7.02 | 9.47 |
| 宁夏 | 0.62 | 1.23 | 1.62 |
| 青海 | 0.18 | 0.27 | 0.43 |
| 山东 | 2.40 | 7.78 | 12.23 |
| 山西 | 2.27 | 4.95 | 7.60 |
| 陕西 | 2.13 | 5.76 | 7.87 |
| 上海 | 1.15 | 4.79 | 14.38 |
| 四川 | 0.95 | 2.11 | 3.62 |
| 天津 | 1.29 | 4.64 | 6.88 |
| 新疆 | 1.07 | 2.57 | 2.84 |
| 云南 | 0.90 | 1.37 | 1.46 |
| 浙江 | 1.67 | 3.61 | 6.28 |
| 重庆 | 1.93 | 3.48 | 4.41 |

## 5.2.2.3 区域合作减排分析

上文通过探讨河南省贸易隐含碳的演变及其驱动因素，从而深入地认识了区域贸易隐含碳的变化特征及其影响因素，而进一步通过分析其贸易隐含碳排放的地理源，为厘清区域减排责任提供了一定的依据，进而也给相关利益主体制定更具有针对性的减排政策奠定基础。然而，在区域气候政策中，如何减轻贸易隐含碳对其减排责任的影响，对于决策者而言，这可能更具有政策意义。对此，桑德拉（Cendra，2006）认为讨论区域贸易隐含碳减排政策时可引入贸易保护的问题。而这实际上也就是为区域设置贸易保护如征收边界碳税提供了借口（樊纲等，2010）。但对于各个国家而言，其可能产生国家间贸易壁垒甚至引发贸易摩擦；而对国家内的不同区域来说，这会不利于其区域间经济协调发展，并可能引发区域间经济发展的不平衡。为此，彼得斯等（Peters et al.，2008）认为，某一区域可通过产业转移将高耗能、高污染产品的生产转移到其他区域，从而减轻本地区的减排责任。显然，对于不同国家主体或者区域来说，这不仅可能对本地经济发展带来负面影响，同时也可能会导致整体减排目标实现遥遥无期。鉴于此，区域应该如何应对才能减轻贸易对本地碳排放及其减排责任划分的影响？尤其是对于河南这样的中部经济大省而言，一方面其作为资源性省区，为推动其他区域经济发展调出了大量的产品，另一方面其作为处于经济高速增长的地区，其正不断地从其他区域调入众多商品资源。

令人遗憾的是，目前在这个角度上鲜有文献开展相关研究。然而，针对不同国家主体如何应对才能减轻国际贸易隐含碳对其减排政策的影响的研究却早已引起了学者的关注。如维克托等（Victor et al.，2005）以及彼得斯等（Peters et al.，2008）就指出，不同国家在气候政策上开展减排合作能一定程度上减轻贸易对单个国家减排责任划分的影响。也就是说，面对全球的减排目标以及基于国际贸易隐含碳的国家减排责任划分方案，不同国家主体通过区域合作来共同承担减排责任可能一定程度上能降低贸易对不同国家减排责任划分的影响。那么针对中国这样一个幅员辽阔、区域经济发展水平差异显著的国家来说，面对中央政府约束性减排目标以及基于贸易隐含碳的区域减排政策，为减轻贸易对减排责任划分的影响，河南省能否通过开展区域合作来进行应对？同时在开展区域碳减排合作中，其会对合作团体中的区域带来怎样的影响？这将是本节需要关注的。

本节选择以中部六省（河南、山西、湖北、安徽、湖南和江西）来开展上述分析，其结果如图5.1所示，而这6个地区中贸易隐含碳排放数据来源于吴乐英等（Wu et al.，2014）的研究。之所以选择这6个区域主要是基于以下两点：第一，根据彼得斯等（Peters et al.，2008）以及钟章奇等（2015）研究发现贸易隐含碳净流出地区具有较为一致的利益诉求，因而在区域减排合作中更具可能性。而相关研究表明2007年和2010年这6个地区的贸易隐含碳均为净流出（Zhong et al.，2015；Wu et al.，2014）。第二，这6个地区在地理空间上具有邻近性，同时他们还是中国人口主要集聚地、经济腹地和重要市场，在中国地域分工中扮演着重要角色。

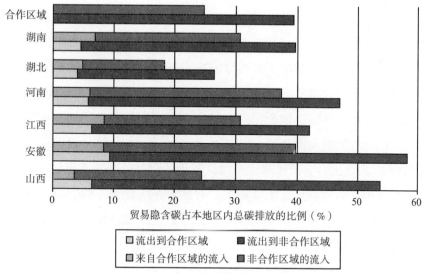

**图5.1　各个地区在开展区域合作前后来自本地区和其他地区的贸易隐含碳排放情况**

注："流出到合作区域"为流出到这6个区域的贸易隐含碳占本地区内总碳排放的比例；"流出非合作区域"为流出到这6个地区之外区域的贸易隐含碳占本地区内总碳排放的比例；"来自合作区域的流入"为合作区域流入该地区的贸易隐含碳占本地区内总碳排放的比例；"非合作区域的流入"为这6个地区之外的区域流入该地区的贸易隐含碳占本地区内总碳排放的比例。

如图 5.1 所示，与单个省域独自应对相比，在开展区域合作减排后（也就是图中对应的中部六省），除流入湖北省和山西省的贸易隐含碳排放呈现小幅上升外，其余省份的流出和流入贸易隐含碳排放均呈现不同程度的下降。事实上，彼得斯等（2008）认为，如果区域流入和流出的贸易隐含碳排放占该地区总碳排放量的比例呈现下降，这一定程度上说明其贸易隐含碳排放对其减排责任的影响就会相应的降低。这也就表明在单个省域独自应对基于贸易隐含碳的减排责任划分时，区域间贸易对减排责任的影响更大。因而开展区域合作减排，可能会一定程度上减轻贸易隐含碳排放的影响。具体到区域来看，如以河南省为例，调入与调出河南省的贸易隐含碳占当年河南省总排放量的比例分别是 37.4% 和 47.0%，而开展区域合作后，调入与调出整个中部地区的贸易隐含碳占当年该地区总排放量的比例分别是 24.8% 和 39.3%，因而对于河南省来说，其调入与调出的比例分别下降了 12.6% 和 7.7%。此外在开展区域合作后，安徽受益最大，其调入与调出的比例分别下降 14.9% 和 18.9%。湖南受益最小，其调入与调出的比例分别下降 5.9% 和 0.3%。这说明开展区域合作可以一定程度上减轻贸易对于各省域减排责任划分的影响，只不过这种受益程度各地区会有所差别。然而需要注意的是，对于湖北来说，开展区域合作后给其带来了一定的负面影响，主要表现在调入湖北省的贸易隐含碳的比例增加了约 6.4%，同时调出的增加了约 12.8%。因此对于湖北等地来说，其受益程度可能并不明显，在参与区域合作中可能就会显得不够积极。对此，在区域合作内部可能还需要各地区通过开展资金与技术的支持以弥补形成区域合作团体给少部分省域带来的不利影响。

### 5.2.3 本节小结

以河南省为例，本节通过耦合投入产出分析方法和结构分解模型研究了 2002 ~ 2010 年区域贸易隐含碳排放演变特征及其驱动因素，并深入探讨了其贸易隐含碳排放的地理源特征。最后本节还进一步就区域应该如何应对才能有效减轻贸易对其碳排放的影响开展了相关分析。研究发现：

（1）2002～2010年河南省流出和流入的总贸易隐含碳排放均处于不断增加的趋势，这就不可避免地推动了整个河南省的贸易隐含碳排放的增加。而究其原因来看，造成河南省贸易隐含碳排放不断增加的主要原因是由其工业、建筑业和其他服务业所致。因此河南省这3个部门可能需要承担相对更多的减排责任。此外，从其贸易隐含碳排放的驱动因素上来看，对于河南省而言，其流出贸易隐含碳排放主要是受外部最终需求的影响，而本地最终需求和本地最终产品结构则对其流入贸易隐含碳排放的影响最为显著。

（2）在区域减排政策上，在单个省域独自在应对基于贸易隐含碳的减排责任划分时，贸易对其减排责任的影响更大。开展区域间的合作减排，可能会一定程度上减轻贸易隐含碳排放的影响。但需要注意的是开展区域合作后，区域内受益程度在各地区会有所差别。尤其是对于湖北来说，开展区域合作后可能会给其带来了一定的负面影响。面对这种情况，在区域内部可能还需要各个省域通过开展资金与技术的支持，以弥补形成区域合作团体后给少部分区域带来的不利影响。

## 5.3　本章小结

本章首先基于MRIO模型对长江中游地区贸易隐含碳排放进行测算，并使用结构分解分析（SDA）模型对其调出隐含碳变动因素进行分解分析。然后，通过耦合投入产出分析方法和结构分解模型，探讨2002～2010年区域碳排放转移的演变特征、驱动因素及其地理源特征。具体而言：

首先，湖北和湖南基于生产端$CO_2$的排放量高于消费端，区域间贸易隐含碳以净流出为主；江西和安徽基于生产端 $CO_2$ 排放量高或低于消费端的情形均存在，区域间贸易隐含碳以净流入为主。其次，具体到行业角度，安徽和江西各行业以净流入为主，湖南和湖北各行业以净流出为主。但长江中游地区 30 个行业区域间贸易隐含碳的净流入规模总体小于净流出规模。最后，总体而言，规模效应是促进区域间贸易隐含碳流出的主要因素；能源强度和能源碳排放效应主要起削减作用；行业关联效应主要起促进作用；结构效应促进或阻碍作用不够明显。为此，在厘清生产和消费者责任的基础上，从规模效应和结构效应角度，建议由"消费者买单"，从能源强度效应、能源碳排放效应及行业关联效应角度，建议"生产和消费者共同买单"。

进一步，基于全国的视角来探讨一个地区在碳排放转移的态势下，研究发现：2002～2010 年流出和流入河南省的贸易隐含碳排放均处于不断增加的趋势，其中流出贸易隐含碳排放主要是受外部最终需求的影响，且主要集中在中国的中部和东南部地区；而流入贸易隐含碳排放则是受本地最终需求和本地最终产品结构的影响最为显著，且主要来源于我国的东部、东北部和中部地区。研究还发现，为减轻贸易对区域碳排放及其减排责任的影响，开展区域合作来共同减排比单个地区独自应对更为有利，但在区域合作中各地区的获益程度可能会有所差别。

# 第 6 章

## 碳排放权分配、碳目标分解及
## 区域调控政策分析

本章从总量和强度双控制视角下，探讨排放权分配以及碳强度目标分解，这对建设生态文明试验区和实现我国碳峰值承诺提供了科学依据，可见，现实意义明显。

为此，在对国内外常用的几种碳排放配额分配原则进行总结和评述的基础上，运用最优经济增长模型估测，得到平稳增长条件下未来的经济总量、碳排放需求量，以此为基础对中国各省区市的碳排放配额展开研究。同时，选取湖南省为例，深入探讨不同增长速度下，碳峰值目标的调控政策；进一步选取生态文明试验区江西省为例，探讨省域内地级市碳强度目标的分解方案。为此，本研究将为我国碳排放权分配以及省域内地级市的目标分解提供科学参考。

## 6.1 基于公平与发展的中国省域碳排放配额
##     分配研究

减排已成为热点问题，学者们也对碳排放权分配原则已展开了大量研究。玻姆和萨瑞（Bohm and Larsen，1994）提出净人均减排费用均等化的分配方案有利于短期公平，而基于人口规模的初始配额分配方案有利于长期公平。凯维尼德克（Kverndokk，1995）提出按人口规模分配排放权配额是一个较好的方案，具有公平性和可行性。乔萨恩和瑞特曼斯（Janssen and Rotmans，1995）改进了人均排放权均等方案，同时考虑了人口规模、GDP 水平和能源使用量对排放权配额的影响作用。卡瑞曼特和凯瑞（Cramton and Kerr，2002）认为拍卖形式优于世袭制（grandfathering）配额分配原则。瑞斯等（Rose et al.，1998）对气候保护政策中排放权配额分配的公平性进行了综合比较。马克特和斯凯特豪利泽（Miketa and Schrattenholze，2006）基于公平角度对全球 9 大区域，按人均排放机制和排放强度原则进行了配额分配比较。在国内，徐高玉等（1997）按人口、GDP、人口和 GDP 组合的分配准则对全球各区域未来碳排放权进行了计算和分析。陈文颖等（2005）以人均碳排放量为基础，提出了碳排放权的"两个趋同"分配方法。王铮等（2009）考虑历史累积碳排放量，以 1860 年、1900 年、1990 年分别作为历史排放起点年，模拟了全球合作减排的配额公平性和方案有效性。丁仲礼（2010）提出应基于未来碳排放配额来分配碳排放权。郑立群（2013）构建了公平与效率权衡模型，对中国各省碳减排责任进行了研究。

以上研究多是基于全球尺度对国家配额方案进行分析，鲜有更小尺度上的配额分配与比较，且多数方案未考虑经济、未来能源需求等因素。对此，本章在更小尺度下，基于分配公平和效率原则，依据经济平稳增长的条件下获得的碳排放需求量，综合考虑 5 种配额分配原则下 30 个省区市的碳排放配额，以缩小区域经济差距，实现区域公平发展为目标，比较分析各种排放权分配方案，试图选出最优原则，为中国省域碳排放配额分配框架的设定提供参考，并为中国碳交易市场的建立、碳税政策的制定提供研究基础和借鉴。

## 6.1.1　研究方法

### 6.1.1.1　各省区市碳排放量估测模型

由于区域能源消费量与经济增长相关，因此针对两者建立模型，首先确定各省区市的经济增长趋势，继而得出各年的 GDP 和能源消费量，再根据未来的能源结构和分品种能源碳排放系数，得到未来若干年的碳排放量。经济增长趋势的确定基于碳排放动力学模型（刘晓，2012）的计算，并推算出经济平稳增长下各省区市的经济最优增长率（刘晓，2012），即最优经济增长率模型：

$$g = g_C = \left( n - \frac{\rho}{\sigma} \right) + \frac{1}{\sigma} (\varepsilon - \theta\tau) (A_0 e^{vt})^{1/\alpha} \tau^{(1-\alpha)/\alpha} (\omega N_0 e^{nt})^{\gamma/\alpha} \quad (6.1)$$

其中，$A_0$ 和 $v$ 为初始全要素生产率水平及其增长率；$\alpha$ 与 $\gamma$ 分别为资本与劳动力的产出弹性。$\tau$ 为能源强度，即能源投入与经济产出的比；$N_0$、$n$、$\omega$ 分别为初始时期的总人口、人口增长率以及劳动参与率；$\sigma$、$\rho$ 为效用函数中的参数；$\varepsilon$ 为折旧后剩余比例；$\theta$ 为进口比例与世界市场能源价格的乘积，指能源综合成本。

式（6.1）中，初始全要素生产率水平及其增长率、资本与劳动力的产出弹性系数均由回归估计计算。$\sigma$ 和 $\rho$ 根据各省区市历史增长数据与理论上的最优增长率校正得到，固定资本折旧率为 9.6%，$\varepsilon = 0.904$，劳动参与率 $\omega$ 参照王金营和蔺丽莉（2006）的预测值，当社会经济达到稳态时，产出与消费需求增长速度相等。在式（6.1）最优经济增长率的条件下，获得未来经济总量，即：

$$Y_t = Y_{t-1}(g_t + 1) \quad (6.2)$$

$$\tau = E(t)/Y(t) \quad (6.3)$$

其中 $\tau$ 表示能源强度，$Y$ 表示经济总量，$E$ 表示能源消费量。

根据最优经济增长率获得的经济总量，结合能源强度式（6.3），可获得各省区市未来的能源消费量 $E$，并通过未来能源结构和各能源品种系数获得未来能源碳排放需求量：

$$M(t) = E(t)\left(S_t^c \varphi_c + S_t^o \varphi_o + S_t^g \varphi_g\right) \tag{6.4}$$

其中，$M(t)$、$E(t)$ 分别为第 $t$ 年的能源碳排量和能源消费量，$\varphi_c$、$\varphi_o$、$\varphi_g$ 分别为煤炭、石油、天然气的排放系数，$S_t^c$、$S_t^o$、$S_t^g$ 分别为 $t$ 年煤炭、石油、天然气所占的能源比例。由于能源消耗的排碳量与其含碳量有关，可以认为不存在地区差别，煤炭、石油、天然气的碳排放系数（每单位标准油所释放的单位碳等价物）采用朱永彬等（2009）的测算值，分别为 1.0052、0.753、0.6173。

### 6.1.1.2　碳排放配额分配原则及模型

通过国际上碳排放分配原则的优劣比较，本章选取适合中国省域碳配额分配的几种原则，即基于排放、人口、GDP、支付能力以及综合考虑人口和 GDP 的原则（见表 6.1）。

表 6.1　　　　　　　　　　　　碳排放配额分配原则

| 配额分配原则 | 概念 | 特点 |
| --- | --- | --- |
| 前瞻性原则 | 根据未来各省区市碳排放需求量占全国碳排放总需求量的比例对碳排放权配额进行分配 | 这一原则主要基于经济发展的连贯性，避免减排导致生产下降、经济总量减少的影响，有利于保障经济较发达的区域不会因为减排压力过大而致使经济脱节 |
| GDP 原则 | 根据各省区市 GDP 占全国总 GDP 的比例分配碳排放权配额；充分考虑不同地区经济增长的收敛性 | 这一原则主要与各区域的经济发展状况与趋势相关，经济发展较好、经济总量较大的省区市所分配的碳排放配额相对较多，有利于富裕省区市，会导致区域差距扩大 |
| 人口原则 | 根据各省区市未来经济发展过程中的人口总量占全国总人口比重分配碳排放权配额 | 人口较多的中部欠发达地区排放配额增多，有利于促进该地区经济发展，缩小东中西部地区的区域差距 |
| GDP – 人口原则 | 充分考虑 GDP 和人口两个因素，将各省区市的 GDP 和人口按相同的权重进行组合 | 这在一定程度上避免了单一原则下 GDP 总量或人口过多导致的配额量过高的情况，使区域内分配的配额量相对 GDP 原则和人口原则下分配的配额差距缩小 |

续表

| 配额分配原则 | 概念 | 特点 |
|---|---|---|
| 支付能力原则 | 根据区域经济差异，将减排成本与经济状况有联系，使区域可获得的碳排放权与人均 GDP 成反比（陈文颖，吴宗鑫，1998）；基于对各省区市未来人均 GDP 的预测来分配碳排放 | 使人均 GDP 较低的区域分配更多的配额，而人均 GDP 较高的区域则需承担更多的减排义务 |

对我国 30 个省区市配额量计算的 5 原则模型具体如下：

$$MQT_i = \frac{\sum\limits_{t=t_0}^{T} x_{i,t}}{\sum\limits_{i=1}^{N} \sum\limits_{t=t_0}^{T} x_{i,t}} \cdot MQT \qquad (6.5)$$

其中，$MQT_i$ 和 $MQT$ 分别表示省域获得的配额和全国总配额，$x$ 为不同分配原则所采取的指标（碳排放量、经济总量、人口总量），下标 $i$ 和 $t$ 分别表示省份和时间。$t_0$ 和 $T$ 分别取 2010 年和 2050 年。

在前瞻性原则、GDP 原则和人口原则下，$x$ 分别代表碳排放量、GDP 和人口指标；在支付能力原则下，$x$ 由式（6.6）指代：

$$x_{i,t} = P_{i,t} \left( \frac{GDP_{i,t}}{P_{i,t}} \right)^{-0.5} \qquad (6.6)$$

在 GDP - 人口原则下，式（6.5）的具体形式为：

$$MQT_i = \frac{1}{2} \left( \frac{\sum\limits_{t=t_0}^{T} P_{i,t}}{\sum\limits_{i=1}^{N} \sum\limits_{t=t_0}^{T} P_{i,t}} + \frac{\sum\limits_{t=t_0}^{T} GDP_{i,t}}{\sum\limits_{i=1}^{N} \sum\limits_{t=t_0}^{T} GDP_{i,t}} \right) MQT \qquad (6.7)$$

式（6.6）和式（6.7）中，$P$ 和 $GDP$ 分别表示人口和经济总量。

## 6.1.2 数据来源

能源消费量数据来自《中国能源统计年鉴》，能源强度的时间走势通过对中国 30 个省区市 1995~2005 年的能源强度进行拟合得到。经济数据主要来源于各省区市的统计年鉴（1980~2010 年），国内生产总值以及资本存量均换算为 2000 年的可比价格。其中由于资本存量没有直接数据，本章沿用了张军等（2004）对永续盘存法中各变量的解释和相关参数的测算。能源数据来自《中国能源统计年鉴》（1980~2010 年）。劳动力采用各省区市统计年鉴（1980~2008 年）中的年底从业人员数，未来人口数据根据历年人口变化规律通过逻辑斯蒂模型预测得到。

## 6.1.3　省域碳排放需求量、配额分配结果与分析

### 6.1.3.1　中国省域未来经济总量及碳排放需求量

由模型（6.1）获得未来各省区市最优平稳经济增长路径，根据式（6.2）、式（6.5）获得未来各省区市及对应的经济总量和碳排放需求量，由于涉及我国 30 个省区市 2010~2050 年的估测数据，数据量较大，本章仅列出 2050 年的数据，如表 6.2 所示。

表 6.2　30 个省区市 2050 年人口需求量、碳排放需求量、经济总量

| 省份 | 人口总量（万人） | 经济总量（亿元） | 碳排放量（MtC） |
| --- | --- | --- | --- |
| 北京 | 3917.4 | 45225.55 | 41.85 |
| 上海 | 4303.2 | 121491.94 | 163.25 |
| 天津 | 3339.3 | 63214.79 | 29.56 |
| 重庆 | 4292.4 | 34263.55 | 37.59 |
| 辽宁 | 5228.2 | 116640.02 | 339.89 |
| 山东 | 11040.3 | 280123.28 | 241.73 |
| 江苏 | 8900.7 | 509961.07 | 95.19 |
| 福建 | 4393.6 | 136105.43 | 104.24 |
| 海南 | 1025.1 | 22795.13 | 7.14 |
| 河北 | 9266.1 | 105954.12 | 346.18 |

续表

| 省份 | 人口总量（万人） | 经济总量（亿元） | 碳排放量（MtC） |
|---|---|---|---|
| 浙江 | 6881.3 | 97166.92 | 135.24 |
| 广东 | 12750 | 338222.99 | 90.14 |
| 山西 | 4641.9 | 64167.62 | 406.35 |
| 安徽 | 8783.7 | 154333.67 | 133.46 |
| 江西 | 5378.7 | 141835.19 | 116.81 |
| 湖北 | 6562.2 | 110922.14 | 273.53 |
| 湖南 | 8272.6 | 60945.38 | 143.39 |
| 河南 | 12996.5 | 200613.57 | 104.22 |
| 黑龙江 | 3924.5 | 79707.71 | 36.52 |
| 吉林 | 2971.5 | 39060.33 | 75.67 |
| 内蒙古 | 2857.8 | 33694.55 | 312.88 |
| 云南 | 5695.8 | 16388.07 | 121.67 |
| 陕西 | 4007.3 | 47521.69 | 103.57 |
| 广西 | 6299.3 | 43126.92 | 195.80 |
| 四川 | 11232.8 | 71206.23 | 190.00 |
| 贵州 | 4300.3 | 15074.10 | 237.71 |
| 甘肃 | 2784.4 | 23210.37 | 129.69 |
| 青海 | 716.7 | 4529.28 | 61.26 |
| 宁夏 | 786.6 | 5756.07 | 116.10 |
| 新疆 | 3032.6 | 22932.90 | 80.82 |

从表6.2可以看出，全国各省区市中，人口量最多的是中部地带的河南省，其他人口达到1亿以上的省份还有东部沿海地带的广东省和西部的四川省。通过东、西部经济总量的比较分析发现，在未来经济平稳增长的过程中，各省区市在允许碳排放量自由排放的情形下，获得的经济总量的差距将会不断增大，并形成东、西两极分化的格局。经济总量基本按东、中、西呈阶梯式递减，中国东部沿海地带经济总量普遍要大

于中部和西部地带。全国经济总量突破5万亿元的省份有18个，突破10万亿元的省份有11个。碳排放需求量中，碳排放需求量最多的是能源大省山西省，老工业基地辽宁省和河北省的碳排需求量均达300MtC以上。其中，西部地区的甘肃、青海、宁夏，直辖市中的重庆、天津、北京，以及海南省和黑龙江省的能源碳排放需求量都低于50MtC。与2010年的碳排放需求量相比，西部地带的大部分省份碳排放量都有所上升，到2050年区域之间的碳排放量差距相对缩小。

### 6.1.3.2 中国省域碳配额分配结果与分析

根据公式获得未来前瞻性原则、GDP原则、人口原则、GDP－人口原则以及支付能力原则下2010～2050年累积碳排放权配额，结果见表6.3。

**表6.3** 　　　　5种配额原则下的省域碳排放权碳配额排序　　　　单位：MTC

| 地区 | 前瞻性原则 | GDP原则 | 人口原则 | GDP－人口原则 | 支付能力原则 |
|---|---|---|---|---|---|
| 北京 | 996.96 | 1547.32 | 1015.45 | 1281.39 | 707.21 |
| 上海 | 2449.60 | 3106.16 | 1014.27 | 2060.22 | 498.28 |
| 天津 | 983.43 | 1586.21 | 595.90 | 1091.06 | 314.00 |
| 重庆 | 1106.90 | 1110.39 | 1896.85 | 1503.62 | 2131.39 |
| 辽宁 | 4203.91 | 3082.78 | 2419.33 | 2751.05 | 1842.56 |
| 山东 | 5639.14 | 7328.75 | 5162.88 | 6245.82 | 3725.41 |
| 江苏 | 2727.89 | 9655.08 | 4298.24 | 6976.66 | 2465.53 |
| 福建 | 1899.11 | 3232.34 | 2038.43 | 2635.38 | 1391.67 |
| 海南 | 183.96 | 500.82 | 497.70 | 499.26 | 426.55 |
| 河北 | 5647.12 | 2900.48 | 4743.27 | 3821.87 | 5214.73 |
| 浙江 | 3683.91 | 3350.65 | 3057.11 | 3203.88 | 2510.46 |
| 广东 | 3890.33 | 9667.64 | 4824.31 | 7245.98 | 2929.84 |
| 山西 | 5645.96 | 1574.23 | 1999.39 | 1786.81 | 1937.15 |
| 安徽 | 2969.06 | 3711.87 | 3899.22 | 3805.55 | 3435.75 |

| 地区 | 前瞻性原则 | GDP原则 | 人口原则 | GDP-人口原则 | 支付能力原则 |
|------|------|------|------|------|------|
| 江西 | 1934.11 | 2843.41 | 2576.97 | 2710.19 | 2109.09 |
| 湖北 | 2939.68 | 2940.70 | 3158.78 | 3049.74 | 2814.52 |
| 湖南 | 2372.39 | 1758.52 | 2379.99 | 2069.26 | 2380.35 |
| 河南 | 3005.47 | 4607.14 | 5846.25 | 5226.70 | 5661.76 |
| 黑龙江 | 1403.96 | 1918.14 | 2137.53 | 2027.84 | 1939.91 |
| 吉林 | 1715.43 | 1114.76 | 1542.57 | 1328.67 | 1560.01 |
| 内蒙古 | 3866.47 | 988.01 | 1381.24 | 1184.62 | 1404.02 |
| 云南 | 2305.66 | 575.26 | 2682.91 | 1629.08 | 4981.14 |
| 陕西 | 2355.29 | 1336.90 | 1999.02 | 1667.96 | 2101.49 |
| 广西 | 2456.16 | 1175.90 | 2839.52 | 2007.71 | 3793.44 |
| 四川 | 2919.73 | 2132.58 | 5389.74 | 3761.16 | 7366.32 |
| 贵州 | 2331.59 | 482.71 | 2504.21 | 1493.46 | 4903.58 |
| 甘肃 | 921.91 | 638.94 | 1401.63 | 1020.29 | 1784.73 |
| 青海 | 430.55 | 140.80 | 407.37 | 274.08 | 595.70 |
| 宁夏 | 1049.14 | 180.29 | 499.98 | 340.13 | 715.80 |
| 新疆 | 1835.17 | 681.21 | 1659.91 | 1170.56 | 2227.60 |

（1）前瞻性原则。由表6.3可知，前瞻性原则下省域分配的碳排放配额较均匀，大部分省份处于图中二级水平。在此原则下辽宁、河北等的配额量大于其他原则下的配额量，处于全国前三位和后三位的省份分别是：河北、山西、山东，海南、青海、甘肃，从中可见，在前瞻性原则下分配配额较多的是能源大省。东部沿海地带的配额量较多，其中配额量分配最高的省份是河北省和山东省。以第三产业发展为主的海南省由于其未来碳排放需求量很少，其配额量分配也是全国最少的。老工业基地辽宁、历史经济基础较好的广东省碳排放需求量保持了以往的趋势，故其配额量较多。中部地带中产煤大省山西省的配额量高于其他省

份，配额量在全国居第三。西部地带中内蒙古分配的配额量较多，青海分配的配额量最少，这与青海未来经济发展预计较慢、碳排放需求量相对较少有关。直辖市中上海的配额量最高，可见其未来碳排放需求量也更多。

（2）GDP原则。由表6.3可知，北京、上海、广东等省市所分配的配额量要大于其他原则下的配额量，碳排放权配额较大的省份主要集中在经济较发达的东部沿海地带。其中江苏省、广东省配额量都超过9000MtC，而山东省的配额也超过了7000MtC，分居全国前三位。与其他各原则下相比，西部地带的省份在该原则下的配额量最小，说明该分配原则会使区域差距加大，导致经济欠发达的省份尤其是西部省份的配额量更少，从而限制其未来经济的发展。

（3）人口原则。由表6.3可知，在人口原则下配额分配较多的省份有河南省、四川省等，该原则下的配额量大于其他四大原则下配额量的省份有海南省、安徽省、湖北省、河南省和黑龙江省，其中除海南省在东部沿海经济带外，其他四个省全部分布在中部地区，表明按人口原则分配碳配额对中部地带最有利。而西部地带的省份由于经济和自然因素，其历来人口较少，在这一原则下所分配的配额量也较少，但优于GDP原则下所分配的配额量。

（4）GDP-人口原则。由表6.3可知，在GDP人口原则下，东、中、西部三大经济带几大区域之间存在一定的差距，但区域内部配额差距相对其他原则要小，其配额分配较为均匀，且并没有出现超大值和超小值的极端情况。在该原则下配额量较多的省份主要集中在东部和中部地带，配额量最多的省份是广东，其次为江苏省、山东省。主要原因是这些省份经济基础较好，GDP总值远大于其他省份，加之人口规模也较大，从而分配的配额量较多。西部省份中青海、甘肃等省由于其GDP过低，人口规模也较少，其分配的配额量也较低。

（5）支付能力原则。由表6.3可知，在支付能力原则下，直辖市除重庆、东部地区除河北外，其他直辖市和东部沿海地带的省份所分配的碳排放权配额量普遍低于其他四个原则，中部地带的省份在这一原则下分配的配额量较为均衡，西部地带除内蒙古分配的配额量远低于其在前瞻性原则下分配的配额量外，其他西部地带的省份分配的配额量则普遍大于在其他四大原则分配的配额量。从表 6.3 可以看出配额量最大的省份是四川省，远超过其他省份；其次为河南省、河北省、云南省、贵州省。可见在该原则下西部省份分配的配额量相对较多，这意味着西部地带在未来的碳交易市场中可以出售多余的碳排放权来获得更多的资金投入，从而促进其技术水平提高，进入减排与经济同时发展的良性循环。不过，对于碳排放需求量较大、经济发展也较低的省份则有一定的减排压力。

### 6.1.3.3 各省对不同分配原则下的偏好

基于未来需求 5 种配额分配原则下各省份碳排放配额分配量，对各省份配额分配量进行排序，如表 6.4 所示，结合具体配额量进一步统计了各省份对不同分配原则下的偏好，如图 6.1 所示。

表 6.4 不同分配原则下各省配额量分配排序

| 排序 | 前瞻性原则 | GDP 原则 | 人口原则 | GDP - 人口原则 | 支付能力原则 |
|---|---|---|---|---|---|
| 1 | 河北 | 广东 | 河南 | 广东 | 四川 |
| 2 | 山西 | 江苏 | 四川 | 江苏 | 河南 |
| 3 | 山东 | 山东 | 山东 | 山东 | 河北 |
| 4 | 辽宁 | 河南 | 广东 | 河南 | 云南 |
| 5 | 广东 | 安徽 | 河北 | 河北 | 贵州 |
| 6 | 内蒙古 | 浙江 | 江苏 | 安徽 | 广西 |
| 7 | 浙江 | 福建 | 安徽 | 四川 | 山东 |
| 8 | 河南 | 上海 | 湖北 | 浙江 | 安徽 |
| 9 | 安徽 | 辽宁 | 浙江 | 湖北 | 广东 |
| 10 | 湖北 | 湖北 | 广西 | 辽宁 | 湖北 |
| 11 | 四川 | 河北 | 云南 | 江西 | 浙江 |

续表

| 排序 | 前瞻性原则 | GDP原则 | 人口原则 | GDP-人口原则 | 支付能力原则 |
|---|---|---|---|---|---|
| 12 | 江苏 | 江西 | 江西 | 福建 | 江苏 |
| 13 | 广西 | 四川 | 贵州 | 湖南 | 湖南 |
| 14 | 上海 | 黑龙江 | 辽宁 | 上海 | 新疆 |
| 15 | 湖南 | 湖南 | 湖南 | 黑龙江 | 重庆 |
| 16 | 陕西 | 天津 | 黑龙江 | 广西 | 江西 |
| 17 | 贵州 | 山西 | 福建 | 山西 | 陕西 |
| 18 | 云南 | 北京 | 山西 | 陕西 | 黑龙江 |
| 19 | 江西 | 陕西 | 陕西 | 云南 | 山西 |
| 20 | 福建 | 广西 | 重庆 | 重庆 | 辽宁 |
| 21 | 新疆 | 吉林 | 新疆 | 贵州 | 甘肃 |
| 22 | 吉林 | 重庆 | 吉林 | 吉林 | 吉林 |
| 23 | 黑龙江 | 内蒙古 | 甘肃 | 北京 | 内蒙古 |
| 24 | 重庆 | 新疆 | 内蒙古 | 内蒙古 | 福建 |
| 25 | 宁夏 | 甘肃 | 北京 | 新疆 | 宁夏 |
| 26 | 北京 | 云南 | 上海 | 天津 | 北京 |
| 27 | 天津 | 海南 | 天津 | 甘肃 | 青海 |
| 28 | 甘肃 | 贵州 | 宁夏 | 海南 | 上海 |
| 29 | 青海 | 宁夏 | 海南 | 宁夏 | 海南 |
| 30 | 海南 | 青海 | 青海 | 青海 | 天津 |

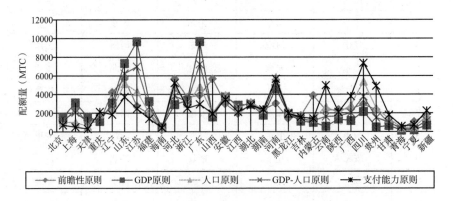

图6.1 不同原则下各省分配的配额额量

从表6.4不同原则下各省份碳排放配额分配量的排序情况来看，河北、山西、辽宁、内蒙古、陕西、宁夏更偏好前瞻性原则，北京、上海、天津、福建、海南更偏好 GDP 原则，河南更偏好人口原则，安徽、湖北、江西、黑龙江更倾向于 GDP - 人口原则，四川、云南、贵州、文本、新疆、重庆、甘肃、青海更偏向于支付能力原则，其他省份在不同原则下的排序上均有两个或三个相同的排名，如山东省在前瞻性原则、GDP 原则、人口原则、GDP - 人口原则下均排第 3 位，说明在这几种原则下山东省分配的配额均较多。将各省份不同原则下的排序和具体配额量相结合，可以发现偏好前瞻性原则的省份有 8 个，分别是河北、山西、辽宁、内蒙古、陕西、宁夏、浙江、吉林。偏好 GDP 原则的省份有 9 个分别是北京、上海、天津、福建、海南、山东、江苏、广东、江西。偏好人口原则的省份有 5 个分别是安徽、湖北、湖南、河南、黑龙江。偏好支付能力原则的省份有 8 个分别是重庆、云南、广西、四川、贵州、甘肃、青海、新疆。根据具体的配额量 GDP - 人口原则下没有一个省份分配的配额量要高于其他四个原则分配的配额量，故没有一个省份对 GDP - 人口原则有偏好。

## 6.1.4　讨论

（1）我国是一个空间分异特征明显的国家，各地区的人均碳排放量和经济发展水平均存在较大差异。不同地区均存在程度不等的经济增长与环境保护的矛盾，从而导致区域陷入一种"两难"境地：过于注重经济增长则难以避免环境污染，反之，则可能失去高能耗密集型产业的比较优势，进而导致区域资金缺乏而无力进行环境治理。因此，如何合理解决此困境，对中国减排目标的顺利完成和中国区域经济的可持续发展具有重大现实意义。

（2）各省区的碳排放权配额随分配原则的不同而存在差异，但各种分配结果均有其逻辑正确性。总体而言，碳排放权分配过程中，公平性是总原则，但因对公平的理解不同而存在分歧。一般可将碳排放权分配原则分为三类。一是基于分配的公平原则，重点关注减排责任分担的公平性，可衍生出平等主义原则，支付能力原则等；二是基于结果的公平原则，重点关注区域减排后的福利变化，可以衍生出补偿原则等；三是基于过程的公平原则，重点关注碳排放权分配过程的公平，可衍生出市场原则等。理解不同的分配原则将有助于制定中国各省区市碳排放权分配方案。

（3）中国减排目标的完成依赖于各省区市的共同减排行为，而各省区市的减排动力又取决于各省区市的减排责任划分。基于此，为调动各省区市的减排积极性，提高减排效率，中国在设计未来碳配额分配方案时，需准确估测未来各省区市的碳排放需求量，并针对不同的区域特点制定不同分配方案，力争达到减排总体效益最优。

## 6.1.5　本节小结

基于未来需求角度，从前瞻性原则、GDP 原则、人口原则、GDP－人口原则和支付能力原则角度，对各省区市的排放配额进行了分配。结果表明：

（1）在前瞻性原则和 GDP 原则下，东部沿海地带经济发达的省域和能源消费碳排放大省所获得配额较多，这样不会对经济造成太大冲击，有利于未来经济平稳地增长。在人口分配原则下，中部地带的人口大省河南、东部沿海地带的山东和广东所获碳排放配额较多，有利于碳排放在人均意义上公平、平等。在支付能力原则下，西部地带的省份获得的配额较多，可以避免资源过度集中到发达省份，有利于缩小地区差距。

（2）在前瞻性原则下，大部分省份分配配额处于同一级水平上，配额区间为：2000 ~ 4000MtC。在 GDP 原则下，各省区市之间获得的排放配额差距最大，体现出各地经济发展极不平衡，而在前瞻性原则下各省区市之间的配额极差最小，配额较为均等。在人口原则下，东、中、西部三大经济地带区域内部以及区域间所获得的配额差距相对 GDP 原则下较为均匀，但整体来看各省份所分配的配额仍然存在一定的差距。在 GDP – 人口原则和支付能力原则下东、中、西部三大经济带区域之间差距较大，但区域内部碳排放权配额量分配较为均匀。

## 6.2 不同增长速度下碳峰值目标设计与调控分析

习近平主席在 2015 年的巴黎气候大会上指出，中国将在 2030 年左右达到二氧化碳排放峰值，并争取尽早实现（赵萌，2015），这彰显了我国碳减排的决心及大国担当。实际上，国内对我国碳排放演变及峰值预测（郭建科，2015）、能源 $CO_2$ 排放峰值方案（毕超，2015）、碳排放峰值与能耗峰值的影响（谌莹，张捷，2015）等的研究取得了丰硕成果，其中对分解中国碳排放（柴麒敏，2015）的研究关注也较多，比如对区域碳排放峰值的预测（杨秀等，2015）、对农业（田云等，2014）或者种植业（田云等，2015）的碳排放动态分析。显然，湖南正处在工业化和城市化高速发展时期，与此同时，湖南所承接的产业，大多是以化石能源为基础的重化工业，这势必加大了从高能耗、高污染、高排放转型为绿色、低碳经济发展模式的难度。在经济新常态背景下，湖南省碳排放量与经济增长以及能源消费量之间主要以弱脱钩模型为主（潘高，2017），湖南省在保持经济增长的同时，要实现能耗总量与强度"双控"这一目标[①]，需要有能源结构的优化、产业结构的转型，这也是减排的主要途径之一（朱永彬，王铮，2014）。鉴于此，研究从社会的发展和人民生活的物质水平和质量出发，结合湖南省人口、富裕度和技术水平，以 STIRPAT 模型为基础，对湖南省 2016～2050 年能源碳排放

---

① 湖南省发展和改革委员会. 湖南省"十三五"节能规划 ［Z］. 2017 – 1 – 23.

峰值进行预测分析，为湖南省制定碳减排政策提供科学依据。

## 6.2.1  数据来源

鉴于碳排放量在统计年鉴中并未直接给出，参考采用的能源品种主要包括煤炭、焦炭、原油、汽油、煤油、柴油、燃料油以及天然气，能源碳排放值的计算公式为：

$$C_i = \sum E_i \times \phi_i \tag{6.8}$$

式中，$C_i$ 表示第 $i$ 种能源的碳排放量，$E_i$ 表示第 $i$ 种能源的消耗量，$\phi_i$ 为第 $i$ 种能源的排放系数，采用的是 IPCC 核算方法进行估计（IPCC，2006）。为此，选取湖南地区 2006~2015 年的统计数据，用《中国能源统计年鉴》公布的各能源碳排放量加总得出能源消耗的碳排放量。其他的数据均来源于 2005~2016 年的《湖南省统计年鉴》。

## 6.2.2  模型构建与实证分析

根据 STIRPAT 模型（李侠祥等，2017）：

$$\ln I = c + a\ln P + b\ln A + d\ln T + e(\ln T)^2 + \varepsilon \tag{6.9}$$

式中：$P$ 为人口数量；$A$ 为人均 GDP，代表富裕度；$T$ 为能源效率，代表技术水平；$\ln(T)^2$ 为能源效率的二次项。意味着能源效率的提高反而增加能源消费量，即回弹效应，能源回弹效应也就解释了经济产出与能源消费的 U 形关系。

相关研究表明，城镇化率与能源消费量呈倒 U 形曲线特征（邓光耀，任苏灵，2017）；并且人口密度和城镇化率结合表示的人口集聚对碳排放量有影响（张翠菊，张宗益，2016）。从而，我们引入人口密度 $U_1$ 和城镇化率 $U_2$ 两个变量，即：

$$\ln I = c + a\ln P + b\ln A + d\ln T + e(\ln T)^2 + fU_1 + gU_2 + \varepsilon \tag{6.10}$$

　　根据数据进行拟合，得到参数估计和检验的结果见表6.5。

表 6.5　　　　　　　　　　模型估计结果

| 指标 | $\ln P$ | $\ln A$ | $\ln T$ | $(\ln T)^2$ | $U_1$ | $U_2$ | $c$ |
|---|---|---|---|---|---|---|---|
| 系数 | 47.268 | 3.051 | -1.447 | 1.629 | -62.070 | -7.110 | -54.114 |
| 系数标准差（SE） | 7.995 | 0.395 | 0.235 | 0.282 | 10.328 | 1.181 | 12.146 |
| T 统计量 | 5.912 | 7.721 | -6.167 | 5.767 | -6.010 | -6.019 | -4.455 |
| P 值 | 0.010 | 0.006 | 0.009 | 0.010 | 0.009 | 0.009 | 0.021 |
| 可决系数 | $R^2 = 0.996$ | | | | | | |
| F 统计量及其 P 值 | F = 114.820（P = 0.001） | | | | | | |

　　由表6.3可知，拟合的方程为：

$$\ln I = 47.268\ln P + 3.051\ln A - 1.447\ln T + 1.629(\ln T)^2$$
$$- 62.070 U_1 - 7.110 U_2 - 54.114 \qquad (6.11)$$

可决系数 $R^2 = 0.996$，F 统计量为 114.820，表明模拟优度较高。由此表明研究的拟合方程能够较好地模拟湖南省未来的碳排放特征。

## 6.2.3　情景模式的设定

　　为了重点研究人均 GDP 和能源效率对能源碳排放量的影响，进一步来预估2016～2050年碳排放量，首先假定控制人口因素的三个变量——人口数量、人口密度和城镇化率的固定变化率，作为选择样本时期的平均变化率分别为0.75%、0.76%和3.06%；其次假定人均 GDP 和能源效率对今后的影响分别有三种经济发展方案：人均 GDP 增长速度以高、中、低三种速度增长分别为高模式、中模式、低模式；能源效率降低速度以高、中、低三种速度降低分别为低模式、中模式、高模式（渠慎宁，郭朝先，2010）。人均 GDP 和能源效率的增长率以最近一个 5 年的平均增长速率为基准，分别为9%和11%。

（1）假定在2016～2020年这5年中，人均GDP的增长率按1.5%的变化速率减少为中速发展，按1.3%的变化速率减少为高速发展，按1.7%的变化速率减少为低速发展。并且为使模拟情景更符合实际，此后每5年的增长速率变化率都对应减少0.2%。

（2）假定在2016～2020年这5年中，能源效率的增长率按2%的变化速率减少为中速发展，按1.8%的变化速率减少为高速发展，按2.2%的变化速率减少为低速发展。同样为使模拟情景更符合实际，此后的每5年的增长率都对应减少0.2%。

为此，设计9种情景方案（见表6.6），基准年设置为2015年，并根据前文设定的碳排放变化速率对2016～2050年的碳排放进行预测。将各指标参数的变化率与社会发展的5年规划期相对应，将预测分为7个阶段，对应参数从第1阶段到第7阶段变化率变化情况的假定见表6.7。

**表6.6** 情景模式设定说明

| 情景模式 | 说明 |
| --- | --- |
| 中高模式 | 人均GDP中速增长，能源强度高速增长 |
| 中中模式 | 人均GDP中速增长，能源强度中速增长 |
| 中低模式 | 人均GDP中速增长，能源强度低速增长 |
| 高高模式 | 人均GDP高速增长，能源强度高速增长 |
| 高中模式 | 人均GDP高速增长，能源强度中速增长 |
| 高低模式 | 人均GDP高速增长，能源强度低速增长 |
| 低高模式 | 人均GDP低速增长，能源强度高速增长 |
| 低中模式 | 人均GDP低速增长，能源强度中速增长 |
| 低低模式 | 人均GDP低速增长，能源强度低速增长 |

**表6.7** **2016～2050年湖南经济发展情景设计**

| 模型 | 变量 | 2016～2020年 | 2021～2025年 | 2026～2030年 | 2031～2035年 | 2036～2040年 | 2041～2045年 | 2046～2050年 |
|------|------|------|------|------|------|------|------|------|
| 中高模式 | $A(\%)$ | 7.5 | 6.2 | 5.1 | 4.2 | 3.5 | 3.0 | 2.7 |
| | $B(\%)$ | 9.2 | 7.4 | 5.8 | 4.4 | 3.2 | 2.2 | 1.4 |
| 中中模式 | $A(\%)$ | 7.5 | 6.2 | 5.1 | 4.2 | 3.5 | 3.0 | 2.7 |
| | $B(\%)$ | 9.0 | 7.2 | 5.6 | 4.2 | 3.0 | 2.0 | 1.2 |
| 中低模式 | $A(\%)$ | 7.5 | 6.2 | 5.1 | 4.2 | 3.5 | 3.0 | 2.7 |
| | $B(\%)$ | 8.8 | 7.0 | 5.4 | 4.0 | 2.8 | 1.8 | 1.0 |
| 高高模式 | $A(\%)$ | 7.7 | 6.4 | 5.3 | 4.4 | 3.7 | 3.2 | 2.9 |
| | $B(\%)$ | 9.2 | 7.4 | 5.8 | 4.4 | 3.2 | 2.2 | 1.4 |
| 高中模式 | $A(\%)$ | 7.7 | 6.4 | 5.3 | 4.4 | 3.7 | 3.2 | 2.9 |
| | $B(\%)$ | 9.0 | 7.2 | 5.6 | 4.2 | 3.0 | 2.0 | 1.2 |
| 高低模式 | $A(\%)$ | 7.7 | 6.4 | 5.3 | 4.4 | 3.7 | 3.2 | 2.9 |
| | $B(\%)$ | 8.8 | 7.0 | 5.4 | 4.0 | 2.8 | 1.8 | 1.0 |
| 低高模式 | $A(\%)$ | 7.3 | 6.0 | 4.9 | 4.0 | 3.3 | 2.8 | 2.5 |
| | $B(\%)$ | 9.2 | 7.4 | 5.8 | 4.4 | 3.2 | 2.2 | 1.4 |
| 低中模式 | $A(\%)$ | 7.3 | 6.0 | 4.9 | 4.0 | 3.3 | 2.8 | 2.5 |
| | $B(\%)$ | 9.0 | 7.2 | 5.6 | 4.2 | 3.0 | 2.0 | 1.2 |
| 低低模式 | $A(\%)$ | 7.3 | 6.0 | 4.9 | 4.0 | 3.3 | 2.8 | 2.5 |
| | $B(\%)$ | 8.8 | 7.0 | 5.4 | 4.0 | 2.8 | 1.8 | 1.0 |

注：$A$ 为人均 GDP 速度增长率；$B$ 为能源效率增长率。

## 6.2.4 预测结果与分析

根据设置的情景模式和对湖南经济发展状况的假定，对湖南碳排放量进行预测，结果见图6.2及表6.8。

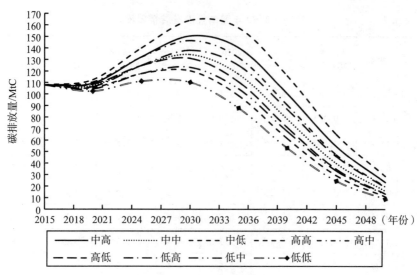

图 6.2　碳排放预测

表 6.8　　　　　　　　　　各模式下峰值预测结果

| 模型 | 达到峰值的年份 | 峰值（MtC） |
|------|----------------|-------------|
| 高高模式 | 2032 | 165 |
| 中高模式 | 2031 | 151 |
| 高中模式 | 2030 | 146 |
| 低高模式 | 2030 | 138 |
| 中中模式 | 2030 | 134 |
| 高低模式 | 2029 | 132 |
| 低中模式 | 2029 | 124 |
| 中低模式 | 2028 | 121 |
| 低低模式 | 2028 | 113 |

　　研究结果基于不同的情景模式，运用扩展模型对湖南省 2016～2050 年的碳排放峰值进行拟合，探讨不同模式下的碳排放峰值达到的时间和水平（见表 6.8）。在人均 GDP 增长速度相同的模式下，能源效率增长越慢，达到峰值的时间就越早，而且峰值越小；在能源效率增长速度相

同的模式下，人均 GDP 增长越慢，达到峰值的时间就越早，峰值也越小。

进一步深入分析，相对人均 GDP 高中低 3 种模式按 0.2% 的变化对预测的影响来说，能源效率高、中、低 3 种模式按 0.2% 的变化对预测的影响更大。相同人均 GDP 模式下，能源效率的 3 种模式对峰值的影响：低模式比中模式少 13 MtC 左右，中模式比高模式少 17 MtC 左右；而相同能源效率模式下，人均 GDP 的 3 种模式对峰值的影响：低模式比中模式少 10 MtC 左右，中模式比高模式少 12 MtC 左右。所以，提高能源效率，能够促进经济增长转型升级，同时在经济平稳增长条件下，制定碳减排的政策，充分增强了政策实施的可行性，从而避免因减排引起经济过大波动，甚至造成经济危机。

## 6.2.5　本节小结

（1）气候变化不仅是环境减排问题，更是经济可持续发展问题，碳减排对社会经济发展和政治经济格局有着重要的影响（赵雅倩，王伟，2015）。研究表明，人均 GDP 的迅速增长、能源效率的提高是影响实现碳峰值目标的重要因素。人均 GDP 的增长表明宏观经济的快速发展以及人民生活水平提高。经过研究发现，随着经济的快速增长，工业污染物排放量将会不断增加（樊庆锌等，2016），这势必引起碳排放量的增加。而能源效率的提高，对实现碳排放强度目标贡献巨大。能源结构的优化和能源效率的提升，在带来相同经济效益的情况下，将减少能源的使用量，从而降低碳排放量，对人民生活质量的提高起着至关重要的作用。经济的快速发展势必引起巨大的碳排放量，因此，在湖南省实施低碳发展 5 年行动方案（2016～2020 年）中，不能盲目地只追求经济的发展而忽略环境问题，更应通过改善能源效率，激发其减排潜力。

（2）人均 GDP 和能源效率在高高模式和中高模式的增长率下未在2030 年之前达到峰值。人均 GDP 的增长所带来的碳排放影响非常大，要实现 2030 年之前达到碳排放峰值目标，湖南省应积极融入"一带一路"倡议、长江经济带国家区域战略，注重实效，把握稳增长，为长远发展创造条件。

（3）同时需要指出的是，单因素模式的变动影响着峰值的变动，但对达到峰值的年限的影响不大，高中模式和中中模式、中低模式和低低模式甚至达到峰值的年限一样。因此在制定政策的时候，需要考虑配套政策，寻求最有力的方案，制定最小限度地影响经济发展的减排策略，否则就降低了减排政策的效果。

## 6.3 经济平稳增长下地级市区域碳强度目标设计及分解研究

气候变化问题已成为政府、企业和学者们共同关注的焦点。当前，围绕解决全球气候变化问题形成的相关国际制度正朝着"目标量化、规则细化、约束硬化"的方向发展（黄晶等，2007）。当国家或地区碳减排目标确定后，如何综合考虑我国区域经济差异明显的现状，把碳强度目标合理地分摊到各个不同地区自然就成为一个关键的科学问题。

中国把控制温室气体排放纳入经济可持续发展的总体规划中，以确保我国碳减排目标顺利完成。对此，江西省确立了十大战略性新兴产业，致力于产业结构调整和转型升级，促进低碳减排，发展绿色经济，这也是实现江西省国家生态文明试验区建设目标的内在客观要求。江西工业化进程中产业结构逐渐处于高碳"锁定"状态，为维护经济运行稳定，在实施碳减排过程中，如何避免碳减排所造成的经济波动，将使碳减排实施的可行性问题更具复杂性和挑战性。目前，各地区正处于工业化和城镇化加速发展时期，能源消耗量和碳排放量将急剧增加（陈诗一，2011），造成碳减排压力日益增大，实现整体大规模减排异常困难。因此，须保证经济平稳增长的条件下完成江西省碳减排目标，以避免减排过程中造成经济波动。

　　为此，江西各个地区须合理负担其减排任务，全面估计其未来经济发展允许的减排量，以确定合理的减排目标（王铮等，2013）。朱永彬、王铮等学者提出了在保证经济平稳增长的条件下实现碳的有效减排策略（朱永彬，王铮，2009；王铮等，2010），本节正是在上述学者的研究基础上，探讨在保障经济平稳运行的前提下，确定江西省11个地级市的合理碳减排目标。鉴于中国政府承诺2020年碳强度要比2005年下降40%～45%，并作为约束性指标纳入国民经济和社会发展中长期规划，故假定2020年碳强度相对2005年下降45%为江西省的碳减排目标。与此同时，假定在平稳增长条件下，充分考虑各地区发展水平、未来经济增长、产业结构和气候等因素差异，实行共同但有所区别的责任（邢璐等，2012），来研究江西省11个地区碳减排目标的分解，从而有助于江西省顺利完成碳减排目标。

### 6.3.1　地级市的碳排放空间格局

　　本节通过计算1995～2012年的碳排放总量变化，从时间和空间上展现江西省不同地区碳排放总体格局。

　　首先，通过各个地区一次能源消耗量来估算碳排放总量 $y_i$。根据2007年IPCC第四次评估报告，基于IPCC（2007）"方法1"来计算，碳排放系数也均来自IPCC（2007）报告：

$$y_i = \sum E_{ij} \times \varphi_j \tag{6.12}$$

　　其中，$y_i$ 为 $i$ 地区的碳排放量（$C$ 排放），$E_{ij}$ 为 $i$ 地区第 $j$ 种能源消耗量，$\varphi_j$ 为 $j$ 种能源的碳排放系数。

　　在方法学上，通过"Jenk最优"统计公式来计算碳排放量数据组的自然断点（即使群内方差最小、群间方差最大），将江西11个地级市划分为四个等级。根据各碳排放量等级，将第一等级定义为高碳排放地区，第二等级为较高碳排放地区，第三等级为中等碳排放地区，第四等级定义为低碳排放地区，表6.9结果显示，1995~2012年，随着时间的推移，经济以粗放式加速发展，江西省各个不同地区碳排放总量均增加。对碳排放总量增加的程度差异进一步细致分析表明：1995年，只有九江处于高碳排放地区，南昌、新余、萍乡处于较高碳排放地区，景德镇、宜春、鹰潭处于中等碳排放地区，抚州、上饶、赣州和吉安处于低碳排放区；到2000年，宜春进入较高碳排放区的等级，其他地区等级保持相对稳定；2012年，九江、宜春、新余、萍乡处于高碳排放地区，景德镇进入较高碳排放地区等级，上饶、赣州和吉安地区进入中等碳排放地区等级。因此，经济的加速发展、工业化和城镇化的推进所导致的化石能源需求的急剧增加，是造成江西锁定在高碳发展路径的重要原因。

表6.9　　　　　　　　　江西各个地级市碳排放量　　　　　　单位：万吨

| 地区 | 1995 年 | 2000 年 | 2012 年 |
|---|---|---|---|
| 南昌市 | 201.1643 | 173.1810 | 406.2317 |
| 景德镇市 | 116.0504 | 137.9233 | 426.6282 |
| 萍乡市 | 234.6487 | 185.3941 | 647.6883 |
| 九江市 | 357.2280 | 430.2773 | 848.7310 |
| 新余市 | 221.9316 | 241.2019 | 771.7807 |
| 鹰潭市 | 121.0278 | 90.6795 | 161.0997 |
| 赣州市 | 43.3212 | 40.0291 | 162.7184 |
| 吉安市 | 55.2842 | 31.7700 | 236.2333 |
| 宜春市 | 154.9747 | 190.6354 | 667.9788 |
| 抚州市 | 28.8592 | 17.5427 | 27.3225 |
| 上饶市 | 62.3170 | 38.6261 | 278.3358 |

## 6.3.2 碳减排分解模型及结果分析

### 6.3.2.1 模型设计

在保证经济平稳条件下，对江西省的碳减排目标进行分解，以实现江西省2020年的碳强度减排目标，这首先要求预测经济处于平稳增长路径下的最优增长率。为此，根据朱永彬和王铮（2009），在此基础上进一步考虑技术进步和劳动力因素对经济的影响，进一步根据动态最优理论，得到模型改进后的经济最优增长率［具体模型推导见朱永彬和王铮（2009）］。

借鉴国际上菲利森（Phylipsen，1998）等主流模型以及王金南等（2011）和杨源（2012）的思想和方法，结合江西具体情况，构建江西区域分解模型，具体如下：

$$C_i = \lambda \cdot W_i \qquad (6.13)$$

其中，$C_i$ 为 $i$ 地区减排目标，$\lambda$ 为调整参数，$W_i$ 为 $i$ 地区指标的综合指数。在计算指数时，我们采用综合熵权法来计算，这在一定程度上综合考虑了主观性的设定（政府制定政策偏好）及客观经济事实。首先，$x_{ij}$ 表示 $i$ 地区的第 $j$ 个指标，进而计算 $i$ 地区的第 $j$ 个指标出现的概率值 $p_{ij}$：

$$p_{ij} = \frac{x_{ij}}{\sum_{i=1}^{n} x_{ij}} \qquad (6.14)$$

计算第 $j$ 个指标的熵值：

$$e_j = -k \sum_{i=1}^{n} p_{ij} \cdot \ln(p_{ij}), \text{ 其中，} k = 1/\ln n \qquad (6.15)$$

计算第 $j$ 个指标的熵权 $w_j$：

$$w_j = (1 - e_j) / \sum_{j=1}^{m} (1 - e_j) \qquad (6.16)$$

确定综合权数 $\phi_j$，根据权重系数 $\pi_j$，$i = 1, 2, \cdots, n$，这里需要指

出的是，权重系数的确定当前并没有一个统一规则，这需要根据政府制定政策偏好及涉及各个地区的利益共同协调来确定，不同分解原则和方法代表不同的利益取向（杨源，2012）。在此，我们假定经济减排能力偏好、减排责任偏好、减排效率偏好、无偏好四种情形，参考相关文献（Wen et al.，2011；杨源，2012），本节选择6个指标来衡量经济能力、减排责任和减排效率，具体指标和权重如表6.10所示。

**表 6.10**                          碳减排分解原则方案设计

| 含义 | 经济指标 | 无偏好 | 经济减排能力偏好 | 减排责任偏好 | 减排效率偏好 |
|------|---------|--------|----------------|------------|------------|
| 经济能力 | 人均 GDP | 1/6 | 0.250 | 0.125 | 0.125 |
| | 工业增加值 | 1/6 | 0.250 | 0.125 | 0.125 |
| 减排责任 | 累积碳排放 | 1/6 | 0.125 | 0.250 | 0.125 |
| | 人均碳排放 | 1/6 | 0.125 | 0.250 | 0.125 |
| 减排效率 | 工业占 GDP 比重 | 1/6 | 0.125 | 0.125 | 0.250 |
| | 单位能耗比值 | 1/6 | 0.125 | 0.125 | 0.250 |

根据式（6.17）确定综合权数：

$$\phi_j = \frac{\pi_j w_j}{\sum\limits_{j=1}^{n} \pi_j w_j} \qquad (6.17)$$

通过式（6.18）确定 11 个地区的综合权重指数：

$$W_i = \left( \sum_{j=1}^{6} \phi_j \cdot x_{ij} \right)^{1/6} \qquad (6.18)$$

求出综合权重指数后，进一步根据式（6.19）、式（6.20）来确定 $\lambda$ 为调整参数：

$$E_{20} = GDP_{20} I_{20} = \sum_{i=1}^{n} GDP_{i,20} \cdot I_{i,20} \qquad (6.19)$$

$$I_{05} \cdot 55\% \cdot GDP_{20} = \sum_{i=1}^{n} GDP_{i,20} \cdot I_{i,05} \cdot (1 - \lambda \cdot W_i) \qquad (6.20)$$

其中，$GDP_{20}$ 表示江西省 2020 年的 GDP，$GDP_{i,20}$ 表示 $i$ 地级市 2020 年 GDP，$E_{20}$ 为江西省 2020 年的碳排放总量，$I_{i,20}$ 与 $I_{20}$ 分别为 $i$ 地级市和江西省 2020 年的碳强度，$I_{i,05}$ 和 $I_{05}$ 分别为 $i$ 地级市和江西省 2005 年的碳强度。在计算中，需要首先预测各地区与全省 2020 年的 GDP，式（6.19）已经预测出各个地区及 2020 年全省的 GDP 最优增长率。进而可以确定 $\lambda$ 值。再根据式（6.20），即可计算出各个地区在保障经济平稳增长条件下，实现的 2020 年碳减排目标。

#### 6.3.2.2　结果分析

具体碳减排的目标分解结果如表 6.11 所示。总体而言，不论是经济减排能力、减排责任还是减排效率，萍乡、九江和新余的碳减排分担率都在 50% 以上，即为江西省重点减排的地区，也是减排潜力大的地区。与此同时，结果表明各个地区的碳减排目标分担率也存在明显的差异，这更多是由于经济增长、经济结构、产业结构、能源结构等差异明显所导致的。具体从如下四个方面分析。

表 6.11　　　　　　　　11 个地级市的碳减排目标分解结果　　　　单位：%

| 城市名 | 无偏好 | 减排的经济能力偏好 | 减排的责任偏好 | 减排的效率偏好 |
|---|---|---|---|---|
| 南昌市 | 47.61 | 49.46 | 46.83 | 46.65 |
| 景德镇市 | 47.16 | 47.02 | 47.21 | 47.29 |
| 萍乡市 | 50.64 | 50.30 | 50.89 | 50.72 |
| 九江市 | 50.72 | 50.41 | 50.88 | 50.88 |
| 新余市 | 53.22 | 52.53 | 53.98 | 52.89 |
| 鹰潭市 | 44.82 | 44.81 | 45.05 | 44.58 |
| 赣州市 | 38.16 | 40.24 | 36.57 | 37.77 |
| 吉安市 | 40.87 | 41.37 | 40.03 | 41.45 |
| 宜春市 | 47.15 | 47.04 | 46.81 | 47.74 |
| 抚州市 | 36.21 | 37.95 | 34.56 | 36.29 |
| 上饶市 | 40.09 | 41.33 | 38.78 | 40.41 |

（1）从无偏好原则来看。即综合考虑经济减排能力、减排责任、减排效率三个方面，并且这三个方面同等重要。结果表明，萍乡、九江、新余地区碳减排目标分担率均在50%以上，南昌、景德镇、宜春的碳减排目标分担率均在45%～49%，鹰潭、吉安、上饶碳减排目标分担率均在40%～45%之间，而赣州、抚州碳减排目标分担率均低于40%。

（2）从经济减排能力原则来看。南昌、萍乡、九江、新余地区碳减排目标分担率均在49%以上，是江西省碳减排能力大的区域，景德镇、宜春是碳减排能力较大区域，碳减排目标分担率均在45%～49%；鹰潭、赣州、吉安、上饶碳减排目标分担率均在40%～45%，是减排能力中等区域；抚州是11个地级市中碳减排目标分担率最小的地区，仅为37.95%。

（3）从减排责任原则来看。萍乡、九江、新余地区碳减排目标分担率均为50%以上，是碳减排责任大的区域；南昌、景德镇、鹰潭、宜春碳减排目标分担率为45%～47%，是碳减排责任较大的区域；吉安碳减排目标分担率为40.5%，是碳减排责任中等区域，赣州、上饶、抚州碳减排目标分担率均低于40%，是碳减排责任较小区域。

（4）从减排效率原则来看。萍乡、九江、新余地区碳减排目标分担率均为50%以上，是碳减排责任大的区域；南昌、景德镇、宜春碳减排目标分担率为45%～47%，是碳减排责任较大的区域；鹰潭、吉安碳减排目标分担率均在40%～45%，是减排能力中等区域；赣州、抚州碳减排目标分担率均低于40%，是碳减排责任较小区域。

### 6.3.3　结论与讨论

本节研究发现江西省碳减排空间格局已有向高碳排放的发展趋势，尤其是九江、宜春、萍乡、新余已经进入高碳排放锁定的状态，这对建设好全国生态文明试验区的江西带来了新的任务和挑战。

对此，保证经济的平稳增长将有利于江西碳减排政策的有效实施。

故本节尝试在保证经济增长路径下，对江西省完成 2020 年的碳减排目标进行分解，计算出江西省 11 个地级市的碳减排目标分担率。本节首先选取 6 个指标，较全面地体现各地区在碳减排的经济能力、减排责任和减排效率上的差异，结果表明，九江、萍乡和新余通过碳强度目标的分解能较好地兼顾经济能力、减排责任与效率。按照效率原则的分解方案将使萍乡、九江和新余地区承受较大的经济负担，因此，在把九江、萍乡和新余作为重点突破先导地区的同时，有必要加大对这类地区的政策和经济扶持力度。

本节力图把碳减排责任分担到江西省 11 个地级市，这为碳权交易市场的建立提供了基础与依据。对此，江西可统筹协调地区之间利益，建立地区间的市场交易机制，进而约束碳减排总成本。需要指出的是，尽管通过目标分解到地方政府，但还不足以解决江西的碳减排障碍和路径问题。这就为下一步研究明确了方向，主要讨论两个方面：一是江西碳减排过程中面临的障碍；二是江西省碳减排的突破方向，尤其是江西省工业的有效减排，因为它是决定减排目标能否实现的关键。因此，下一步的研究将进一步探讨江西省不同行业的减排潜力。

# 6.4　本章小结

首先，根据前瞻性原则、人口原则、GDP 原则、GDP - 人口原则以及支付能力原则 5 种碳排放权分配方法，计算和分析了中国 30 个省区市 2010～2050 年的碳排放配额，经对比分析可知，前瞻性原则下各省域配额差距更小，更适合区域经济发展。

事实上，碳排放峰值的有效控制，对一个地区的经济发展起着至关重要的作用。为此，选取湖南省为样本地区，通过 2006～2015 年的统计数据，对湖南省不同速度的增长率进行模拟，设计了 9 种情景方案，分别对湖南省未来 30 多年的能源碳排放峰值进行预测分析。结果表明：

能源效率增长速度越慢，达到峰值的时间就越早，而且峰值越小；人均GDP 增长速度越慢，达到峰值的时间就越早，峰值也越小；人口因素稳定的条件下，对于人均 GDP 的迅速增长，能源效率的提高是导致峰值出现的重要因素之一；在高高模式和中高模式下，湖南不能在 2030 年之前达到碳排放峰值，人均 GDP 的增长所带来的碳排放影响非常大；相对人均 GDP 高、中、低三种模式按 0.2% 的变化对预测的影响来说，能源效率的高、中、低三种模式按 0.2% 的变化对预测的影响更大。为此，实现碳峰值目标的减排政策的设计，须充分考虑湖南经济未来发展所需的碳排放空间，避免经济过大波动。

进一步，在保证经济平稳增长条件下，把碳减排目标分解到不同的地区将是碳减排政策制定首先需要解决的问题。对此，本节对碳排放空间格局演变分析发现，江西省逐渐处于高碳锁定的趋势；并且在经济最优增长路径下，从碳减排的无偏好、经济能力、减排责任、减排效率原则方案对江西碳减排目标进行分解表明，萍乡、九江和新余通过碳强度目标的分解能较好地兼顾经济能力、减排责任与效率，但按照效率原则将导致这些地区承受较大的经济负担。

# 第 7 章

## 区域碳减排政策模拟及调控政策分析

目前，动态随机一般均衡模型（DSGE）的研究更多集中在货币政策、财政政策等方面（Bernanke et al. , 1999；Devereux and Engel, 2007；Bean et al. , 2010；梁斌，李庆云，2011；李增来，梁东黎，2011；谢昱宸，2012），但在技术冲击下，往往容易忽视碳税政策对经济的影响（Nordhaus, 1994；MacCracken et al. , 1999；Nordhaus and Boyer, 2000）。国内外学者，已有研究通过 DSGE 模型模拟碳排放政策做了有意义的探索，构建了 DSGE 模型来讨论技术对经济和环境系统冲击的研究，进一步讨论碳税和碳排放权分配政策对经济造成的波动，以及对社会福利的影响（Fischer and Springborn, 2011；Heutel, 2012；Annicchiarico and Di Dio, 2015；郑丽琳，朱启贵，2012；吴兴弈等，2014；杨翔，刘纪显，2014）。

鉴于此，本章基于一般均衡理论，参考真实经济周期（RBC）理论，将污染存量负外部性引入企业的生产函数，同时考虑中国就业问题和中国碳税环境政策，构建 DSGE 模型来模拟技术冲击对碳排放变化的动态过程，及碳经济政策，并找出一条最优碳税路径，使其同时满足消费者效用最大化和企业利润最大化，为政府制定碳税政策提供参考。

# 7.1 未征收碳税的动态随机一般均衡的理论模型

## 7.1.1 理论模型及其推导过程

本章在海特尔（Heutel，2012）的理论模型基础上考虑就业行为方程，具体理论模型如下。

消费效用函数为：

$$U(C_t) = \ln C_t + A\ln(1 - L_t) \qquad (7.1)$$

其中，$C_t$ 为在时期 $t$ 的消费量；$L_t$ 是时期 $t$ 的劳动；$A > 0$。

企业生产函数为 C - D 函数，假设规模报酬不变，具体为：

$$f(K_{t-1}, L_t) = K_{t-1}^{\alpha} L_t^{1-\alpha} \qquad (7.2)$$

其中，$K_{t-1}$ 为企业的资本存量，$L_t$ 是时期 $t$ 的劳动。$a_t$ 为随机技术冲击变量，满足一阶自回归方程的随机过程：

$$\ln a_t = \rho \ln a_{t-1} + \varepsilon_t \qquad (7.3)$$

参考诺德豪斯（Nordhaus，2008），包含污染存量的损失影响函数为：

$$Y_t = (1 - d_0 - d_1 x_t - d_2 x_t^2) a_t K_{t-1}^{\alpha} L_t^{1-\alpha} \qquad (7.4)$$

其中令 $d(x_t) = d_0 + d_1 x_t + d_2 x_t^2$，$x_t$ 为在时期 $t$ 的污染存量，$x_t$ 满足如下方程：

$$x_t = \eta x_{t-1} + e_t + e_t^{row} \qquad (7.5)$$

式（7.5）中，$\eta$ 为碳的半衰期，$e_t$ 为我国碳排放量，$e_t^{row}$ 为世界其他国家的排放量。$e_t$ 满足如下方程：

$$e_t = (1 - \mu_t) h(Y_t) \qquad (7.6)$$

式（7.6）中，$\mu_t$ 为碳减排率，$h(Y_t) = Y_t^{1-\gamma}$，$1 - \gamma$ 为碳排放与

GDP 的回归系数。

减排成本的方程为：

$$Z_t = g(\mu_t) Y_t \qquad (7.7)$$

其中，参考诺德豪斯（Nordhaus, 2008），$g(\mu_t) = \theta_1 \mu^{\theta_2}$，$Z_t$ 为减排成本。

可行性约束条件为：

$$C_t + I_t + Z_t \leqslant Y_t \qquad (7.8)$$

其中，$I_t$ 为在时期 $t$ 的投资，$I_t$ 满足资本积累方程为：

$$K_t = (1 - \delta) K_{t-1} + I_t \qquad (7.9)$$

其中，$\delta$ 为资本 $K_t$ 的折旧率。

（1）企业利润最大化问题。

$$\max_{\tau_t, r_t} \pi_t \qquad (7.10)$$

$$\pi_t = Y_t - r_t K_{t-1} - Z_t - L_t W_t \qquad (7.11)$$

通过对企业利润 $\pi_t$ 对资本 $K_{t-1}$ 求偏导数，得出：

$$r_t = Y_t \frac{f'(K_{t-1}, L_t)}{f(K_{t-1}, L_t)} [1 - g(\mu_t)] \qquad (7.12)$$

其中 $r_t$ 为资本报酬率。

（2）消费者效用最大化。效用贴现后效用函数为：

$$\max_{(K_t, x_t, C_t)} E_t \left( \sum \beta^t (U(C_t)) \right) \qquad (7.13)$$

其中 $\beta$ 为主观贴现因子，可行性约束条件为：

$$C_t \leqslant r_t K_{t-1} + \pi_t + L_t W_t - I_t \qquad (7.14)$$

通过拉格朗日乘法，求解该最优化问题，求出最优消费路径，具体的推导过程如下：

$$\Phi = \max_{(K_t, x_t, C_t)_{t=0}^{\infty}} E_t \sum \beta^t$$

$$(U(C_t) + \lambda_t [Y_t - (C_t + (K_t - (1 - \delta) K_{t-1}) + Z_t)]) \qquad (7.15)$$

$$\partial \Phi / \partial C_t = \frac{1}{C_t} - \lambda_t = 0 \qquad (7.16)$$

$$\partial \Phi / \partial L_t = \frac{-A}{1-L_t} + \lambda_t \left( 1 - g(\mu_t)(1-\alpha)\frac{Y_t}{L_t} \right) = 0 \qquad (7.17)$$

$$\partial \Phi / \partial K_t = -\lambda_t + \beta E_t \lambda_{t+1}(Y_{t+1}(1-g(\mu_{t+1}))'_{k_t} + 1 - \delta)$$

$$= -\lambda_t + \beta E_t \lambda_{t+1}((1-d(x_{t+1}))a_{t+1}f'(K_t, L_{t+1})$$

$$(1-g(\mu_{t+1}) - Y_{t+1}g'(\mu_{t+1})\frac{1-\mu_{t+1}}{h(Y_{t+1})}h(Y_{t+1})') + 1 - \delta)$$

$$= -\frac{1}{C_t} + \beta E_t C_{t+1}((1-d(x_{t+1}))a_{t+1}f'(K_t, L_{t+1})$$

$$(1-g(\mu_{t+1}) - Y_{t+1}g'(\mu_{t+1})\frac{1-\mu_{t+1}}{h(Y_{t+1})}h(Y_{t+1})') + 1 - \delta)$$

$$= -\frac{1}{C_t} + \beta E_t \frac{1}{C_{t+1}} \left( \frac{\alpha Y_{t+1}}{K_t}(1-\theta_1\mu^{\theta_2} - \theta_1\theta_2\mu^{\theta_2-1}(1-\gamma)e_{t+1}Y_{t+1}^{\gamma-1}) + 1 - \delta \right)$$

$$= 0 \qquad (7.18)$$

$$\partial \Phi / \partial x_t = \lambda_t((Y_t)_x - (Z_t)_x) + \beta E_t \lambda_{t+1}(-Z_{t+1})_x$$

$$= \lambda_t(-d'(x_t)a_t f(K_{t-1}, L_t)(1-g(\mu_t)) + Y_t(1-g(\mu_t))')$$

$$\quad + \beta E_t \lambda_{t+1}(-Z_{t+1})_x$$

$$= \lambda_t(-d'(x_t)a_t f(K_{t-1}, L_t)(1-\theta_1\mu^{\theta_2}))$$

$$\quad + Y_t(-\theta_1\theta_2\mu^{\theta_2-1}) \left( \frac{Y_t^{1-\gamma} - e_t}{Y_t^{1-\gamma}} \right)' + \beta E_t \lambda_{t+1}(-Z_{t+1})_x \qquad (7.19)$$

又因为：
$$\mu_t = \frac{h(Y_t) - e_t}{h(Y_t)} \qquad (7.20)$$

$$\left( \frac{Y_t^{1-\gamma} - e_t}{Y_t^{1-\gamma}} \right)' = \frac{((1-\gamma)Y_t^{-\gamma}Y'_t - 1)Y_t^{1-\gamma} - (1-\gamma)Y_t^{-\gamma}Y'_t(Y_t^{1-\gamma} - e_t)}{(Y_t^{1-\gamma})^2}$$

$$= \frac{-Y_t^{1-\gamma} + (1-\gamma)Y_t^{-\gamma}Y'_t e_t}{(Y_t^{1-\gamma})^2} \qquad (7.21)$$

$$\beta E_t \lambda_{t+1}(-Z_{t+1})_x = -\beta E_t \lambda_{t+1}(\theta_1 u^{\theta_2}Y_{t+1})'$$

$$= -\beta E_t \lambda_{t+1}\theta_1\theta_2 u^{\theta_2-1}Y_{t+1} \left( \frac{\eta}{Y_{t+1}^{1-\gamma}} \right) \qquad (7.22)$$

把式（7.21）和式（7.22）代入式（7.19）可推出：

$$\partial \Phi / \partial x_t = \lambda_t((Y_t)_x - (Z_t)_x) + \beta E_t \lambda_{t+1}(-Z_{t+1})_x$$

$$= \lambda_t(-d'(x_t) a_t f(K_{t-1}, L_t)(1 - g(\mu_t)) + Y_t(1 - g(\mu_t))')$$

$$\quad + \beta E_t \lambda_{t+1}(-Z_{t+1})_x$$

$$= \lambda_t(-d'(x_t) a_t f(K_{t-1}, L_t)(1 - \theta_1 \mu^{\theta_2}))$$

$$\quad + Y_t(-\theta_1 \theta_2 \mu^{\theta_2 - 1}) \frac{-Y_t^{1-\gamma} + (1 - \gamma) Y_t^{-\gamma} Y_t' e_t}{(Y_t^{1-\gamma})^2}$$

$$\quad - \beta E_t \lambda_{t+1} \theta_1 \theta_2 \mu^{\theta_2 - 1} Y_{t+1} \left( \frac{\eta}{Y_{t+1}^{1-\gamma}} \right)$$

$$= \lambda_t(-(2 d_2 x_t + d_1) a_t f(K_{t-1}, L_t)(1 - \theta_1 \mu^{\theta_2})) + \theta_1 \theta_2 \mu_t^{\theta_2 - 1} Y_t^{\gamma}$$

$$\quad + \theta_1 \theta_2 \mu_t^{\theta_2 - 1}(1 - \gamma) Y_t^{1-\gamma} e_t(2 d_2 x_t + d_1) a_t f(K_{t-1}, L_t)$$

$$\quad - \beta E_t \lambda_{t+1} \eta \theta_1 \theta_2 \mu^{\theta_2 - 1} Y_{t+1}^{\gamma}$$

$$= 0 \qquad\qquad (7.23)$$

## 7.1.2 理论模型方程线性化

为了对上述宏观经济模型进行求解，本章采用待定系数算法进行求解（Uhlig, 1999）。在求解前，首先对模型方程进行对数线性化，$\hat{X}_t$ 表示变量 $X_t$ 在均衡点附近的偏离百分比，没有时间下标的表示均衡值，具体线性化方程如下：

$$C\hat{C}_t + I\hat{I}_t + Z\hat{Z}_t - Y\hat{Y}_t = 0 \qquad\qquad (7.24)$$

$$K\hat{K}_t - K(1 - \delta)\hat{K}_{t-1} - I\hat{I}_t = 0 \qquad\qquad (7.25)$$

$$\hat{x}_t - \eta \hat{x}_{t-1} - (1 - \eta)\hat{e}_t = 0 \qquad\qquad (7.26)$$

$$e\hat{e}_t - Y^{1-\gamma}(1 - \gamma)\hat{Y}_t + \mu Y^{1-\gamma}(\hat{\mu}_t + (1 - \gamma)\hat{Y}_t) = 0 \qquad\qquad (7.27)$$

$$\hat{Z}_t - \theta_2 \hat{\mu}_t - \hat{Y}_t = 0 \qquad\qquad (7.28)$$

$$Y\hat{Y}_t - (1 - d_0 - d_1 x - d_2 x^2) K^{\alpha} L^{1-\alpha}(\hat{a}_t + \alpha \hat{K}_{t-1} + (1 - \alpha)\hat{L}_t)$$

$$\quad + (2 d_2 x^2 + d_1 x) K^{\alpha} L^{1-\alpha}\hat{x}_t = 0 \qquad\qquad (7.29)$$

$$(1 - \alpha)(1 - L)(Y/L)(1 - \theta_1 \mu^{\theta_2})(\hat{Y}_t - \hat{C}_t - \hat{L}_t)$$

$$+ (1 - \alpha)(- L)(Y/L)(1 - \theta_1 \mu^{\theta_2})\hat{L}_t + (1 - \alpha)(1 - L)(Y/L)(- \theta_1 \theta_2 \mu^{\theta_2})\hat{\mu}_t$$

$$= (1 - \alpha)(1 - L)(Y/L)(1 - \theta_1 \mu^{\theta_2})(\hat{Y}_t - \hat{C}_t) - (1 - \alpha)(Y/L)(1 - \theta_1 \mu^{\theta_2})\hat{L}_t$$

$$+ (1 - \alpha)(1 - L)(Y/L)(- \theta_1 \theta_2 \mu^{\theta_2})\hat{\mu}_t$$

$$= (1 - \theta_1 \mu^{\theta_2})(\hat{Y}_t - \hat{C}_t) - (1 - \theta_1 \mu^{\theta_2})\hat{L}_t/(1 - L) - \theta_1 \theta_2 \mu^{\theta_2}\hat{\mu}_t$$

$$= 0 \tag{7.30}$$

$$\hat{C}_t - \beta E_t \hat{C}_{t+1}(\alpha Y K^{-1}(1 - \theta_1 \mu^{\theta_2} - \theta_1 \theta_2(1 - \gamma)Y^{\gamma - 1}\mu^{\theta_2 - 1}e) + 1 - \delta)$$

$$+ \beta E_t(\alpha Y K^{-1}(1 - \theta_1 \mu^{\theta_2} - \theta_1 \theta_2(1 - \gamma)Y^{\gamma - 1}\mu^{\theta_2 - 1}e)(\hat{Y}_{t+1} - \hat{K}_t))$$

$$+ \beta E_t(\alpha Y K^{-1}(- \theta_1 \mu^{\theta_2}\theta_2 \hat{\mu}_{t+1} - \theta_1 \theta_2(1 - \gamma)Y^{\gamma - 1}\mu^{\theta_2 - 1}e((\gamma - 1)\hat{Y}_{t+1}$$

$$+ (\theta_2 - 1)\hat{\mu}_{t+1} + \hat{e}_{t+1})))$$

$$= 0 \tag{7.31}$$

$$- \hat{C}_t(- (1 - \theta_1 \mu^{\theta_2})(2d_2 x + d_1)K^\alpha L^{1 - \alpha} + \theta_1 \theta_2 Y^\gamma \mu^{\theta_2 - 1}$$

$$+ \theta_1 \theta_2(1 - \gamma)Y^{\gamma - 1}\mu^{\theta_2 - 1}e(2d_2 x + d_1)K^\alpha L^{1 - \alpha}$$

$$+ \theta_1 \mu^{\theta_2}(2d_2 x + d_1)K^\alpha L^{1 - \alpha}\theta_2 \hat{\mu}_t + (- (1 - \theta_1 \mu^{\theta_2})2d_2 x K^\alpha L^{1 - \alpha}))\hat{x}_t$$

$$+ (- (1 - \theta_1 \mu^{\theta_2})(2d_2 x + d_1)K^\alpha L^{1 - \alpha}(\hat{a}_t + \alpha \hat{K}_{t-1} + (1 - \alpha)\hat{L}_t))$$

$$+ \theta_1 \theta_2 Y^\gamma \mu^{\theta_2 - 1}((\theta_2 - 1)\hat{\mu}_t + \gamma \hat{Y}_t)$$

$$+ \theta_1 \theta_2(1 - \gamma)Y^{\gamma - 1}\mu^{\theta_2 - 1}e(2d_2 x + d_1)K^\alpha L^{1 - \alpha}$$

$$\times ((\gamma - 1)\hat{Y}_t + (\theta_2 - 1)\hat{\mu}_t + \hat{e}_t + \hat{a}_t + \alpha \hat{K}_{t-1} + (1 - \alpha)\hat{L}_t)$$

$$+ \theta_1 \theta_2(1 - \gamma)Y^{\gamma - 1}\mu^{\theta_2 - 1}e(2d_2 x)K^\alpha L^{1 - \alpha}\hat{x}_t$$

$$- \beta \theta_1 \theta_2 \eta Y^\gamma \mu^{\theta_2 - 1}E_t(- \hat{C}_{t+1} + \gamma \hat{Y}_{t+1t} + (\theta_2 - 1)\hat{\mu}_{t+1})$$

$$= 0 \tag{7.32}$$

$$\hat{a}_t - \hat{\rho}a_{t-1} = \varepsilon_t \tag{7.33}$$

## 7.2　征收碳税的动态随机一般均衡的理论模型

### 7.2.1　理论模型

假定政府只对企业征收碳税，并不向消费者征收碳税，企业的目标是使得预期利润最大化；假定个人消费者的目标是使得跨期效用最大化；假定政府在企业利润最大化和消费者效用最大化的约束条件下，解决一个拉姆齐问题（福利最大化），通过选择一最优碳税路径使得整个社会福利最大化。在此需要说明的是，征收碳税的随机动态一般均衡理论模型的变量，如无特别说明情况下，均与未征收碳税的随机动态一般均衡理论模型的变量说明保持一致。

（1）企业利润最大化问题。

$$\max_{\tau_t, r_t} \pi_t$$

$$\text{s. t. } \pi_t = Y_t - \tau_t e_t - r_t K_{t-1} - Z_t - L_t W_t$$

$$Y_t = (1 - d_0 - d_1 x_t - d_2 x_t^2) a_t K_{t-1}^\alpha L_t^{1-\alpha}$$

$$e_t = (1 - \mu_t) h(Y_t)$$

$$f(K_{t-1}, L_t) = K_{t-1}^\alpha L_t^{1-\alpha}$$

$$Z_t = g(\mu_t) Y_t$$

$$g(\mu_t) = \theta_1 \mu^{\theta_2}$$

$$h(Y_t) = Y_t^{1-\gamma} \tag{7.34}$$

企业利润 $\pi_t$ 对资本 $K_{t-1}$ 及减排率 $\mu_t$ 求偏导数得出：

$$r_t = Y_t \frac{f'(K_{t-1}, L_t)}{f(K_{t-1}, L_t)} [1 - \tau_t (1 - \mu_t) h'(Y_t) - g(\mu_t)] \tag{7.35}$$

$$\tau_t h'(Y_t) = Y_t g'(\mu_t) \tag{7.36}$$

（2）消费者效用最大化问题。

$$\max_{(K_t, x_t, C_t)_{t=0}^{\infty}} E_t \left( \sum (U(C_t)) \right)$$

$$\text{s. t. } C_t \leqslant \tau_t e_t + r_t K_{t-1} + \pi_t + L_t W_t - I_t$$

$$K_t = (1 - \delta) K_{t-1} + I_t$$

$$e_t = (1 - \mu_t) h(Y_t)$$

$$U(C_t) = \ln C_t + A\ln(1 - L_t) \tag{7.37}$$

在约束条件下,选择资本存量,使得个人效用最大化,得出最优消费路径方程为:

$$-U'(C_t) + \beta E_t U'(C_{t+1}) [r_{t+1} + (1 - \delta)] = 0 \tag{7.38}$$

(3) 政府社会福利化问题。在企业利润最大化和消费者效用最大化的前提下,政府选择碳税,使得社会福利最大化。

$$\max_{(K_t, x_t, \tau_t)_{t=0}^{\infty}} E_t \left( \sum \beta^t U(C_t) \right)$$

$$\text{s. t. } r_t = Y_t \frac{f'(K_{t-1}, L_t)}{f(K_{t-1}, L_t)} [1 - \tau_t (1 - \mu_t) h'(Y_t) - g(\mu_t)]$$

$$\tau_t h'(Y_t) = Y_t g'(\mu_t)$$

$$-U'(C_t) + \beta E_t U'(C_{t+1}) [r_{t+1} + (1 - \delta)] = 0$$

$$C_t + I_t + Z_t \leqslant Y_t$$

$$K_t = (1 - \delta) K_{t-1} + I_t$$

$$x_t = \eta x_{t-1} + e_t + e_t^{row}$$

$$Y_t = (1 - d_0 - d_1 x_t - d_2 x_t^2) a_t K_{t-1}^{\alpha} L_t^{1-\alpha}$$

$$e_t = (1 - \mu_t) h(Y_t)$$

$$f(K_{t-1}, L_t) = K_{t-1}^{\alpha} L_t^{1-\alpha}$$

$$Z_t = g(\mu_t) Y_t$$

$$g(\mu_t) = \theta_1 \mu_t^{\theta_2}$$

$$h(Y_t) = Y_t^{1-\gamma}$$

$$U(C_t, l_t) = \ln C_t + A\ln(1 - L_t) \tag{7.39}$$

在满足消费者效用最大化和企业利润最大化的条件下,政府寻求一条最优减排路径,即求解最优化问题。其中拉格朗日函数为:

$$\Theta = \max E_t \sum \begin{array}{l} \beta^t \big[ U(Y_t - K_t + (1-\delta)K_{t-1}) - Z_t, l_t) \\ +\lambda_t \big[ -U'(Y_t - K_t + (1-\delta)K_{t-1}) - Z_t) \big] \\ \beta E_t (U'(Y_{t+1} - K_{t+1} + (1-\delta)K_t) - Z_{t+1}) \big[ (r_{t+1} + 1 - \delta) \big] \\ +\xi_t \big[ x_t - \eta x_{t-1} - e_t + e_t^{row} \big] + \chi_t \big[ Y_t - (1 - d_0 - d_1 x_t - d_2 x_t^2) a_t K_{t-1}^\alpha L_t^{1-\alpha} \big] \end{array}$$

(7.40)

对其求偏导数可得出：

$$\frac{\partial \Theta}{\partial L_t} = \frac{-A}{1-L_t} - \chi_t \frac{Y_t}{L_t}(1-\alpha)$$
$$= 0$$

(7.41)

$$\frac{\partial \Theta}{\partial \tau_t} = -U'(C_t) Z_\tau(\tau_t, Y_t) + \lambda_t U''(C_t) Z_\tau(\tau_t, Y_t)$$
$$+ \lambda_{t-1}\beta E_t(U''(C_t)(-Z_\tau(\tau_t, Y_t)(r_\tau(\tau_t, Y_t, K_{t-1})$$
$$+ 1 - \delta) + U'(C_t) r_\tau(\tau_t, Y_t, K_{t-1}))) + \xi_t(-e_\tau(\tau_t, Y_t))$$
$$= 0$$

(7.42)

$$\frac{\partial \Theta}{\partial x_t} = \xi_t - \eta\beta\xi_{t+1} - \chi_t a_t f(K_{t-1}, L_t) d'(x_t)$$
$$= 0$$

(7.43)

$$\frac{\partial \Theta}{\partial Y_t} = U'(C_t)(1 - Z_Y(\tau_t, Y_t) + \lambda_t(-U''(C_t)(1 - Z_Y(\tau_t, Y_t)))$$
$$+ \lambda_{t-1}(U''(C_t)(1 - Z_Y(\tau_t, Y_t))(r_Y(\tau_t, Y_t, K_{t-1}) + 1 - \delta)$$
$$+ U'(C_t) r_Y(\tau_t, Y_t, K_{t-1})) + \xi_t(-e_\tau(\tau_t, Y_t)) + \chi_t$$
$$= 0$$

(7.44)

$$\frac{\partial \Theta}{\partial K_t} = -U'(C_t) + \beta U'(C_{t+1})(1-\delta) + \lambda_{t+1}(-U''(C_{t+1})(1-\delta)\beta)$$
$$+ \lambda_t(U''(C_t) + \beta U''(C_{t+1})(1-\delta)(r_{t+1} + 1 - \delta))$$
$$+ \beta U'(C_{t+1})(r_k(\tau_{t+1}, Y_{t+1}, K_t)) + \lambda_{t-1}(-U''(C_t)(r_t + 1 - \delta))$$
$$- \chi_{t+1}\beta(1 - d(x_{t+1}) a_{t+1} f'(K_t, L_{t+1}))$$
$$= 0$$

(7.45)

## 7.2.2 模型线性化过程

根据上述理论模型，在采用待定系数算法进行求解之前，首先对政府约束条件模型方程组和式（7.41）～式（7.45）进行对数线性化，同样，$\hat{X}_t$ 表示变量 $X_t$ 在均衡点附近的百分比变化，没有时间下标的表示均衡值，具体线性化后的方程如下：

$$C\,\hat{C}_t + I\,\hat{I}_t + Z\,\hat{Z}_t - Y\,\hat{Y}_t = 0 \qquad (7.46)$$

$$K\,\hat{K}_t - K(1-\delta)\hat{K}_{t-1} - I\,\hat{I}_t = 0 \qquad (7.47)$$

$$\hat{x}_t - \eta\,\hat{x}_{t-1} - (1-\eta)\hat{e}_t = 0 \qquad (7.48)$$

$$e\,\hat{e}_t - Y^{1-\gamma}(1-\gamma)\hat{Y}_t + \mu Y^{1-\gamma}(\hat{\mu}_t + (1-\gamma)\hat{Y}_t) = 0 \qquad (7.49)$$

$$\hat{Z}_t - \theta_2\,\hat{\mu}_t - \hat{Y}_t = 0 \qquad (7.50)$$

$$Y\hat{Y}_t - (1 - d_0 - d_1 x - d_2 x^2)K^\alpha L^{1-\alpha}(\hat{a}_t + \alpha\hat{K}_{t-1} + (1-\alpha)\hat{L}_t)$$
$$+ (2d_2 x^2 + d_1 x)K^\alpha L^{1-\alpha}\hat{x}_t = 0 \qquad (7.51)$$

$$\frac{\hat{L}_t}{1-L} - \hat{Y}_t - \hat{\chi}_t = 0 \qquad (7.52)$$

$$\theta_1\mu^{\theta_2 - 1}((\theta_2 - 1)\hat{\mu}_t - \hat{\tau}_t + \gamma\hat{Y}_t) = 0 \qquad (7.53)$$

$$\frac{\alpha Y}{K}((\mu - 1)IY^{-\gamma}\hat{I}_t + (\mu - 1)\gamma IY^{-\gamma}\hat{Y}_t + (\mu iIY^{-\gamma} - \theta_1\theta_2\mu^{\theta_2})\hat{u}_t$$
$$+ (\hat{Y}_t - \hat{K}_{t-1})r - r\hat{r}_t = 0 \qquad (7.54)$$

$$\frac{\theta_2}{\theta_2 - 1}\frac{Z}{\tau C}(\hat{Z}_t - \hat{C}_t - \hat{\tau}_t) + \lambda\frac{-1}{C^2}\frac{\theta_2}{\theta_2 - 1}\frac{Z}{\tau}(\hat{\lambda}_t + \hat{Z}_t - 2\hat{C}_t - \hat{\tau}_t)$$

$$+ \lambda\frac{-1}{C^2}\frac{\theta_2}{\theta_2 - 1}\frac{Z}{\tau}r(\hat{\lambda}_{t-1} + \hat{Z}_t - 2\hat{C}_t - \hat{\tau}_t - \hat{r}_t)$$

$$+ \lambda\frac{-1}{C^2}\frac{\theta_2}{\theta_2 - 1}\frac{Z}{\tau}(1-\delta)(\hat{\lambda}_{t-1} + \hat{Z}_t - 2\hat{C}_t - \hat{\tau}_t)$$

$$- \frac{1}{C}\alpha(1-\gamma)Y^{1-\gamma}K^{-1}((1-\gamma)\hat{Y}_t - \hat{C}_t - \hat{K}_{t-1})$$

$$+ \frac{1}{C}\alpha(1-\gamma)Y^{1-\gamma}K^{-1}\left(1+\frac{1}{\theta_2-1}\right)\mu(\hat{\mu}_t(1-\gamma)\hat{Y}_t-\hat{C}_t-\hat{K}_{t-1})$$

$$-\frac{1}{c}\alpha YK^{-1}\frac{\theta_1\theta_2}{\theta_2-1}\mu^{\theta_2}\tau^{-1}(\hat{Y}_t+\theta_2\hat{\mu}_t-\hat{C}_t-\hat{K}_{t-1}-\hat{\tau}_t)$$

$$+\xi\frac{1}{\theta_2-1}Y^{1-\gamma}\mu\tau^{-1}(\hat{\xi}_t+(1-\gamma)\hat{Y}_t+\hat{\mu}_t-\hat{\tau}_t)$$

$$=0 \tag{7.55}$$

$$\xi\hat{\xi}_t-\eta\beta\xi E\hat{\xi}_{t+1}-\chi aK^\alpha L^{1-\alpha}(\hat{\chi}_t+\hat{a}_t+\alpha\hat{K}_{t-1}+(1-\alpha)\hat{L}_t)$$

$$\times(2d_2x+d_1)+\chi aK^\alpha L^{1-\alpha}(2d_2x)\hat{x}_t$$

$$=0 \tag{7.56}$$

$$\frac{-1}{C}\hat{C}_t-\frac{\theta_2(1-\gamma)-1}{\theta_2-1}\frac{Z}{YC}(\hat{Z}_t-\hat{C}_t-\hat{Y}_t)+\frac{\lambda}{C^2}(\hat{\lambda}_t-2\hat{C}_t)$$

$$-\frac{\theta_2(1-\gamma)-1}{\theta_2-1}\frac{\lambda Z}{YC^2}(\hat{\lambda}_t+\hat{Z}_t-2\hat{C}_t-\hat{Y}_t)-\frac{\lambda r}{C^2}(\hat{\lambda}_{t-1}-2\hat{C}_t+\hat{r}_t)$$

$$-\frac{\theta_2(1-\gamma)-1}{\theta_2-1}\frac{\lambda rZ}{YC^2}(\hat{\lambda}_{t-1}+\hat{Z}_t+\hat{r}_t-2\hat{C}_t-\hat{Y}_t)+(1-\delta)\frac{-\lambda}{C^2}(\hat{\lambda}_{t-1}-2\hat{C}_t)$$

$$+(1-\delta)\frac{\theta_2(1-\gamma)-1}{\theta_2-1}\frac{\lambda Z}{YC^2}(\hat{\lambda}_{t-1}+\hat{Z}_t-2\hat{C}_t-\hat{Y}_t)+\frac{\alpha}{ck}(-\hat{C}_t-\hat{K}_{t-1})$$

$$-\alpha(1-\gamma)^2\tau Y^{-\gamma}(KC)^{-1}(\hat{\tau}_t-\gamma\hat{Y}_t-\hat{C}_t-\hat{K}_{t-1})$$

$$-\alpha(1-\gamma)\left(1-\gamma-\frac{\gamma}{\theta_2-1}\right)\tau\mu Y^{-\gamma}(KC)^{-1}(\hat{\tau}_t+\hat{\mu}_t-\gamma\hat{Y}_t-\hat{C}_t-\hat{K}_{t-1})$$

$$-\alpha\theta_1\left(1-\frac{\theta_2\gamma}{\theta_2-1}\right)\mu^{\theta_2}(KC)^{-1}(\theta_2\hat{\mu}_t-\hat{C}_t-\hat{K}_{t-1})$$

$$-(1-\gamma)\xi Y^{-\gamma}(\hat{\xi}_t-\gamma\hat{Y}_t)+\left(1-\gamma-\frac{\gamma}{\theta_2-1}\right)(\hat{\xi}_t+\hat{\mu}_t-\gamma\hat{Y}_t)+\chi\hat{\chi}_t$$

$$=0 \tag{7.57}$$

$$C^{-1}\hat{C}_t-\frac{\beta\lambda(1-\delta)}{C}(\hat{C}_{t+1})+\frac{\beta\lambda(1-\delta)}{C^2}(\hat{\lambda}_{t+1}-2\hat{C}_{t+1})-\frac{\lambda}{C^2}(\hat{\lambda}_t-2\hat{C}_t)$$

$$-\frac{\beta\lambda(1-\delta)r}{C^2}(\hat{\lambda}_t-2\hat{C}_{t+1}+\hat{r}_{t+1})-\frac{\beta\lambda(1-\delta)^2}{C^2}(\hat{\lambda}_t-2\hat{C}_{t+1})$$

$$-\frac{\beta\alpha}{CK^2}(\hat{Y}_{t+1} - \hat{C}_{t+1} - 2\hat{K}_t)$$

$$+\frac{\beta\alpha(1-\gamma)Y^{1-\gamma}}{CK^2}((1-\gamma)\hat{Y}_{t+1} - \hat{C}_{t+1} - 2\hat{K}_t)$$

$$+\frac{\beta\alpha(1-\gamma)\alpha\tau Y^{1-\gamma}}{K^2}(\hat{\tau}_t + \hat{\mu}_{t+1} + (1-\gamma)\hat{Y}_{t+1} - \hat{C}_{t+1} - 2\hat{K}_t)$$

$$+\frac{\beta\alpha\theta_1 Y\mu^{\theta_2}}{CK^2}(\hat{Y}_{t+1} + \theta_2\hat{\mu} - \hat{C}_{t+1} - 2\hat{K}_t) + \frac{\lambda r}{C^2}(\hat{\lambda}_{t-1} - 2\hat{C}_t + \hat{r}_t)$$

$$+\frac{\lambda(1-\delta)}{C^2}(\hat{\lambda}_{t-1} - 2\hat{C}_t)$$

$$-\frac{\chi\beta\alpha Y}{K}(\hat{\chi}_{t+1} + \hat{Y}_{t+1} - \hat{K}_t)$$

$$= 0 \tag{7.58}$$

## 7.3　模型的参数校准及估计

动态随机一般均衡模型进行模拟时，参数校准是模拟的基础。因此，根据柯布—道格拉斯生产函数估计，假定函数规模报酬不变，则行为方程为：

$$Y = f(K, L) = aK^\alpha L^{1-\alpha} \tag{7.59}$$

式（7.59）两边除以 $L$，并对方程两边取对数得出如下方程：

$$\ln(Y/L) = \ln a + \alpha\ln(K/L) \tag{7.60}$$

通过方程（7.60）建立计量模型，利用 1952 ~ 2010 年的中国人均 GDP 和人均资本存量数据（1952 年为价格基期）进行线性回归，结果估计出资本弹性 $\alpha$ 为 0.747885。具体见表 7.1。

表7.1 资本弹性的估计结果

| 变量 | 系数 | t 统计量 | P 值 |
|------|------|----------|------|
| LN($K/L$) | 0.7479 | 36.7498 | 0.0000 |
| $C$ | 1.4290 | 9.2078 | 0.0000 |
| $R^2$ | 0.9595 | Log *likelihood* | 15.1389 |
| F 统计量 | 1350.5500 | Prob($F$-*statistic*) | 0.0000 |

同时将索洛剩余作为技术冲击，对方程 $\ln a_t = \rho \ln a_{t-1} + \varepsilon_t$ 通过最小二乘回归即可得到一阶自相关系数 $\rho$ 为 0.868253，标准差 $\varepsilon$ 为 0.062339。具体见表7.2。

表7.2 技术冲击的一阶自相关系数的估计结果

| 变量 | 系数 | t 统计量 | P 值 |
|------|------|----------|------|
| $C$ | 1.3706 | 21.1319 | 0.0000 |
| $AR(1)$ | 0.8683 | 19.9651 | 0.0000 |
| $R^2$ | 0.8768 | Log *likelihood* | 79.6790 |
| F 统计量 | 398.6050 | Prob（$F$-*statistic*） | 0.0000 |

富恩特斯-阿尔比等（Fuentes-Albero et al.，2009）对年度的主观贴现因子 $\beta$ 为 0.95，本章沿用这一数据。资本折旧率本章采用张军等（2004）的做法，年度资本折旧率 $\delta$ 为 9.6%。生产函数的二次损失函数的系数参考诺德豪斯（Nordhaus，2008）的研究，$d_0$ 为 $1.3950 \times 10^{-3}$，$d_1$ 为 $-6.6722 \times 10^{-6}$，$d_2$ 为 $1.4647 \times 10^{-8}$，$g(\mu_t) = \theta_1 \mu^{\theta_2}$ 中的 $\theta_1$ 为 0.05607，$\theta_2$ 为 2.8。本章利用 1995~2010 年各个省域的碳排放量与 GDP，通过方程 $h(y_t) = y_t^{1-\gamma}$ 建立估计结果，通过面板模型估计得出 $1-\gamma$ 值为 0.843754，具体见表7.3。选择雷莉（Reilly，1992）设定的 1983 年作为碳的半衰

期 $\eta$ 为 0.99。

表 7.3　　　　　　　　　　碳排放与 GDP 的回归结果

| 变量 | 系数 | t 统计量 | P 值 |
|------|------|---------|------|
| C | 2.0220 | 28.7252 | 0.0000 |
| LN$GDP$ | 0.8438 | 88.1577 | 0.0000 |
| $R^2$ | 0.9454 | Log $likelihood$ | 497.0826 |
| F 统计量 | 259.0595 | Prob($F\text{-}statistic$) | 0.0000 |

## 7.4　DSGE 模型模拟及分析

### 7.4.1　碳排放响应技术冲击

本章根据柯布—道格拉斯生产函数估计出索洛剩余，即除劳动和资本对产出贡献外，综合要素生产率如人力资本、技术等要素对经济增长所做的贡献。在此，把索洛剩余作为技术冲击变量。估算索洛剩余时，参数校准部分给出了具体估算过程。在动态随机一般均衡模型模拟时，考虑技术冲击下，对征收碳税和未征收碳税做两种情景进行模拟，以便进行对比分析。同时需要说明的是，本章以 2010 年为基年开始计算，因此，模型变量参数初值是 2010 年的值。

图 7.1 模拟结果显示，未征收碳税的经济环境下，面对技术冲击时，碳排放的增长率在预测期均为正，碳排放增长率最高达 1.2254%，随着时间推移，技术冲击减弱，增长率有所放缓，但增长率依然为正，也就是说，在不采取任何措施时，碳排放将保持增长趋势，碳排放处于发散阶段。

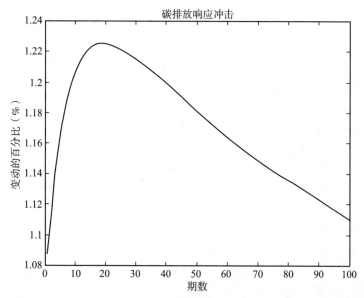

**图 7.1 未征收碳税经济环境下的技术冲击对碳排放增长率的影响**

图 7.2 结果显示，征收碳税的经济环境下，在受到外生技术的冲击时，碳排放增长率为负，碳排放下降率为 3.9732%，碳排放增长有所放缓。碳税在刚开始作用时，完全抵消了技术冲击对碳排放的增长。随着时间推移，碳税的作用将会小于技术冲击带来的碳排放增长的作用。与此同时，征收碳税时碳排放的增长率绝大部分时间小于未征收碳税时。可见，征收碳税能降低碳排放，能有效抑制由技术冲击带来碳排放的增长速度。并且研究发现，随着时间的推移，碳排放的增长逐渐趋近零，收敛到一个稳态。

综上可知，面对技术冲击，未征收碳税的经济环境下，碳排放增长率是上升的，增长率一直处于正的方向；征收碳税的经济环境下，碳排放刚开始增长率为负，并且绝大多数时间内，征收碳税的碳排放增长率小于未征收碳税时的碳排放增长率，因此，征收碳税有利于降低碳排放，使得碳排放增长速度得到有效抑制，且在技术冲击下，碳排放存在一个动态收敛机制，最后收敛到一个稳态。

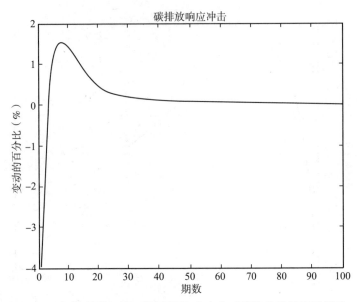

图7.2　征收碳税经济环境下的技术冲击对碳排放增长率的影响

## 7.4.2　碳减排成本响应技术冲击

进一步从碳减排成本进行分析，图7.3的结果显示，未征收碳税的经济环境下，面临技术冲击时，随着时间的推移，碳减排成本将随之增大，减排成本一直处于上升阶段，没有下降的趋势。换言之，先发展后治理所造成治理环境的成本会更大，即未来减排的成本将会更大。

征收碳税的经济环境下，图7.4结果显示，面临技术冲击时，刚开始减排成本有所上升，但随着时间的推移，碳减排成本有所下降。也就是说，刚开始征收碳税时，会带来企业减排成本的增加，但随着时间的推移，企业的减排成本将会逐渐降低。

因此，面临技术冲击，在未征收碳税经济环境下，短期内减排成本不大，但未来的减排成本将会越来越大；在征收碳税经济环境下，短期内减排成本将会增加，但从长期看减排成本反而有所下降。

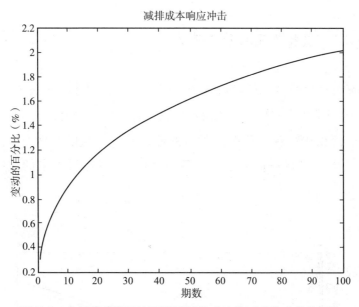

**图7.3 未征收碳税经济环境下的技术冲击对减排成本的影响**

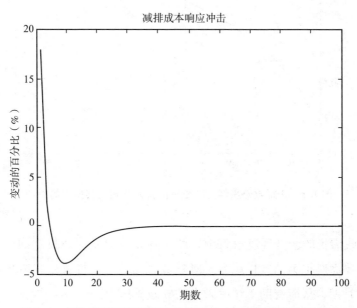

**图7.4 征收碳税经济环境下的技术冲击对碳减排成本的影响**

### 7.4.3　减排率响应技术冲击

未征收碳税的经济环境情景中，图 7.5 结果显示，在技术冲击下，19 期前碳减排率的变化率为负值，可见，在这段时间内企业并没有减排的动机。但由于以往一段时间没有减排，碳减排量的总量在增加（图7.1），造成未来减排成本更大（图 7.3），从而使得未来的减排压力更大。

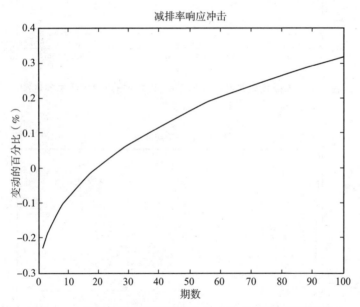

**图 7.5　未征收碳税经济环境下的技术冲击对减排率的影响**

征收碳税的经济环境情景中，图 7.6 结果显示，在技术冲击下，刚开始需要面对很大的减排压力。但随着时间进一步推移，碳减排率将处于下降时期，从而有助于缓解未来的碳减排压力。

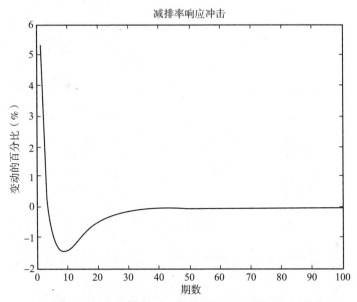

图 7.6 征收碳税经济环境下的技术冲击对减排率的影响

## 7.4.4 产出响应技术冲击

未征收碳税经济环境下，图 7.7 结果显示，面临技术冲击，企业扩大产能，产出增长率一直为正，也就是说，如果未实施碳税经济政策的约束，产出的增长将依然保持一个比较高的粗放的增长方式，增长所带来的碳排放也会增加（见图 7.1）。这对加快我国经济发展方式转变提出了紧迫的要求。

征收碳税经济环境下，图 7.8 结果显示，面临技术冲击，会造成刚开始产出的增长，也就是说，在征收碳税的环境下，从企业的角度来分析，对处于垄断地位的企业，在技术冲击下，可以正好抓住技术更新换代的机遇，进一步巩固垄断地位，同时能更快消除征收碳税对其造成的影响。而对于落后产能企业，在未征收碳税之前，利润就不高；征收碳税时，将进一步削薄其利润，从而有可能在未来面临破产的危险。因此，在技术冲击下，尽管刚开始，产出会有一个较高的增长率，但随着时间的推移，落后产能的企业，将

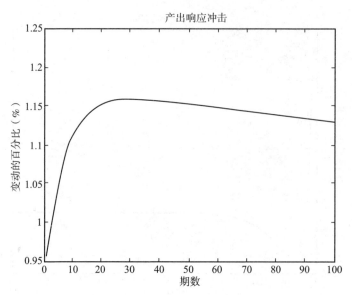

**图 7.7　未征收碳税经济环境下的技术冲击对产出的影响**

可能被淘汰，从而增长率会下降。技术冲击带来的效应，在碳税的作用下，将在较短时间就消化技术冲击对产出的影响。

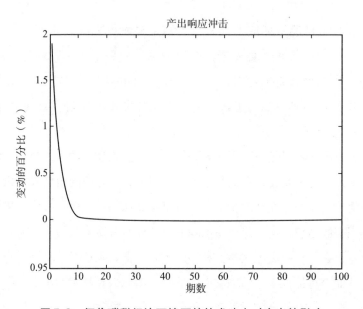

**图 7.8　征收碳税经济环境下的技术冲击对产出的影响**

因此，未征收碳税经济环境下，碳税的增长会带来经济产出的可能增长，而征收碳税的经济环境下，碳税会挤压技术冲击带来产出增长的空间。

### 7.4.5 消费响应技术冲击

未征收碳税的经济环境下，图7.9的结果显示，面对技术冲击，居民消费的增长率在很长一段时间将保持大约0.4%的增长。

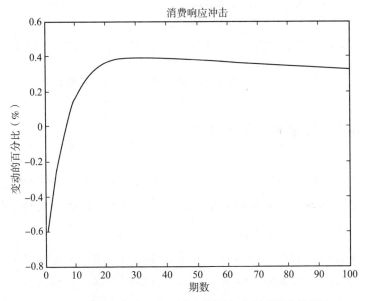

**图7.9 未征收碳税经济环境下的技术冲击对消费的影响**

征收碳税的经济环境下，图7.10的结果显示，面对技术冲击，消费下降幅度非常小，对居民消费影响不大。可见，征收碳税时，将会对企业生产低碳消费产品提供有利的激励，同时也会改善居民消费生活方式，低碳生活是人们所提倡的。尽管会影响消费模式，但对消费总量的影响微乎其微。

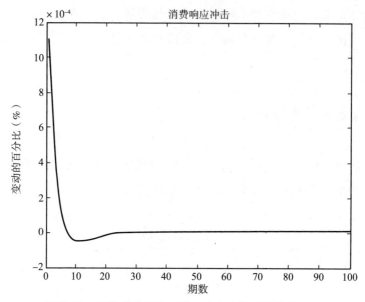

**图7.10　征收碳税经济环境下技术冲击对消费的影响**

### 7.4.6　投资响应技术冲击

图7.11结果显示，会造成投资的增大，在未征收碳税的经济环境下，技术冲击对投资的影响能保持很长一段效应。随着技术冲击的逐渐减弱，投资增长率也会下降。

在征收碳税的经济环境下，面临技术冲击，图7.12结果显示，随着时间的推移，投资增长率明显下降。刚开始投资率会很高，但碳税的作用下，技术冲击造成投资的波动比较大。可能原因是面对未来较大的减排压力，碳税的约束尽管有利于调整投资方向，促进资金由高排放的产业流向低碳产业，但投资者在新的低碳经济浪潮里，进入低碳行业存在一定谨慎性，这将会减少企业的投资。同时，在碳税的约束下，投资不再像以往那样盲目投资高能耗高排放的行业，在同等条件下，更偏向绿色的投资。而绿色投资并不像传统的行业存在路径依赖，进入绿色投资存在一定门槛，对技术要求高。而我国自主产权的低碳技术较少，势

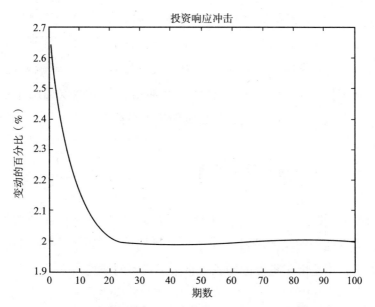

**图7.11　未征收碳税经济环境下技术冲击对投资的影响**

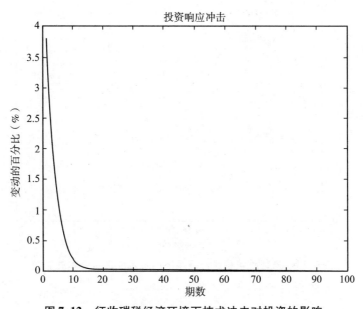

**图7.12　征收碳税经济环境下技术冲击对投资的影响**

必限制投资增长的速度。因此，征收碳税时，投资增长的速度明显放缓。碳税的作用下，会降低技术冲击增长空间，同时，随着时间的推移，技术冲击逐渐减弱，技术冲击对投资的影响也将逐渐减弱趋近零。因此，在碳税环境下，要保持投资的长期增长，不能仅局限于技术冲击，需要多项政策刺激投资，对投资保持不断冲击。

### 7.4.7 资本响应技术冲击

图7.13结果显示，未征收碳税经济环境的情景下，在面对技术冲击时，资本处于增长的阶段，在整个考察期内，资本的变化率均为正。可以看出，正是由于投资的增长，带来了资本的增长。

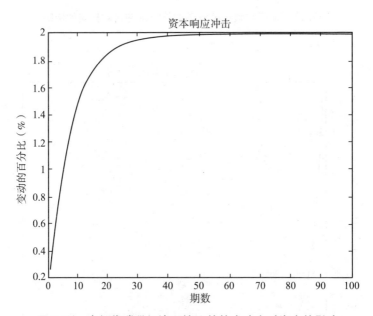

**图7.13 未征收碳税经济环境下的技术冲击对资本的影响**

图7.14结果显示，征收碳税的经济环境的情景下，面对技术冲击，资本的增长率有所下降。具体可能原因是，落后产能的企业，本来利润就

不高，在征收碳税的环境下，再增加碳税的减排成本，从而有可能导致其利润非常薄，甚至有可能亏损，最终导致破产。因此，社会的总资本将由于征收碳税淘汰落后产能企业，导致资本有所下降。另外，征收碳税，会使短时间内的资本变化率变大，导致资本波动比较大，与此同时，从征收碳税的投资模拟结果（见图 7.12）可以看出，由于征收碳税，投资增长速度的下降也是带来资本下降的一个原因。未征收碳税时，在技术冲击下，资本的增长将最后稳定在大约 2%。而在征收碳税的情景下，由于碳税的作用及技术冲击逐渐减弱的过程下，资本最终处于稳态。因此，要保持资本的增长，需要采取多项刺激投资的措施，来降低碳税对资本造成的负影响。同时也表明，无碳税情景下，技术冲击会带来资本的可能增长，而在有碳税的经济环境下，碳税会挤压技术带来资本增长的空间。

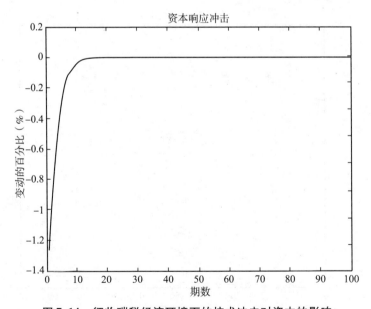

**图 7.14　征收碳税经济环境下的技术冲击对资本的影响**

## 7.4.8　劳动力就业响应技术冲击

与落后技术相比，通常仅需投入更少的劳动力，先进的技术就将淘汰落后产能的企业，并在未来很长一段时间，会产生技术的替代效应；同时技术会带来产能的扩大，需要更多的劳动力，这在未来将会产生技术的收入效应（Berman et al.，2001）。图7.15结果显示，未征收碳税的经济环境下，面临一个正技术冲击，对于资本密集型企业更多体现为技术的收入效应，将进一步扩大产能，带来就业的增加。而对于劳动密集型产业，特别是落后产能企业，在未征收碳税的情况下，面对技术冲击，刚开始还存在利润空间，很少会出现大量裁员的现象。但随着时间的推移，技术的替代效应将逐渐凸显，落后产能的企业将逐渐到达其生命周期，逐步被市场淘汰，带来就业的损失。于是，最后技术冲击带来就业率的增长大致稳定在0.5%左右。所以，图7.15就显示出一个逐步减少的过程。

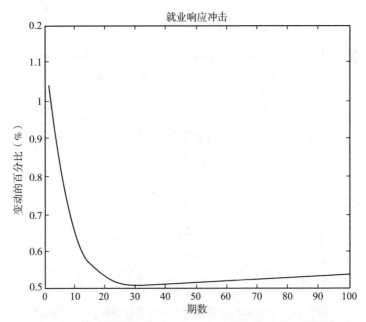

**图7.15　未征收碳税经济环境下的技术冲击对就业的影响**

　　图7.16结果表明，征收碳税的经济环境下，面临技术冲击，初期企业扩大产能，就业增加。我国依然以劳动密集型产业为主，而碳税等

环境规制对劳动密集型和资本密集型企业产生的就业影响存在差异，碳税等环境规制对劳动密集型的产业影响较大，而对资本密集型的企业产生的就业影响较小（Berman et al.，2001）。因此对于落后产能的劳动密集型产业，刚开始，企业在技术冲击下，依然存在利润空间，就业保持增长趋势。但碳税加快了技术替代效应的到来，很短时间内就可能导致落后产能的企业破产淘汰。从图7.16可以看出，在技术冲击下，劳动力就业短时期内下降得很快，波动比较大。

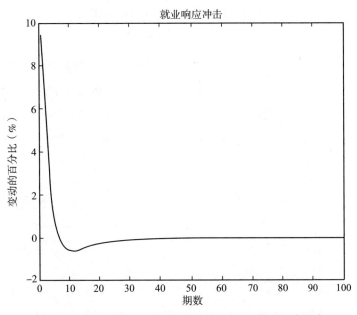

图7.16 征收碳税经济环境下的技术冲击对就业的影响

　　征收碳税，将会加快落后产能的劳动密集型产业技术替代效应的到来，而对于资本密集型企业产生的影响不大。这样，在技术冲击下，资本密集型产业会进一步扩大产能，增加就业量。而落后产能的劳动密集型产业，在本来利润不高的情况下，对其征收碳税，会进一步降低其利润，甚至亏本，技术冲击下，技术替代效应凸显，而导致失业增加。因此，一旦面对技术冲击，征收碳税比未征收碳税的经济环境下总的就业量会更小。征收碳税的经济环境下，技术冲击带来的就业增加量会比未征收碳税经济环境下的更大。因此从图 7.16 显示，刚开始的增长率会相比未征收碳税增长率高的现象是可能的。

随着时间的推移，落后产能的劳动密集型企业的发展将不可持续，最终可能导致落后产能企业的淘汰破产，造成大量失业。由图 7.16 可知，在第 7 期的时候，就业增长率即为负值。可见，政府实施碳税政策，将会降低就业。

### 7.4.9 产出、碳税及碳排放响应技术冲击

模拟结果表明，在稳态时，政府实施碳税政策的经济成本最低。图 7.17 结果显示，在技术冲击下，产出、碳税波动是顺周期的，也就是说，经济扩张的时候，碳税提高，经济产出下降的时候，碳税减少。从而可以看出，碳税起到一种自动调节机制，碳税的环境政策比较利于实施。

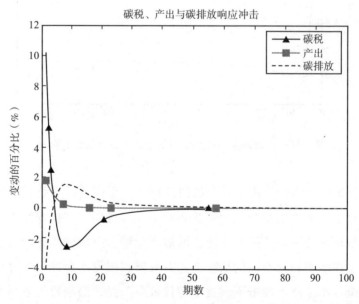

图 7.17　征收碳税经济环境下的技术冲击对碳税、产出、碳排放的影响

# 7.5　本 章 小 结

本章主要通过 DSGE 模型进行模拟，在海特尔（Heutel，2012）提出的理论模型基础上进行改进，把劳动力市场加入理论模型中。经过模拟发现：

（1）未征收碳税的经济环境下，面对技术冲击，碳排放尽管增长率是下降的，但增长率一直处于正的方向；征收碳税的经济环境下，其碳排放增长率均小于没有加入碳税的碳排放增长率，即征收碳税有利于降低碳排放增长速度，最后存在一个碳排放的稳态，即碳排放存在动态收敛的趋势。

（2）从减排成本来分析，未征收碳税的经济环境情景下，面对技术冲击，短期减排成本不大，但未来的减排成本将会越来越大。征收碳税时，短期减排成本增加，但长期减排成本将有所下降。因此，中国实施碳税环境政策改革，有利于加快转变经济增长方式，即使付出一时的代价也是可取的。与此同时，对减排率的模拟发现，未征收碳税时，未来的减排率将会很大，未来将面对更大碳减排压力，而征收碳税则能减轻未来碳减排压力。

（3）从产出和消费来分析，在技术冲击下，对于未实施碳税的经济环境的情景，经济增长也会带来碳排放增长（见图 7.1），产出的增长将依然会保持一个比较高的粗放增长方式；在征收碳税的经济环境的情景，经济增长的速度虽然有所减缓，但对居民消费影响很小。

（4）从投资和资本来分析，未实施碳税时投资保持比较热的趋势，当征收碳税时投资速度有所下降。

（5）从就业来分析，未征收碳税的经济环境下，面对技术冲击时，就业增长率处于递增阶段。征收碳税的经济环境下，面对技术冲击，会造成就业的下降。同时，产出与碳税波动是顺周期的，也就是说，经济增长快时，碳税也提高，经济增长慢时，碳税将降低。

# 第 *8* 章

## 结论与展望

## 8.1 主要的研究结论

我国承诺在 2030 年左右达到碳峰值，这取决于我国产业转型以及区域发展模式优化的方向。尤其是在碳排放空间分异特征不争的事实下，明晰碳排放空间分异规律及机理，将有利于进一步夯实区域合作减排的基础。同时，在国家区域发展战略的推动下，也必然伴随着地区间产业转移与承接，这就涉及贸易隐含碳和减排责任的评估问题，以及在平稳增长路径下实现碳峰值的风险调控问题，即未来碳总量控制目标问题；进一步，碳排放权分配方案和碳强度目标的合理设计，以及评估碳减排政策的效果，是当前碳减排政策亟须解决的问题。为此，本书针对这些问题，从不同的地理空间尺度，尝试进行深入探讨。主要结论从如下几个方面进行阐述：

（1）碳排放与区域禀赋特征有关，地区碳减排压力及其驱动因素呈现为一种非均衡的联动关系和局域性特征。碳排放的空间分异现象也说明人均碳排放在空间上并不是一个统一的过程，即呈现空间人均碳排放的低值集聚的内部重组性特征，这主要表现为空间相邻和结构相似的区域更有利于形成俱乐部收敛的趋向。同时，碳排放格局分化为不同的俱乐部区域，并且它们之间表现为分异或者差异进一步加快扩大的趋势。进一步对人均 GDP、能源强度、能源结构、产业结构和城市化等因素进行辨识，构建空间计量模型，研究发现上述因素是影响碳排放空间条件趋同的重要方面。可见，在制定碳政策时须考虑上述因素的约束，因地制宜地设计出适合不同地区的碳减排政策。

（2）明晰产业与碳排放重心的移动轨迹，是制定区域碳减排政策须考虑的重要方面。为此，研究通过 GIS 空间数据挖掘方法，来探索产业与碳排放重心转移的空间格局。结果显示，研究期间，碳排放重心移动的距离远大于工业重心移动的距离，产业与碳排放重心存在空间错位格局现象。与此同时，长江经济带碳排放强度呈现下降的趋势，但产业转移的方向，往往从碳排放强度低的发达区域，转移到碳排放强度高的欠发达区域。

通过投入产出表分析方法研究得出，区域内乘数效应明显高于区域间溢出效应；同时，乘数效应大多集中在高碳排放产业，碳排放呈现高碳排放产业聚集的现象。不仅如此，区域内碳排放分布格局与乘数效应、碳排放强度分布趋于一致，碳排放高的地区聚集在乘数效应和碳排放强度高的地区。与之不同的是，区域间经济溢出效应并不完全聚集在高碳排放产业，贸易隐含碳聚集在高碳排放产业，区域间产业碳排放溢出存在高碳排放地区向低碳排放地区溢出的特征。

（3）基于 MRIO 模型在推动长江中游地区一体化背景下，对贸易隐含碳排放进行测算，并使用结构分解分析（SDA）模型对其调出隐含碳变动因素进行分解分析。总体而言，规模效应的增加是促进贸易流出碳排放扩大的主要因素；能源强度和能源碳排放效应主要起削减作用；行业关联效应主要起促进作用；结构效应促进或阻碍作用不够明显。为此，在厘清生产和消费者责任的基础上，从规模效应和结构效应角度来看，建议由"消费者买单"；从能源强度效应、能源碳排放效应及行业关联效应角度来看，建议"生产和消费者共同买单"。进一步选取单个省份做研究发现，为减轻贸易对区域碳排放及其减排责任的影响，开展区域合作共同减排比单个地区独自应对更为有利，但在区域合作中各地区的获益程度可能会有所差别。

（4）从总量和强度双控制视角下，探讨排放权分配以及碳强度目标分解，这为在省为尺度下碳排放权分配下，即总量控制下，进一步对碳强度进行目标分解，这对建设生态文明试验区和实现我国碳峰值承诺提供了科学依据。在对国内外常用的几种碳排放配额分配原则进行总结和评述的基础上，运用最优经济增长模型估测得到平稳增长条件下未来的经济总量、碳排放需求量，以此为基础对中国各省区市的碳排放配额展开研究。根据前瞻性原则、人口原则、GDP 原则、GDP－人口原则以及支付能力原则 5 种碳排放权分配方法，计算和分析了中国 30 个省区市 2010～2050 年的碳排放配额，经对比分析可知，前瞻性原则下各省域配额差距更小，更适合区域经济发展。进一步选取湖南单个地区探讨不同增长速度下碳峰值模拟研究。可见，有必要在平稳增长路径下实现碳峰值目标承诺。鉴于江西是生态文明试验区，为此，从江西地级市的空间尺度视角下，探讨各个地级市碳强度目标的分解方案，基于碳减排的无偏好、经济能力、减排责任、减排效率原则方案对江西碳减排目标进行分解。研究表明，萍乡、九江和新余通过碳强度目标的分解能较好地兼顾经济能力、减排责任与效率，但按照效率原则将导致这些地区承受较大的经济负担。

（5）通过 DSGE 模型进行政策模拟发现，在面对技术冲击时，未征收碳税的经济环境下，碳排放尽管增长率是下降的，但增长率一直处于正的方向；征收碳税的经济环境下，其碳排放增长率均小于没有加入碳税的碳排放增长率，即征收碳税有利于降低碳排放增长速度，最后存在一个碳排放的稳态，即碳排放存在动态收敛的趋势。从减排成本来分析，面对技术冲击，未征收碳税的经济环境情景下，短期减排成本不大，但未来的减排成本将会越来越大；征收碳税时，短期减排成本增加，但长期减排成本将有所下降。因此，中国实施碳税环境政策改革，有利于加快转变经济增长方式，即使付出一时的代价也是可取的。与此同时，对减排率的模拟发现，未征收碳税时，未来的减排率将会很大，将面对更大碳减排压力，而征收碳税则能减轻未来碳减排压力。在征收碳税的经济环境情景下，经济增长的速度虽然有所减缓，但对居民消费影响很小。同时产出与碳税波动是顺周期的，也就是说，经济增长快时，碳税也提高，经济增长慢时，碳税将降低。

## 8.2 研究展望

明晰碳排放空间分异特征，厘清碳排放转移机制，构建区域碳减排责任的分担机制，进一步构建地区间碳补偿理论模型，完善碳补偿理论，是下一步需要进一步拓展的方向。与此同时，碳排放权分配方案还有待进一步深入研究，尤其是在巴黎气候变化协定的框架下，需做出新的思考、新的探索。在评估方法方面，有效结合社会核算矩阵，构建多区域多部门的碳政策的 DSGE 理论模型，设计不同的政策模拟情景，以评估碳减排政策不同组合冲击下对地区以及行业的影响。这也是碳排放政策评估的重要方向。当然，研究我国碳排放问题，在未来还有很多有价值的工作需要开展。笔者的研究探索也仅仅是一个开始，本书的一些观点可能有所偏颇，构建的理论框架也需要进一步完善，还有许多问题需要探讨。

# 附录 A 贸易隐含碳相关表格

表 A.1　　　　　　　　　　　　2007 年贸易隐含碳流出　　　　　　　　单位：万吨

| 地区 | 产业代码 | 上海 | 产业代码 | 江苏 | 产业代码 | 浙江 | 产业代码 | 安徽 | 产业代码 | 江西 |
|---|---|---|---|---|---|---|---|---|---|---|
| 上海 | | | 24 | 18.2507 | 12 | 13.5378 | 25 | 13.4298 | 26 | 18.3240 |
| | | | 12 | 10.8496 | 26 | 12.9402 | 30 | 12.3435 | 14 | 17.4651 |
| | | | 30 | 8.1306 | 30 | 8.5945 | 12 | 8.9204 | 25 | 9.3549 |
| | | | 14 | 6.8045 | 24 | 8.2783 | 17 | 8.0878 | 24 | 8.8782 |
| | | | 25 | 6.7410 | 16 | 6.6539 | 26 | 7.3935 | 30 | 6.3614 |
| | | | 26 | 6.6410 | 7 | 5.4607 | 24 | 7.3371 | 12 | 5.7346 |
| | | | 16 | 5.8551 | 25 | 4.9893 | 1 | 5.8429 | 22 | 5.2134 |
| | | | 19 | 4.0587 | 18 | 4.4369 | 14 | 5.5055 | 1 | 3.3914 |
| | | | 7 | 3.9476 | 17 | 3.6908 | 18 | 4.5769 | 9 | 2.9870 |
| | | | 18 | 3.5289 | 15 | 3.4478 | 16 | 3.7003 | 6 | 2.7761 |
| | 12 | 17.1167 | | | 12 | 18.6449 | 12 | 14.1264 | 12 | 13.4032 |
| | 19 | 12.1747 | | | 7 | 13.6691 | 30 | 11.1369 | 14 | 9.7324 |
| 江苏 | 30 | 12.1235 | | | 24 | 7.3981 | 1 | 10.6894 | 26 | 9.5168 |
| | 16 | 6.0770 | | | 16 | 6.5876 | 24 | 7.7299 | 1 | 8.5985 |
| | 17 | 5.9768 | | | 18 | 5.5609 | 6 | 7.6590 | 24 | 8.2843 |
| | 25 | 5.7567 | | | 14 | 5.5187 | 18 | 7.3625 | 30 | 7.1883 |
| | 18 | 5.1698 | | | 8 | 5.1513 | 17 | 7.2433 | 6 | 6.2185 |
| | 28 | 4.9326 | | | 15 | 4.8066 | 28 | 4.8291 | 22 | 5.2933 |
| | 24 | 4.8881 | | | 30 | 3.9842 | 14 | 4.4417 | 25 | 5.0201 |
| | 14 | 3.4122 | | | 17 | 3.9812 | 16 | 3.9585 | 10 | 3.2912 |
| | 12 | 15.7554 | 12 | 14.8466 | | | 12 | 14.7273 | 26 | 13.5379 |
| | 25 | 12.4572 | 7 | 13.1896 | | | 30 | 13.0577 | 14 | 13.3443 |
| | 30 | 11.1904 | 24 | 11.6627 | | | 1 | 11.3978 | 12 | 9.7734 |

续表

| 地区 | 产业代码 | 上海 | 产业代码 | 江苏 | 产业代码 | 浙江 | 产业代码 | 安徽 | 产业代码 | 江西 |
|---|---|---|---|---|---|---|---|---|---|---|
| 浙江 | 17 | 7.9946 | 30 | 6.6967 | | | 6 | 7.3263 | 24 | 8.4091 |
| | 24 | 7.2017 | 8 | 5.1493 | | | 25 | 6.6626 | 25 | 7.3522 |
| | 19 | 5.3500 | 16 | 4.8613 | | | 17 | 6.6518 | 30 | 7.1497 |
| | 16 | 5.1336 | 14 | 4.6140 | | | 24 | 5.8185 | 1 | 5.8071 |
| | 28 | 4.6279 | 25 | 4.4394 | | | 18 | 4.5741 | 22 | 4.3077 |
| | 18 | 3.8035 | 26 | 3.8149 | | | 14 | 3.7808 | 6 | 3.6540 |
| | 6 | 3.5474 | 6 | 3.6736 | | | 16 | 3.4429 | 16 | 3.0457 |
| | 25 | 19.6025 | 24 | 12.8250 | 24 | 9.7769 | | | 14 | 14.5101 |
| 安徽 | 30 | 8.7576 | 12 | 10.1177 | 6 | 9.6824 | | | 26 | 14.1611 |
| | 17 | 8.2305 | 7 | 9.9465 | 12 | 9.1760 | | | 6 | 8.5929 |
| | 12 | 7.9328 | 6 | 8.7946 | 7 | 6.6931 | | | 24 | 8.2911 |
| | 6 | 7.7321 | 14 | 7.3530 | 14 | 6.6235 | | | 1 | 7.5065 |
| | 16 | 5.0340 | 30 | 5.4095 | 16 | 6.5828 | | | 25 | 7.5013 |
| | 27 | 4.5826 | 16 | 4.9257 | 26 | 5.9036 | | | 12 | 6.1255 |
| | 14 | 4.5623 | 1 | 4.5075 | 18 | 5.1662 | | | 30 | 5.1677 |
| | 18 | 4.2415 | 25 | 4.0883 | 30 | 4.9619 | | | 22 | 5.0056 |
| | 19 | 4.1985 | 18 | 3.7550 | 15 | 4.6666 | | | 9 | 2.9530 |
| | 6 | 13.4549 | 12 | 16.6553 | 12 | 15.9531 | 6 | 18.5067 | | |
| 江西 | 30 | 12.1890 | 7 | 15.2179 | 6 | 15.4580 | 1 | 16.9347 | | |
| | 12 | 11.1808 | 6 | 12.4854 | 7 | 10.1489 | 12 | 11.5163 | | |
| | 27 | 8.5040 | 24 | 7.0160 | 24 | 8.0764 | 30 | 8.7425 | | |
| | 25 | 7.1344 | 1 | 6.4566 | 9 | 5.7990 | 24 | 5.5516 | | |
| | 24 | 5.7799 | 30 | 5.7090 | 14 | 5.1037 | 7 | 5.0671 | | |
| | 19 | 5.4511 | 14 | 4.7398 | 27 | 4.7108 | 27 | 4.4938 | | |
| | 14 | 3.6808 | 9 | 3.0315 | 16 | 4.3169 | 14 | 3.9972 | | |
| | 17 | 3.4766 | 16 | 2.9395 | 18 | 4.0558 | 18 | 3.3367 | | |
| | 28 | 3.3403 | 19 | 2.7753 | 1 | 3.8574 | 17 | 3.1351 | | |

表 A. 2　　　　　　　　　　　2010 年贸易隐含碳流出　　　　　　　　单位：万吨

| 地区 | 产业代码 | 上海 | 产业代码 | 江苏 | 产业代码 | 浙江 | 产业代码 | 安徽 | 产业代码 | 江西 |
|------|---------|------|---------|------|---------|------|---------|------|---------|------|
| 上海 | | | 24 | 17. 5639 | 12 | 16. 1451 | 25 | 11. 5335 | 26 | 18. 6398 |
| | | | 12 | 10. 2473 | 26 | 13. 2255 | 30 | 11. 0453 | 14 | 10. 5899 |
| | | | 30 | 8. 3866 | 30 | 10. 5344 | 12 | 8. 8906 | 25 | 8. 2716 |
| | | | 14 | 7. 3957 | 24 | 6. 3200 | 17 | 8. 7317 | 24 | 7. 1118 |
| | | | 25 | 6. 9441 | 16 | 6. 2812 | 26 | 7. 2993 | 30 | 6. 6415 |
| | | | 26 | 6. 7765 | 7 | 5. 0955 | 24 | 5. 7482 | 12 | 6. 0849 |
| | | | 16 | 6. 3820 | 25 | 4. 6136 | 1 | 4. 9286 | 22 | 5. 4233 |
| | | | 19 | 5. 3237 | 18 | 4. 6084 | 14 | 4. 8143 | 1 | 4. 7115 |
| | | | 7 | 4. 5560 | 17 | 4. 2985 | 18 | 4. 6618 | 9 | 4. 5899 |
| | | | 18 | 3. 4000 | 15 | 3. 4359 | 16 | 4. 5833 | 6 | 3. 7659 |
| | 12 | 13. 5946 | | | 12 | 19. 4174 | 12 | 12. 4950 | 12 | 16. 0932 |
| | 19 | 11. 2105 | | | 7 | 16. 9031 | 30 | 10. 5200 | 14 | 14. 6090 |
| 江苏 | 30 | 11. 1058 | | | 24 | 6. 3325 | 1 | 9. 6755 | 26 | 10. 0725 |
| | 16 | 9. 3107 | | | 16 | 5. 4930 | 24 | 9. 1158 | 1 | 5. 6289 |
| | 17 | 7. 3222 | | | 18 | 5. 3629 | 6 | 8. 6515 | 24 | 5. 2160 |
| | 25 | 6. 7991 | | | 14 | 5. 2867 | 18 | 7. 7582 | 30 | 4. 4871 |
| | 18 | 6. 0160 | | | 8 | 4. 6775 | 17 | 7. 5284 | 6 | 4. 4608 |
| | 28 | 4. 8733 | | | 15 | 4. 2176 | 28 | 5. 1118 | 22 | 4. 1337 |
| | 24 | 4. 4745 | | | 30 | 3. 2742 | 14 | 4. 1904 | 25 | 3. 7201 |
| | 14 | 4. 4593 | | | 17 | 3. 2068 | 16 | 2. 7687 | 10 | 3. 5377 |
| | 12 | 21. 4833 | 12 | 13. 1035 | | | 12 | 11. 6068 | 26 | 15. 0964 |
| | 25 | 11. 0313 | 7 | 12. 8871 | | | 30 | 11. 3353 | 14 | 11. 4556 |
| | 30 | 10. 1085 | 24 | 7. 7070 | | | 1 | 10. 3666 | 12 | 8. 5353 |

续表

| 地区 | 产业代码 | 上海 | 产业代码 | 江苏 | 产业代码 | 浙江 | 产业代码 | 安徽 | 产业代码 | 江西 |
|---|---|---|---|---|---|---|---|---|---|---|
| 浙江 | 17 | 7.4145 | 30 | 6.3067 | | | 6 | 7.3226 | 24 | 8.1588 |
| | 24 | 6.2014 | 8 | 6.1737 | | | 25 | 7.2303 | 25 | 5.9752 |
| | 19 | 5.8562 | 16 | 5.7137 | | | 17 | 6.4358 | 30 | 5.5278 |
| | 16 | 5.6995 | 14 | 5.6686 | | | 24 | 6.1934 | 1 | 5.0387 |
| | 28 | 5.4041 | 25 | 4.8760 | | | 18 | 6.0906 | 22 | 4.8126 |
| | 18 | 3.6089 | 26 | 4.7620 | | | 14 | 4.5300 | 6 | 3.9899 |
| | 6 | 3.5691 | 6 | 4.6426 | | | 16 | 3.1335 | 16 | 3.6745 |
| | 25 | 27.7772 | 24 | 15.9398 | 24 | 10.7656 | | | 14 | 19.9434 |
| 安徽 | 30 | 9.4904 | 12 | 9.3854 | 6 | 10.1885 | | | 26 | 13.3066 |
| | 17 | 8.5363 | 7 | 8.1129 | 12 | 8.0937 | | | 6 | 7.8754 |
| | 12 | 6.1976 | 6 | 6.1329 | 7 | 7.8052 | | | 24 | 7.4847 |
| | 6 | 5.8145 | 14 | 5.9325 | 14 | 7.6700 | | | 1 | 5.8754 |
| | 16 | 4.7513 | 30 | 5.3458 | 16 | 7.3244 | | | 25 | 4.8766 |
| | 27 | 4.6814 | 16 | 5.1122 | 26 | 5.0962 | | | 12 | 4.2958 |
| | 14 | 4.6439 | 1 | 4.7081 | 18 | 4.6117 | | | 30 | 3.5737 |
| | 18 | 4.0773 | 25 | 4.6389 | 30 | 4.2498 | | | 22 | 3.5011 |
| | 19 | 3.4672 | 18 | 4.2646 | 15 | 3.9191 | | | 9 | 3.4431 |
| 江西 | 6 | 12.8191 | 12 | 20.4873 | 12 | 18.8577 | 6 | 15.2379 | | |
| | 30 | 11.3610 | 7 | 7.8143 | 6 | 9.1118 | 1 | 13.6982 | | |
| | 12 | 9.9697 | 6 | 7.5781 | 7 | 8.9669 | 12 | 9.2291 | | |
| | 27 | 7.4507 | 24 | 6.5480 | 24 | 7.2353 | 30 | 8.9869 | | |
| | 25 | 5.8573 | 1 | 6.4662 | 9 | 7.1673 | 24 | 8.3211 | | |
| | 24 | 5.6890 | 30 | 5.5268 | 14 | 6.9442 | 7 | 7.4580 | | |
| | 19 | 5.5715 | 14 | 5.3314 | 27 | 6.5565 | 27 | 5.3884 | | |
| | 14 | 5.4948 | 9 | 5.0391 | 16 | 5.7112 | 14 | 4.3223 | | |
| | 17 | 4.9551 | 16 | 4.9688 | 18 | 4.6097 | 18 | 3.7198 | | |
| | 28 | 4.4916 | 19 | 4.0239 | 1 | 3.8227 | 17 | 2.9280 | | |

表 A.3　　　　　　　　　　2012 年贸易碳排放流入　　　　　　单位:万吨

| 地区 | 产业代码 | 上海 | 产业代码 | 江苏 | 产业代码 | 浙江 | 产业代码 | 安徽 | 产业代码 | 江西 |
|---|---|---|---|---|---|---|---|---|---|---|
| | | | 24 | 25.4425 | 12 | 31.6155 | 25 | 29.4510 | 26 | 23.1524 |
| | | | 12 | 12.9524 | 26 | 14.5067 | 30 | 12.7882 | 14 | 13.9060 |
| | | | 30 | 8.8849 | 30 | 11.2342 | 12 | 12.5741 | 25 | 12.7890 |
| | | | 14 | 8.0460 | 24 | 5.6400 | 17 | 8.1230 | 24 | 10.5650 |
| | | | 25 | 7.7710 | 16 | 5.4954 | 26 | 5.9525 | 30 | 10.0467 |
| 上海 | | | 26 | 5.8116 | 7 | 4.8713 | 24 | 5.4508 | 12 | 5.9027 |
| | | | 16 | 4.7995 | 25 | 4.1181 | 1 | 3.8360 | 22 | 3.9496 |
| | | | 19 | 4.6072 | 18 | 4.0703 | 14 | 3.3399 | 1 | 2.8175 |
| | | | 7 | 3.6173 | 17 | 3.1201 | 18 | 2.6055 | 9 | 2.4969 |
| | | | 18 | 3.5976 | 15 | 2.7745 | 16 | 2.6044 | 6 | 2.3995 |
| | 12 | 39.2908 | | | 12 | 23.5967 | 12 | 21.1823 | 12 | 18.1214 |
| | 19 | 19.2174 | | | 7 | 17.2469 | 30 | 11.5194 | 14 | 16.0213 |
| | 30 | 9.1284 | | | 24 | 10.2150 | 1 | 9.6869 | 26 | 9.1887 |
| | 16 | 7.2302 | | | 16 | 9.1759 | 24 | 9.1198 | 1 | 8.7304 |
| | 17 | 4.7803 | | | 18 | 6.8903 | 6 | 8.6691 | 24 | 8.3630 |
| | 25 | 4.4008 | | | 14 | 6.6865 | 18 | 7.9741 | 30 | 8.1763 |
| | 18 | 4.2964 | | | 8 | 4.4745 | 17 | 6.7345 | 6 | 5.3655 |
| 江苏 | 28 | 3.8286 | | | 15 | 3.6137 | 28 | 4.7722 | 22 | 5.3425 |
| | 24 | 2.3472 | | | 30 | 2.5348 | 14 | 2.5123 | 25 | 5.1407 |
| | 14 | 2.1678 | | | 17 | 2.3702 | 16 | 2.4454 | 10 | 3.5866 |
| | 12 | 34.8221 | 12 | 13.2769 | | | 12 | 13.6799 | 6 | 18.1604 |
| | 25 | 18.1443 | 7 | 11.7214 | | | 30 | 10.5759 | 1 | 17.2967 |
| | 30 | 6.5279 | 24 | 11.1171 | | | 1 | 7.4096 | 12 | 12.8779 |

续表

| 地区 | 产业代码 | 上海 | 产业代码 | 江苏 | 产业代码 | 浙江 | 产业代码 | 安徽 | 产业代码 | 江西 |
|---|---|---|---|---|---|---|---|---|---|---|
| 浙江 | 17 | 5.5575 | 30 | 9.5262 | | | 6 | 7.1786 | 30 | 12.8722 |
| | 24 | 5.3475 | 8 | 9.3968 | | | 25 | 7.0743 | 24 | 6.5473 |
| | 19 | 4.6000 | 16 | 7.2312 | | | 17 | 6.3887 | 7 | 3.7817 |
| | 16 | 4.5297 | 14 | 5.6802 | | | 24 | 6.3384 | 27 | 3.7289 |
| | 28 | 3.8528 | 25 | 4.1859 | | | 18 | 5.7633 | 14 | 3.1608 |
| | 18 | 3.5137 | 26 | 3.5837 | | | 14 | 5.0702 | 18 | 2.9195 |
| | 6 | 3.4102 | 6 | 3.4309 | | | 16 | 3.7783 | 17 | 2.3915 |
| 安徽 | 25 | 41.5606 | 24 | 24.4510 | 24 | 16.3451 | | | 14 | 19.9434 |
| | 30 | 26.5180 | 12 | 18.2410 | 6 | 14.6884 | | | 26 | 13.3066 |
| | 17 | 8.9921 | 7 | 8.7835 | 12 | 11.9605 | | | 6 | 7.8754 |
| | 12 | 6.9980 | 6 | 8.6458 | 7 | 6.5941 | | | 24 | 7.4847 |
| | 6 | 3.1144 | 14 | 5.5958 | 14 | 4.9197 | | | 1 | 5.8754 |
| | 16 | 1.6424 | 30 | 4.7705 | 16 | 4.9169 | | | 25 | 4.8766 |
| | 27 | 1.5513 | 16 | 4.5092 | 26 | 4.8107 | | | 12 | 4.2958 |
| | 14 | 1.3040 | 1 | 3.9913 | 18 | 3.7517 | | | 30 | 3.5737 |
| | 18 | 1.2752 | 25 | 3.1307 | 30 | 3.7187 | | | 22 | 3.5011 |
| | 19 | 1.1896 | 18 | 2.7234 | 15 | 3.5929 | | | 9 | 3.4431 |
| 江西 | 6 | 37.0466 | 12 | 15.6644 | 12 | 25.8048 | 6 | 15.2379 | | |
| | 30 | 27.5589 | 7 | 14.6366 | 6 | 12.6289 | 1 | 13.6982 | | |
| | 12 | 10.7119 | 6 | 13.1085 | 7 | 10.4710 | 12 | 9.2291 | | |
| | 27 | 7.3785 | 24 | 11.6450 | 24 | 9.3212 | 30 | 8.9869 | | |
| | 25 | 3.7718 | 1 | 6.3920 | 9 | 9.0783 | 24 | 8.3211 | | |
| | 24 | 2.9568 | 30 | 6.1248 | 14 | 7.3035 | 7 | 7.4580 | | |
| | 19 | 2.3570 | 14 | 5.1531 | 27 | 3.4933 | 27 | 5.3884 | | |
| | 14 | 1.5399 | 9 | 3.5452 | 16 | 2.6908 | 14 | 4.3223 | | |
| | 17 | 1.3222 | 16 | 3.1092 | 18 | 2.4442 | 18 | 3.7198 | | |
| | 28 | 1.1129 | 19 | 3.0412 | 1 | 2.2726 | 17 | 2.9280 | | |

表 A. 4　基于生产端长江中游地区贸易流出到其他省份的 $CO_2$ 排放量

单位：万吨

| 省份 | 江西 | | | 湖南 | | | 湖北 | | | 安徽 | | |
|---|---|---|---|---|---|---|---|---|---|---|---|---|
| | 2007年 | 2010年 | 2012年 | 2007年 | 2010年 | 2012年 | 2007年 | 2010年 | 2012年 | 2007年 | 2010年 | 2012年 |
| 北京 | 4.34 | 6.07 | 9.85 | 23.55 | 19.43 | 16.41 | 45.23 | 70.19 | 7.98 | 38.68 | 48.84 | 32.33 |
| 天津 | 5.85 | 6.57 | 4.06 | 24.62 | 24.58 | 15.89 | 112.42 | 134.05 | 5.08 | 58.29 | 71.13 | 23.37 |
| 河北 | 5.34 | 4.58 | 18.95 | 28.18 | 26.87 | 58.64 | 53.07 | 48.65 | 9.34 | 42.08 | 40.69 | 53.58 |
| 山西 | 1.17 | 1.84 | 2.31 | 5.30 | 7.48 | 9.19 | 11.29 | 16.42 | 4.15 | 9.91 | 20.03 | 11.86 |
| 内蒙古 | 1.42 | 2.62 | 3.89 | 11.10 | 27.42 | 29.52 | 26.03 | 48.21 | 8.89 | 16.09 | 32.94 | 25.71 |
| 辽宁 | 1.15 | 2.07 | 13.71 | 4.79 | 5.37 | 23.37 | 3.82 | 6.05 | 6.26 | 6.48 | 10.03 | 40.05 |
| 吉林 | 2.26 | 2.93 | 8.87 | 7.16 | 7.46 | 13.00 | 5.43 | 7.48 | 0.61 | 15.32 | 20.07 | 25.44 |
| 黑龙江 | 1.35 | 1.86 | 4.64 | 6.31 | 6.64 | 27.17 | 9.55 | 11.64 | 5.34 | 10.33 | 15.63 | 18.43 |
| 上海 | 12.98 | 15.13 | 36.02 | 42.76 | 33.07 | 35.61 | 44.43 | 65.32 | 16.70 | 58.69 | 67.19 | 146.36 |
| 江苏 | 10.23 | 14.70 | 68.81 | 28.81 | 27.46 | 73.96 | 62.07 | 76.04 | 26.28 | 76.50 | 96.68 | 454.90 |
| 浙江 | 20.58 | 31.42 | 46.50 | 72.18 | 47.44 | 55.01 | 39.87 | 43.84 | 24.38 | 73.34 | 54.77 | 88.95 |
| 安徽 | 6.34 | 10.42 | 55.14 | 25.01 | 21.73 | 58.16 | 15.14 | 24.51 | 31.13 | — | — | — |
| 福建 | 12.90 | 14.75 | 8.35 | 27.16 | 22.21 | 11.68 | 51.81 | 55.21 | 3.67 | 31.37 | 34.78 | 5.59 |
| 江西 | — | — | — | 13.45 | 9.93 | 12.02 | 22.62 | 24.59 | 8.08 | 13.95 | 13.39 | 190.55 |
| 山东 | 5.77 | 5.79 | 24.04 | 18.45 | 16.41 | 57.59 | 22.73 | 30.81 | 9.28 | 29.67 | 35.97 | 85.58 |
| 河南 | 3.76 | 4.76 | 21.90 | 21.28 | 22.45 | 71.12 | 18.17 | 20.88 | 26.74 | 30.93 | 48.87 | 89.02 |
| 湖北 | 3.57 | 3.52 | 3.40 | 15.94 | 11.83 | 7.79 | — | — | | 9.20 | 10.39 | 7.18 |
| 湖南 | 4.57 | 6.42 | 25.39 | — | — | — | 10.99 | 15.67 | 19.59 | 6.91 | 9.50 | 29.40 |
| 广东 | 31.87 | 46.63 | 37.30 | 179.17 | 135.48 | 92.58 | 86.42 | 102.84 | 19.32 | 34.24 | 34.73 | 48.52 |
| 广西 | 2.22 | 2.85 | 4.63 | 35.65 | 46.28 | 22.87 | 28.96 | 44.61 | 6.54 | 6.32 | 10.89 | 13.35 |
| 海南 | 0.22 | 0.23 | 4.61 | 5.80 | 4.87 | 11.83 | 2.44 | 3.21 | 1.95 | 1.11 | 1.18 | 6.86 |
| 重庆 | 1.25 | 1.37 | 12.21 | 14.96 | 12.77 | 40.71 | 16.22 | 18.97 | 7.84 | 4.07 | 7.07 | 21.40 |
| 四川 | 0.72 | 0.78 | 4.11 | 18.39 | 16.64 | 19.35 | 13.33 | 15.86 | 6.05 | 5.01 | 6.47 | 9.51 |
| 贵州 | 0.83 | 0.79 | 4.80 | 16.53 | 14.03 | 14.62 | 13.45 | 12.58 | 3.26 | 4.80 | 6.36 | 9.62 |
| 云南 | 1.52 | 2.34 | 6.66 | 19.78 | 23.91 | 20.19 | 24.67 | 28.52 | 6.68 | 8.65 | 10.85 | 19.44 |
| 陕西 | 2.00 | 2.73 | 12.82 | 18.29 | 21.19 | 35.58 | 12.12 | 17.66 | 11.56 | 14.64 | 25.06 | 36.22 |

续表

| 省份 | 江西 | | | 湖南 | | | 湖北 | | | 安徽 | | |
|---|---|---|---|---|---|---|---|---|---|---|---|---|
| | 2007年 | 2010年 | 2012年 | 2007年 | 2010年 | 2012年 | 2007年 | 2010年 | 2012年 | 2007年 | 2010年 | 2012年 |
| 甘肃 | 0.25 | 0.28 | 3.84 | 1.74 | 1.72 | 8.55 | 1.58 | 2.17 | 3.09 | 2.34 | 3.51 | 9.74 |
| 青海 | 0.28 | 0.45 | 1.34 | 1.64 | 2.50 | 5.10 | 5.27 | 11.80 | 1.93 | 2.87 | 6.37 | 5.44 |
| 宁夏 | 0.49 | 0.67 | 1.10 | 3.40 | 3.48 | 2.44 | 3.80 | 4.06 | 1.28 | 2.42 | 3.65 | 2.52 |
| 新疆 | 0.74 | 0.78 | 4.13 | 5.44 | 4.54 | 10.39 | 19.64 | 22.45 | 7.26 | 7.40 | 8.44 | 15.26 |

**表 A.5 长江中游地区贸易流出到最多地区的隐含碳量及占比的行业分析**

单位: %

| 省份 | 2007年 | | 2010年 | | 2012年 | |
|---|---|---|---|---|---|---|
| | 行业 | 占比 | 行业 | 占比 | 行业 | 占比 |
| 安徽→江苏 | 交通运输及仓储业 | 24.65 | 交通运输及仓储业 | 25.74 | 交通运输及仓储业 | 59.09 |
| | 农业 | 12.14 | 非金属矿物制品业 | 22.66 | 金属冶炼及压延加工业 | 12.84 |
| | 金属冶炼及压延加工业 | 14.52 | 农业 | 11.00 | 食品制造及烟草加工业 | 7.51 |
| | 化学工业 | 10.40 | 交通运输设备制造业 | 9.84 | 化学工业 | 6.01 |
| | 电力、热力的生产和供应业 | 7.55 | 化学工业 | 5.80 | 电气机械及器材制造业 | 4.24 |
| | 交通运输设备制造业 | 7.09 | 电力、热力的生产和供应业 | 5.74 | 农业 | 3.47 |
| 江西→广东 | 农业 | 33.38 | 金属冶炼及压延加工业 | 47.13 | 金属冶炼及压延加工业 | 37.03 |
| | 金属冶炼及压延加工业 | 28.19 | 化学工业 | 18.53 | 化学工业 | 26.53 |
| | 化学工业 | 17.44 | 农业 | 12.37 | 交通运输及仓储业 | 21.69 |
| | 电气机械及器材制造业 | 4.84 | 电气机械及器材制造业 | 5.64 | 农业 | 7.69 |
| | 纺织业 | 1.94 | 纺织业 | 2.45 | 食品制造及烟草加工业 | 2.29 |
| | 金属矿采选业 | 1.86 | 煤炭开采和洗选业 | 1.58 | 非金属矿物制品业 | 1.32 |

续表

| 省份 | 2007 年 | | 2010 年 | | 2012 年 | |
|---|---|---|---|---|---|---|
| | 行业 | 占比 | 行业 | 占比 | 行业 | 占比 |
| 湖北↓天津 | 交通运输及仓储业 | 95.83 | 交通运输及仓储业 | 93.04 | 食品制造及烟草加工业 | 60.44 |
| | 农业 | 1.33 | 批发零售业 | 2.97 | 农业 | 18.93 |
| | 批发零售业 | 1.23 | 农业 | 1.21 | 纺织业 | 7.75 |
| | 金属制品业 | 0.15 | 其他服务业 | 1.02 | 金属制品业 | 2.48 |
| | 食品制造及烟草加工业 | 0.13 | 住宿餐饮业 | 0.56 | 交通运输设备制造业 | 2.30 |
| | 纺织业 | 0.13 | 纺织业 | 0.25 | 非金属矿物制品业 | 1.93 |
| 湖南↓广东 | 金属冶炼及压延加工业 | 43.24 | 金属冶炼及压延加工业 | 35.01 | 农业 | 28.96 |
| | 农业 | 27.75 | 农业 | 26.85 | 化学工业 | 22.79 |
| | 化学工业 | 9.16 | 化学工业 | 12.98 | 金属冶炼及压延加工业 | 17.53 |
| | 食品制造及烟草加工业 | 6.36 | 通用、专用设备制造业 | 6.95 | 食品制造及烟草加工业 | 12.56 |
| | 通用、专用设备制造业 | 3.68 | 食品制造及烟草加工业 | 6.58 | 通用、专用设备制造业 | 9.16 |
| | 批发零售业 | 1.89 | 非金属矿物制品业 | 2.29 | 交通运输及仓储业 | 2.96 |

# 附录 B　未征收碳税的主要计算代码

```
clear;
%定义变量
global beta delta rho alpha eta theta1 theta2 gamma   d2 d1 d0;
%碳环境管理相关参数
beta = 0.95; %折现率
delta = 0.096; %资本折旧率
rho = 0.8683; %全要素生产率冲击
sd = 0.06234; %冲击的标准差
alpha = 0.747885; %资本在生产函数所占份额
eta = 0.99; %污染折旧
theta1 = .05607; %减排成本方程变量(Nordhaus,2008)
theta2 = 2.8;
gamma = 1 - 0.843754; %1 - 产出与碳排放之间的弹性
d2 = 1.4647 * 10^( -8); %损失函数的变量参数(Nordhaus,2008)
d1 = -6.6722 * 10^( -6);
d0 = 1.395 * 10^( -3);
damage_scale = 5.3024;
d2 = d2/damage_scale^2;
d1 = d1/damage_scale;
L_ss = 1/3;
```

```
imprespsize = . 01;
a_ss = 1;
k_g = 33. 109;
e_g = 2. 178877;
mu_g = . 0339;
guess = [ k_g, e_g, mu_g ]; % guess for vector of steady state values
options = optimset ( 'Display', 'iter', 'TolFun', 1e - 15, 'MaxFunEvals',
2000);
ss_sol = fsolve( @ steadystatelabor, guess, options);
clear options guess;
k_ss = ss_sol( 1);
e_ss = ss_sol( 2);
mu_ss = ss_sol( 3);
i_ss = delta * k_ss;
x_ss = 5 * e_ss/( 1 - eta);
y_ss = ( 1 - d2 * ( x_ss)^2 - d1 * ( x_ss) - d0) * k_ss^alpha;
z_ss = theta1 * mu_ss^theta2 * y_ss;
c_ss = y_ss - i_ss - z_ss;
r_ss = y_ss * alpha * k_ss^( - 1) * ( 1 - theta1 * mu_ss^theta2);
At      = (( 1 - L_ss) * ( 1 - alpha) * ( y_ss * L_ss^( - 1))) * c_ss^
( - 1); % 加入了劳动后的方程
% Declaring the matrices.
VARNAMES = [ 'k      ',
              'x      ',
              'c      ',
              'e      ',
              'm      ',
              'y      ',
```

```
                'z    ',
                'i    ',
                'Labor',
                'r    ',
                'a    ']);
```

% 本程序是根据 Uhlig(1999)的待定系数算法进行编程实现

% 定义控制变量 "x(t)": k(t),x(t)

% 其他变量 "y(t)": c(t),e(t),mu(t),y(t),z(t),i(t),L(t),r(t)

% 冲击变量　"q(t)": a(t).

%定义模型线性化形式可写成如下矩阵方程形式:

% 0 = AA x(t) + BB x(t-1) + CC y(t) + DD q(t)

% 0 = E_t [ FF x(t+1) + GG x(t) + HH x(t-1) + JJ y(t+1) + KK y(t) + LL q(t+1) + MM q(t)]

% q(t) = NN q(t-1) + epsilon(t) with E_t [ epsilon(t) ] = 0,

%　k(t),　x(t):

```
AA = [ 0,        0
       k_ss,     0
       0,        1
       0,        0
       0,        0
       0,        k_ss^alpha * (L_ss^(1 - alpha)) * (2 * d2 * x_ss^2 +
d1 * x_ss)
       0,        0
       0,        0];
```

%　k(t-1),x(t-1):

BB1 = - k_ss * (1 - delta);

BB2 =  - (1 - d2 * x_ss^2 - d1 * x_ss - d0) * k_ss^alpha * (L_ss^(1 - alpha)) * alpha;

```
    BB = [ 0,          0
           BB1,        0
           0,        - eta
           0,          0
           0,          0
           BB2,        0
           0,          0
           1,          0];
    CC11 = y_ss^(1 - gamma) * mu_ss;
    CC12 = theta1 * theta2 * mu_ss^theta2 * ((1 - theta1 * mu_ss^theta2)^
(-1));
    CC21 = - y_ss^(1 - gamma) * (1 - gamma) * (1 - mu_ss);
    CC31 = - (1 - d2 * x_ss^2 - d1 * x_ss - d0) * k_ss^alpha * (L_ss^(1 -
alpha)) * (1 - alpha);


%:  c(t),  e(t),  mu(t),  y(t),  z(t),  i(t),  L(t),  r(t)
    CC = [  c_ss,  0,  0,    - y_ss,  z_ss,  i_ss,  0,  0  % Equ. 1)
            0,  0,  0,       0,    0,  - i_ss,  0,  0  % Equ. 2)
            0, - (1 - eta),0,  0,   0,  0,  0,  0  % Equ. 3)
            0,e_ss,  CC11,  CC21,  0,  0,  0,  0  % Equ. 4)
            0,  0,  - theta2,  - 1,  1,  0,  0,  0  % Equ. 5)
            0,  0,  0,  y_ss,     0,  0,  CC31,  0  % Equ. 6)
          - 1,  0,  0,  1,0,0,( - 1) * (1 - L_ss)^( - 1),0  % Equ. 7)
            0,  0,  CC12,  - 1,  0,  0,  0,  1]; % Equ. 8)
    DD = [ 0
           0
           0
           0
```

0

$-(1 - d2 * x\_ss^2 - d1 * x\_ss - d0) * k\_ss^alpha * (L\_ss^(1 - alpha))$

0

0 ] ;

FF = [ 0, 0

0, 0 ] ;

G1 = alpha * y\_ss * k\_ss^( - 1 ) * ( 1 - theta1 * mu\_ss^theta2...

- theta1 * theta2 * ( 1 - gamma ) * y\_ss^( gamma - 1 ) * mu\_ss^

( theta2 - 1 ) * e\_ss ) ;

G2 = - ( ( 1 - theta1 * mu\_ss^theta2 ) * 2 * d2 * x\_ss * k\_ss^alpha * L\_

ss^( 1 - alpha ) ) ...

+ theta1 * theta2 * ( 1 - gamma ) * mu\_ss^( theta2 - 1 ) * y\_ss^( gamma - 1 )

* e\_ss * 2 * d2 * x\_ss * k\_ss^alpha * L\_ss^( 1 - alpha ) ;

GG = [ - beta * G2, 0

0, G2 ] ;

H1 = ( - ( 1 - theta1 * mu\_ss^theta2 ) * ( 2 * d2 * x\_ss + d1 ) * k\_ss^al-

pha * L\_ss^( 1 - alpha ) ) * alpha...

+ theta1 * theta2 * ( 1 - gamma ) * mu\_ss^( theta2 - 1 ) * y\_ss^( gamma - 1 )

* e\_ss * ( 2 * d2 * x\_ss + d1 ) * k\_ss^alpha * L\_ss^( 1 - alpha ) * alpha ;

HH = [ 0, 0

H1, 0 ] ;

J11 = - beta * ( G1 + 1 - delta ) ;

J12 = beta * theta1 * theta2 * eta * mu\_ss^( theta2 - 1 ) * y\_ss^( gam-

ma ) ;

J21 = − alpha ∗ y_ss ∗ k_ss^( − 1 ) ∗ ( theta1 ∗ theta2 ∗ ( 1 − gamma ) ∗ mu_ss^( theta2 − 1 ) ∗ y_ss^( gamma − 1 ) ∗ e_ss ) ;

J22 = − beta ∗ theta1 ∗ theta2 ∗ eta ∗ mu_ss^( theta2 − 1 ) ∗ y_ss^( gamma ) ∗ ( theta2 − 1 ) ;

J31 = beta ∗ ( alpha ∗ y_ss ∗ k_ss^( − 1 ) ∗ ( − theta1 ∗ mu_ss^theta2 ∗ theta2 ) ) + beta ∗ J1 ∗ ( theta2 − 1 ) ;

J32 = − beta ∗ theta1 ∗ theta2 ∗ eta ∗ mu_ss^( theta2 − 1 ) ∗ y_ss^( gamma ) ∗ ( gamma ) ;

J41 = beta ∗ G1 + beta ∗ J21 ∗ ( gamma − 1 ) ;

% : c( t + 1 ) ,e( t + 1 ) , mu( t + 1 ) , y( t + 1 ) , z( t + 1 ) , i( t + 1 ) , L( t + 1 ) ,r( t + 1 )

JJ = [ J11 , beta ∗ J21 , J31 , J41 , 0 , 0 , 0 , 0

J12 , 0 , J22 , J32 , 0 , 0 , 0 , 0 ] ;

% 期望方程


% : c( t ) , e( t ) , mu( t ) ,y( t ) ,z( t ) ,i( t ) ,L( t ) ,r( t )

KK1 = − ( − ( 1 − theta1 ∗ mu_ss^theta2 ) ∗ ( 2 ∗ d2 ∗ x_ss + d1 ) ∗ k_ss^alpha ∗ L_ss^( 1 − alpha ) …

+ theta1 ∗ theta2 ∗ mu_ss^( theta2 − 1 ) ∗ y_ss^gamma …

+ theta1 ∗ theta2 ∗ ( 1 − gamma ) ∗ mu_ss^( theta2 − 1 ) ∗ y_ss^( gamma − 1 ) ∗ e_ss …

∗ ( 2 ∗ d2 ∗ x_ss + d1 ) ∗ k_ss^alpha ∗ L_ss^( 1 − alpha ) ) ;

KK2 = theta1 ∗ theta2 ∗ ( 1 − gamma ) ∗ mu_ss^( theta2 − 1 ) ∗ y_ss^( gamma − 1 ) ∗ e_ss ∗ ( 2 ∗ d2 ∗ x_ss + d1 ) ∗ k_ss^alpha ∗ L_ss^( 1 − alpha ) ;

KK3 = ( theta1 ∗ mu_ss^theta2 ) ∗ ( 2 ∗ d2 ∗ x_ss + d1 ) ∗ k_ss^alpha ∗ L_ss^( 1 − alpha ) ∗ theta2 …

+ theta1 ∗ theta2 ∗ mu_ss^( theta2 − 1 ) ∗ y_ss^gamma ∗ ( theta2

−1)…

$+$ theta1 $*$ theta2 $*$ mu_ss^( theta2 $-1$ ) $*$ y_ss^( gamma $-1$ ) $*$ e_ss $*$ ( 2 $*$ d2 $*$ x_ss $+$ d1 ) $*$ k_ss^alpha $*$ L_ss^( 1 $-$ alpha ) $*$ ( theta2 $-1$ ) ;

KK4 $=$ theta1 $*$ theta2 $*$ mu_ss^( theta2 $-1$ ) $*$ y_ss^gamma $*$ gamma…

$+$ theta1 $*$ theta2 $*$ mu_ss^( theta2 $-1$ ) $*$ ( 1 $-$ gamma ) $*$ y_ss^( gamma $-1$ ) $*$ e_ss $*$ ( 2 $*$ d2 $*$ x_ss $+$ d1 ) $*$ k_ss^alpha $*$ L_ss^( 1 $-$ alpha ) $*$ ( gamma $-$ 1 ) ;

KK5 $=$ ( $-$ ( 1 $-$ theta1 $*$ mu_ss^theta2 ) $*$ ( 2 $*$ d2 $*$ x_ss $+$ d1 ) $*$ k_ss^alpha $*$ L_ss^( 1 $-$ alpha ) ) $*$ ( 1 $-$ alpha )…

$+$ theta1 $*$ theta2 $*$ ( 1 $-$ gamma ) $*$ mu_ss^( theta2 $-1$ ) $*$ y_ss^( gamma $-1$ ) $*$ e_ss $*$ ( 2 $*$ d2 $*$ x_ss $+$ d1 ) $*$ k_ss^alpha $*$ L_ss^( 1 $-$ alpha ) $*$ ( 1 $-$ alpha ) ;

KK $=$ [ 1, 0, 0, 0, 0,0,0, 0
        KK1 , KK2 , KK3 , KK4 ,0, 0 ,KK5 , 0 ] ;

LL $=$ [ 0
        0 ] ;

MM1 $=$ ( $-$ ( 1 $-$ theta1 $*$ mu_ss^theta2 ) $*$ ( 2 $*$ d2 $*$ x_ss $+$ d1 ) $*$ k_ss^alpha $*$ L_ss^( 1 $-$ alpha ) )…

$+$ theta1 $*$ theta2 $*$ ( 1 $-$ gamma ) $*$ mu_ss^( theta2 $-1$ ) $*$ y_ss^( gamma $-1$ ) $*$ e_ss $*$ ( 2 $*$ d2 $*$ x_ss $+$ d1 ) $*$ k_ss^alpha $*$ L_ss^( 1 $-$ alpha ) ;

MM $=$ [ 0
        MM1 ] ;

NN $=$ [ rho ] ;

Sigma $=$ [ sd^2 ] ;

% 运动方程求解

```
Cinv = inv( CC) ;

a = FF − JJ ∗ Cinv ∗ AA;

b = − ( JJ ∗ Cinv ∗ BB − GG + KK ∗ Cinv ∗ AA) ;

c = − KK ∗ Cinv ∗ BB + HH;

P1 = ( − b + sqrt( b^2 − 4 ∗ a ∗ c) )/( 2 ∗ a) ;

P2 = ( − b − sqrt( b^2 − 4 ∗ a ∗ c) )/( 2 ∗ a) ;

if abs( P1 ) < 1

    PP = P1 ;

else

    PP = P2 ;

end

RR = − Cinv ∗ ( AA ∗ PP + BB) ;

QQ = ( JJ ∗ Cinv ∗ DD − LL) ∗ NN + KK ∗ Cinv ∗ DD − MM;

QD = kron( NN', ( FF − JJ ∗ Cinv ∗ AA) ) + ( JJ ∗ RR + FF ∗ PP + GG −
KK ∗ Cinv ∗ AA) ;

QQ = inv( QD) ∗ QQ;

SS = − Cinv ∗ ( AA ∗ QQ + DD) ;
```

# 附录 C  征收碳税的主要计算代码

```
clear all;
% 定义变量
global beta delta rho alpha eta theta1 theta2 gamma  d2 d1 d0  L_ss;
% 碳环境管理相关参数
beta = 0.95; % 折现率
delta = 0.096; % 资本折旧率
rho = 0.8683; % 全要素生产率冲击
sd = 0.06234; % 冲击的标准差
alpha = 0.747885; % 资本在生产函数所占份额
eta = 0.99; % 污染折旧
theta1 = .05607; % 减排成本方程变量(Nordhaus,2008)
theta2 = 2.8;
gamma = 1 - 0.843754; % 1 - 产出与碳排放之间的弹性
d2 = 1.4647 * 10^( -8); % 损失函数的变量参数(Nordhaus,2008)
d1 = - 6.6722 * 10^( -6);
d0 = 1.395 * 10^( -3);
damage_scale = 5.3024;
d2 = d2/damage_scale^2;
d1 = d1/damage_scale;
imprepsize = .01;
a_ss = 1;
```

```
k_g = 33. 109;
e_g = 2. 178877;
guess = [k_g,e_g];
options = optimset('Display','iter','MaxFunEvals',5000);
ss_sol = fsolve(@ chensteadystate_tax,guess,options);
clear options guess k_g e_g;


k_ss = ss_sol(1);
e_ss = ss_sol(2);
i_ss = delta * k_ss;
x_ss = 5 * e_ss/(1 - eta);
y_ss = (1 - d2 * (x_ss)^2 - d1 * (x_ss) - d0) * k_ss^alpha * L_ss^
(1 - alpha);
mu_ss = 1 - e_ss/y_ss^(1 - gamma);
z_ss = theta1 * mu_ss^theta2 * y_ss;
c_ss = y_ss - i_ss - z_ss;
tau_ss = theta1 * theta2 * mu_ss^(theta2 - 1) * y_ss^gamma;
r_ss = y_ss * alpha * k_ss^(- 1) * (1 - tau_ss * (1 - mu_ss) * (1 -
gamma) * y_ss^(- gamma) - theta1 * mu_ss^theta2);
% 求偏导数时化简后的方程
zy = (theta2 * (1 - gamma) - 1)/(theta2 - 1) * (z_ss/y_ss);
ztau = theta2/(theta2 - 1) * (z_ss/tau_ss);
etau = - 1/(theta2 - 1) * y_ss^(1 - gamma) * mu_ss/tau_ss;
ey = (1 - gamma) * y_ss^(- gamma) + (gamma/(theta2 - 1) + gam-
ma - 1) * mu_ss * y_ss^(- gamma);
rtau = - alpha * (1 - gamma) * y_ss^(1 - gamma)/k_ss...
       + alpha * (1 - gamma) * (1 + 1/(theta2 - 1)) * mu_ss * y_ss^
(1 - gamma)/k_ss...
```

－ alpha ＊ theta1 ＊ theta2/（theta2 － 1）＊ y_ss/k_ss ＊ mu_ss^theta2/tau_ss;

ry = alpha/k_ss － alpha ＊（1 － gamma）^2 ＊ tau_ss ＊ y_ss^（－gamma）/k_ss…

＋ alpha ＊（1 － gamma）＊（1 － gamma － gamma/（theta2 － 1））＊ tau_ss ＊ mu_ss ＊ y_ss^（－gamma）/k_ss…

－ alpha ＊ theta1 ＊（1 － theta2 ＊ gamma/（theta2 － 1））＊ mu_ss^theta2/k_ss;

rk = － alpha ＊ y_ss/k_ss^2 ＋ alpha ＊（1 － gamma）＊ tau_ss ＊ y_ss^（1 － gamma）/k_ss^2 …

－ alpha ＊（1 － gamma）＊ tau_ss ＊ mu_ss ＊ y_ss^（1 － gamma）/k_ss^2 …

＋ alpha ＊ theta1 ＊ y_ss/k_ss^2 ＊ mu_ss^theta2;

lambda_ss =（－ ztau/etau ＊（ey ＋（1 － eta ＊ beta）/（k_ss^alpha ＊（2 ＊ d2 ＊ x_ss ＋ d1）））－（1 － zy））…

＊（1/c_ss ＊（1 － zy）＊（1 － 1/beta）＋ ry －（1/c_ss ＊ ztau ＊（1/beta － 1）＋ rtau）/etau…

＊（ey ＋（1 － eta ＊ beta）/（k_ss^alpha ＊（2 ＊ d2 ＊ x_ss ＋ d1））））^（－1）;

zeta_ss = c_ss^（－1）＊（－ ztau ＋ lambda_ss ＊（c_ss^（－1）＊ ztau ＊（1/beta － 1）＋ rtau））/etau;

omega_ss = － zeta_ss ＊（1 － eta ＊ beta）/k_ss^alpha/（2 ＊ d2 ＊ x_ss ＋ d1）;

At =（1 － L_ss）＊（1 － alpha）＊（y_ss ＊ L_ss^（－1））＊ omega_ss ＊（－1）;

% 变量名称
VARNAMES = ['k　　',

```
                              'x    ',
                              'tau  ',
                              'y    ',
                              'lambd',
                              'c    ',
                              'e    ',
                              'mu   ',
                              'z    ',
                              'i    ',
                              'Labor',
                              'r    ',
                              'zeta ',
                              'omega',
                              'a    ']；
```

% 本程序是根据 Uhlig(1999)的待定系数算法进行编程实现

%控制变量 "x(t)": k(t),x(t),tau(t),y(t),lambda(t)

% 其他内生变量 "y(t)": c(t),e(t),mu(t),z(t),i(t),L(t),r(t),
zeta(t),omega(t)

% 冲击变量  "q(t)": a(t).

%模型线性化形式可写成如下矩阵方程形式:

% 0 = AA x(t) + BB x(t-1) + CC y(t) + DD q(t)

% 0 = E_t [ FF x(t+1) + GG x(t) + HH x(t-1) + JJ y(t+1) +
KK y(t) + LL q(t+1) + MM q(t)]

% q(t) = NN q(t-1) + epsilon(t) with E_t [ epsilon(t) ] =0,

%   k(t),x(t),tau(t),y(t),lambda(t):

AB10 = - alpha * (1 - gamma)^2 * tau_ss * y_ss^( - gamma) * k_ss^
( -1) * c_ss^( -1) - alpha * (1 - gamma) * ...

$(1 - gamma - gamma * (theta2 - 1)^( - 1) * tau\_ss * mu\_ss * y\_$
$ss^( - gamma) * (k\_ss * c\_ss)^( - 1));$

$AA10 = (((theta2 * (1 - gamma) - 1) * z\_ss * ((theta2 - 1) * y\_ss *$
$c\_ss)^( - 1)) * (1 + lambda\_ss * c\_ss^( - 1) + ...$

$lambda\_ss * c\_ss^( - 1) * r\_ss - lambda\_ss * c\_ss^( - 1) * (1 - del-$
$ta)) + alpha * (1 - gamma)^2 * tau\_ss * y\_ss^( - gamma) * (k\_ss * c\_ss)^$
$( - 1) * gamma + ...$

$alpha * (1 - gamma) * (1 - gamma - gamma * (theta2 - 1)^( - 1)) *$
$tau\_ss * y\_ss^( - gamma) * (k\_ss * c\_ss)^( - 1) * mu\_ss * gamma + (1 -$
$gamma) * ...$

$zeta\_ss * y\_ss^( - gamma) * gamma + (1 - gamma - gamma * (the-$
$ta2 - 1)^( - 1)) * ( - gamma);$

$AB11 = - theta2 * z\_ss * ((theta2 - 1) * tau\_ss * c\_ss)^( - 1) +$
$(lambda\_ss * theta2 * z\_ss * c\_ss^( - 2) * (theta2 - 1)^( - 1) ...$
$* tau\_ss^( - 1)) * (1 - r\_ss - (1 - delta)) + alpha * theta1 * the-$
$ta2 * y\_ss * mu\_ss^(theta2) * ...$

$(k\_ss * tau\_ss * c\_ss * (theta2 - 1))^( - 1) - zeta\_ss * mu\_ss *$
$y\_ss^(1 - gamma) * (theta2 - 1)^( - 1) * tau\_ss^( - 1);$

$AA11 = ( - alpha * (1 - gamma)^2 * y\_ss^(1 - gamma) * (k\_ss * c\_$
$ss)^( - 1)) * (1 - (1 + (theta2 - 1)^( - 1) * mu\_ss)) - ...$

$alpha * theta1 * theta2 * y\_ss * mu\_ss^(theta2) * (k\_ss * tau\_ss *$
$c\_ss * (theta2 - 1))^( - 1) - ...$

$zeta\_ss * mu\_ss * y\_ss^(1 - gamma) * (theta2 - 1)^( - 1) * tau\_$
$ss^( - 1) * (1 - gamma);$

$CLM10 = lambda\_ss * c\_ss^( - 2) - lambda\_ss * c\_ss^( - 2) * (theta2$
$* (1 - gamma) - 1) * z\_ss * ((theta2 - 1) * y\_ss)^( - 1);$

$CLM11 = - (lambda\_ss * c\_ss^( - 2) * theta2 * z\_ss * ((theta2 - 1) *$
$tau\_ss)^( - 1));$

AA21 = k_ss^alpha * ( L_ss^( 1 − alpha) ) * ( 2 * d2 * x_ss^2 + d1 * x_ss) ;

AA22 = − theta1 * mu_ss^( theta2 − 1) ;

AA23 = alpha * y_ss^( 1 − gamma) * k_ss^( −1) * tau_ss * ( mu_ss − 1) ;

AA31 = − y_ss^( 1 − gamma) * ( 1 − gamma) * ( 1 − mu_ss) ;

AA32 = − theta1 * mu_ss^( theta2 − 1) * gamma;

AA33 = alpha * y_ss^( 1 − gamma) * k_ss^( −1) * tau_ss * gamma * ( 1 − mu_ss) + r_ss;

AA = [ 0,        0,       0,       − y_ss,    0

k_ss,   0,       0,       0,        0

0,        1,       0,       0,        0

0,        0,       0,       AA31,    0

0,        0,       0,       − 1,      0

0,        AA21,   0,       y_ss,     0

0,        0,       0,       − 1,      0

0,        0,       AA22,   AA32,    0

0,        0,       AA23,   AA33,    0

0,        0,       AB10,   AA10,   CLM10

0,        0,       AB11,   AA11,   CLM11] ;

% k( t − 1) , x( t − 1) , tau( t − 1) , y( t − 1) , lambda( t − 1) :

BB11 = ( − alpha * ( 1 − gamma) * y_ss^( 1 − gamma) * ( k_ss * c_ss)^( −1) ) * ( 1 − ( 1 + ( theta2 − 1)^( −1) * mu_ss) ) ;

BBlam10 = ( ( theta2 * ( 1 − gamma) − 1) * z_ss * ( ( theta2 − 1) * y_ss * c_ss)^( −1) ) * lambda_ss * c_ss^( −1) + lambda_ss * ...

( r_ss − 1) * c_ss^( −2) − lambda_ss * r_ss * c_ss^( −2) * ( theta2 * ( 1 − gamma) − 1) * z_ss * ...

( ( theta2 − 1) * y_ss)^( −1) − ( 1 − delta) * lambda_ss * c_ss^( −2) + lambda_ss * c_ss^( −1) * ...

$( 1 - \text{delta} ) * ( \text{theta2} * ( 1 - \text{gamma} ) - 1 ) * \text{z\_ss} * ( ( \text{theta2} - 1 ) * \text{y\_ss} * \text{c\_ss} )^{\wedge}( -1 ) ;$

$\text{BBlam11} = \text{lambda\_ss} * \text{c\_ss}^{\wedge}( -2 ) * \text{theta2} * \text{z\_ss} * ( ( \text{theta2} - 1 ) * \text{tau\_ss} )^{\wedge}( -1 ) * \ldots$

$\text{r\_ss} + \text{lambda\_ss} * \text{c\_ss}^{\wedge}( -2 ) * \text{theta2} * \text{z\_ss} * ( ( \text{theta2} - 1 ) * \text{tau\_ss} )^{\wedge}( -1 ) * ( 1 - \text{delta} ) ;$

$\text{BB22} = - ( 1 - \text{d2} * \text{x\_ss}^{\wedge}2 - \text{d1} * \text{x\_ss} - \text{d0} ) * \text{k\_ss}^{\wedge}\text{alpha} * ( \text{L\_ss}^{\wedge}( 1 - \text{alpha} ) ) * \text{alpha} ;$

$\text{BB33} = - \text{alpha} * ( \text{c\_ss} * \text{k\_ss} )^{\wedge}( -1 ) - \text{AB10} - \text{alpha} * \text{theta1} * ( 1 - \text{theta2} * \text{gamma} * ( \text{theta2} - 1 )^{\wedge}( -1 ) ) * ( \text{k\_ss} * \text{c\_ss} )^{\wedge}( -1 ) * \text{mu\_ss}^{\wedge}\text{theta2} ;$

$$\text{BB} = [\ 0, \qquad\qquad 0,0,0,0$$
$$- \text{k\_ss} * ( 1 - \text{delta} ), \quad 0,0,0,0$$
$$0, \qquad\qquad - \text{eta}, 0,0,0$$
$$0, \qquad\qquad 0,0,0,0$$
$$0, \qquad\qquad 0,0,0,0$$
$$\text{BB22}, \qquad\qquad 0,0,0,0$$
$$0, \qquad\qquad 0,0,0,0$$
$$0, \qquad\qquad 0,0,0,0$$
$$\text{r\_ss}, \qquad\qquad 0,0,0,0$$
$$\text{BB33}, \qquad\qquad 0,0,0,\text{BBlam10}$$
$$- \text{BB11}, \qquad\qquad 0,0,0,\text{BBlam11} ] ;$$

%　c(t),　　　　　e(t),　mu(t),　　　z(t),　　i(t),
L(t),　　r(t),zeta(t),omega(t)　　r(t)

$\text{CC9} = \text{alpha} * \text{y\_ss}^{\wedge}( 1 - \text{gamma} ) * \text{k\_ss}^{\wedge}( -1 ) * \text{tau\_ss} - \text{alpha} * \text{y\_ss} * \text{k\_ss}^{\wedge}( -1 ) * \text{theta1} * \text{theta2} * \text{mu\_ss}^{\wedge}\text{theta2} ;$

$\text{CC10} = - \text{c\_ss}^{\wedge}( -1 ) - ( ( \text{theta2} * ( 1 - \text{gamma} ) - 1 ) * \text{z\_ss} * ( ( \text{the-}$

$ta2 - 1) * y\_ss * c\_ss)^( - 1)) * (1 + 2 * lambda\_ss * c\_ss^( - 1)) + ...$

$2 * lambda\_ss * (r\_ss - 1) * c\_ss^( - 2) + 2 * lambda\_ss * r\_ss * c\_ss^( - 2) * (theta2 * (1 - gamma) - 1) * ...$

$z\_ss * ((theta2 - 1) * y\_ss)^( - 1) + (1 - delta) * 2 * lambda\_ss * c\_ss^( - 2) - 2 * lambda\_ss * c\_ss^( - 1) * ...$

$(1 - delta) * (theta2 * (1 - gamma) - 1) * z\_ss * ((theta2 - 1) * y\_ss * c\_ss)^( - 1) + alpha * (c\_ss * k\_ss) + ...$

$alpha * (1 - gamma)^2 * tau\_ss * y\_ss^( - gamma) * (k\_ss * c\_ss)^( - 1) + alpha * (1 - gamma) * ...$

$(1 - gamma - gamma * (theta2 - 1)^( - 1)) * tau\_ss * y\_ss^( - gamma) * (k\_ss * c\_ss)^( - 1) * mu\_ss + ...$

$alpha * theta1 * (1 - theta2 * gamma * (theta2 - 1)^( - 1)) * (k\_ss * c\_ss)^( - 1) * mu\_ss^theta2 ;$

$CM10 = - (alpha * (1 - gamma) * (1 - gamma - gamma * (theta2 - 1)^( - 1)) * tau\_ss * y\_ss^( - gamma) * (k\_ss * c\_ss)^( - 1) * mu\_ss) + ...$

$alpha * theta1 * theta2 * (1 - theta2 * gamma * (theta2 - 1)^( - 1)) * (k\_ss * c\_ss)^( - 1) * mu\_ss^theta2 + ...$

$(1 - gamma - gamma * (theta2 - 1)^( - 1)) ;$

$CZ10 = ((theta2 * (1 - gamma) - 1) * z\_ss * ((theta2 - 1) * y\_ss * c\_ss)^( - 1)) * (1 + lambda\_ss * c\_ss^( - 1) + ...$

$lambda\_ss * c\_ss^( - 1) * r\_ss - lambda\_ss * c\_ss^( - 1) * (1 - delta)) ;$

$CR10 = (lambda\_ss * r\_ss * c\_ss^( - 2)) + (lambda\_ss * r\_ss * c\_ss^( - 2)) * (theta2 * (1 - gamma) - 1) * z\_ss * ((theta2 - 1) * y\_ss)^( - 1) ;$

$CC11 = theta2 * z\_ss * ((theta2 - 1) * tau\_ss * c\_ss)^( - 1) - 2 * lambda\_ss * c\_ss^( - 2) * theta2 * z\_ss * ((theta2 - 1) * tau\_ss)^( - 1) + ...$

$2 * lambda\_ss * c\_ss^( - 2) * theta2 * z\_ss * ((theta2 - 1) * tau\_ss)^( - 1) * r\_ss + 2 * lambda\_ss * c\_ss^( - 2) * theta2 * ...$

z_ss * ( ( theta2 − 1 ) * tau_ss)^( − 1 ) * ( 1 − delta) + ( − alpha *
( 1 − gamma) * y_ss^( 1 − gamma) * ( k_ss * c_ss)^( − 1 ) ) * ( 1 − ( 1 +
( theta2 − 1 )^( − 1 ) * mu_ss) ) − …

alpha * theta1 * theta2 * y_ss * mu_ss^( theta2) * ( k_ss * tau_ss *
c_ss * ( theta2 − 1 ) )^( − 1 ) ;

CM11 = ( − alpha * ( 1 − gamma) * y_ss^( 1 − gamma) * ( k_ss * c_ss)^
( − 1 ) ) * ( 1 + ( theta2 − 1 )^( − 1 ) * mu_ss) − …

alpha * theta1 * theta2 * y_ss * mu_ss^( theta2) * ( k_ss * tau_ss *
c_ss * ( theta2 − 1 ) )^( − 1 ) * theta2 + …

zeta_ss * mu_ss * y_ss^( 1 − gamma) * ( theta2 − 1 )^( − 1 ) * tau_
ss^( − 1 ) ;

CZ11 = theta2 * z_ss * ( ( theta2 − 1 ) * tau_ss * c_ss)^( − 1 ) − lambda_
ss * c_ss^( − 2 ) * theta2 * z_ss * ( ( theta2 − 1 ) * tau_ss)^( − 1 ) + …

lambda_ss * c_ss^( − 2 ) * theta2 * z_ss * ( ( theta2 − 1 ) * tau_ss)^
( − 1 ) * r_ss + …

lambda_ss * c_ss^( − 2 ) * theta2 * z_ss * ( ( theta2 − 1 ) * tau_ss)^
( − 1 ) * ( 1 − delta) ;

CR11 = lambda_ss * c_ss^( − 2 ) * theta2 * z_ss * ( ( theta2 − 1 ) * tau_
ss)^( − 1 ) * r_ss;

CZT10 = − ( 1 − gamma) * zeta_ss * y_ss^( − gamma) ;

CZT11 = zeta_ss * mu_ss * y_ss^( 1 − gamma) * ( theta2 − 1 )^( − 1 ) *
tau_ss^( − 1 ) ;

CC51 = y_ss^( 1 − gamma) * mu_ss;

CC61 = theta1 * mu_ss^( theta2 − 1 ) * ( theta2 − 1 ) ;

CC71 = − ( 1 − d2 * x_ss^2 − d1 * x_ss − d0) * k_ss^alpha * ( L_ss^
( 1 − alpha) ) * ( 1 − alpha) ;

CC = [　c_ss,　0,　0,z_ss,　i_ss,　0,　0,　0,　0% Equ. 1)

0, 0, 0, 0, -i_ss, 0, 0, 0, 0% Equ. 2)

0, -(1-eta), 0, 0, 0, 0, 0, 0, 0% Equ. 3)

0, e_ss, CC51, 0, 0, 0, 0, 0, 0% Equ. 4)

0, 0, -theta2, 1, 0, 0, 0, 0, 0% Equ. 5)

0, 0, 0, 0, 0,CC71, 0, 0, 0% Equ. 6)

0, 0, 0, 0, 0,(1-L_ss)^(-1),0,0, -1% Equ. 7)

0, 0, CC61, 0, 0, 0, 0, 0, 0% Equ. 8)

0, 0, CC9, 0, 0, 0, -r_ss, 0, 0% Equ. 9)

CC10, 0, CM10, -CZ10, 0, 0, -CR10,

CZT10,omega_ss% Equ. 10)

-CC11, 0, CM11, CZ11, 0, 0, -CR11,CZT11,

0]; % Equ. 11)

DD = [ 0

0

0

0

0

-(1-d2*x_ss^2-d1*x_ss-d0)*k_ss^alpha*(L_ss^(1-

alpha))

0

0

0

0

0];

% k(t+1), x(t+1), tau(t+1), y(t+1), lambda(t+1):

FFy = -beta*alpha*c_ss^(-1)*k_ss^(-2)+beta*alpha*c_

ss^(-1)*k_ss^(-2)*(1-gamma)^2*y_ss^(1-gamma)+...

beta*alpha*c_ss^(-1)*k_ss^(-2)*(1-gamma)^2*y_

ss^( 1 − gamma) ∗ ( − tau_ss ∗ mu_ss) + ...

    beta ∗ alpha ∗ c_ss^( −1) ∗ k_ss^( −2) ∗ theta1 ∗ y_ss ∗ mu_ss
^theta2 − omega_ss ∗ beta ∗ alpha ∗ y_ss ∗ k_ss^( −1) ;

    FFtao = beta ∗ alpha ∗ k_ss^( −2) ∗ ( 1 − gamma) ∗ y_ss^( 1 −
gamma) ∗ tau_ss ∗ mu_ss;

    FFlamd = ( 1 − delta) ∗ beta ∗ lambda_ss ∗ c_ss^( −2) ;


    FF = [ 0 , 0 , 0 , 0 , 0
        0 , 0 , 0 , 0 , 0
        0 , 0 , FFtao , FFy , FFlamd] ;
    %  k( t) ,  x( t) ,  tau( t) ,  y( t) ,  lambda( t) :
    GGK = 2 ∗ beta ∗ alpha ∗ c_ss^( −1) ∗ k_ss^( −2) + 2 ∗ beta ∗ alpha
∗ c_ss^( −1) ∗ ...

    k_ss^( −2) ∗ ( 1 − gamma) ∗ y_ss^( 1 − gamma) ∗ ( tau_ss ∗ mu_
ss − 1) + ...


2 ∗ beta ∗ alpha ∗ c_ss^( −1) ∗ k_ss^( −2) ∗ theta1 ∗ y_ss ∗ mu_ss^theta2 +
omega_ss ∗ beta ∗ alpha ∗ y_ss ∗ k_ss^( −1) ;
GGlamd = − lambda_ss ∗ c_ss^( −2) − lambda_ss ∗ beta ∗ ( 1 − delta) ∗ ( r_
ss) ∗ c_ss^( −2) − lambda_ss ∗ beta ∗ ( 1 − delta)^2 ∗ c_ss^( −2) ;


    GG = [ 0 ,                                  0 ,
0 , 0 , 0
        0 ,  omega_ss ∗ k_ss^alpha ∗ L_ss^( 1 − alpha) ∗ ( 2 ∗ d2 ∗ x_
ss) ,    0 , 0 , 0
        GGK ,                                 0 ,
0 , 0 , GGlamd] ;

%  k(t−1),x(t−1),tau(t−1),y(t−1),lambda(t−1):

HHK = omega_ss * k_ss^alpha * L_ss^( 1 − alpha ) * alpha * ( 2 * d2 * x_ss + d1 ) ;

HHlamd = lambda_ss * r_ss * c_ss^( −2 ) + lambda_ss * ( 1 − delta ) * c_ss^( −2 ) ;

HH =  [ 0, 0,0,0,0

  HHK,0,0,0,0

  0,0,0,0,  HHlamd ] ;

% :c( t + 1 ), e( t + 1 ), mu( t + 1 ),  z( t + 1 ), i( t + 1 ), L( t + 1 ), r ( t + 1 ) :

JJC = ( 1 − delta ) * beta * c_ss^( −1 ) + ( −2 ) * ( 1 − delta ) * beta * lambda_ss * c_ss^( −2 ) + …

  2 * lambda_ss * beta * ( 1 − delta ) * ( r_ss ) * c_ss^( −2 ) + 2 * lambda_ss * beta * ( 1 − delta )^2 * c_ss^( −2 ) + …

  beta * alpha * c_ss^( −1 ) * k_ss^( −2 ) − beta * alpha * c_ss^( −1 ) * k_ss^( −2 ) * …

( 1 − gamma ) * y_ss^( 1 − gamma ) + beta * alpha * c_ss^( −1 ) * k_ss^( −2 ) * ( 1 − gamma ) * y_ss^( 1 − gamma ) * tau_ss * mu_ss − …

  beta * alpha * c_ss^( −1 ) * k_ss^( −2 ) * theta1 * y_ss * mu_ss^theta2 ;

JJMU = − beta * alpha * c_ss^( −1 ) * k_ss^( −2 ) * ( 1 − gamma ) * y_ss^( 1 − gamma ) * tau_ss * mu_ss − …

  beta * alpha * c_ss^( −1 ) * k_ss^( −2 ) * theta1 * y_ss * mu_ss^theta2 * theta2 ;

JJR = − ( 1 − delta ) * beta * lambda_ss * c_ss^( −2 ) * r_ss ;

JJ = [ −1,0,0,0,0,0,beta * r_ss,0,0

  0,0,0,0,0,0,0, − beta * eta * zeta_ss,0

JJC,0,JJMU,0,0,0, JJR,0,0];% 期望方程

% Order:c(t),e(t),mu(t),z(t),i(t),L(t),r(t),zeta(t),omega(t)

KKL = omega_ss * k_ss^alpha * L_ss^(1 – alpha) * alpha * (2 * d2 * x_ss + d1);

KKomg2 = omega_ss * k_ss^alpha * L_ss^(1 – alpha) * (2 * d2 * x_ss + d1);

KKC = c_ss^( – 1) + 2 * lambda_ss * c_ss^( – 2) – 2 * (lambda_ss * r_ss * c_ss^( – 2) + lambda_ss * (1 – delta) * c_ss^( – 2));

KK = [ 1,   0,   0,   0,   0, 0, 0,   0,0
    0,0, 0, 0,0, 0, KKL,zeta_ss,KKomg2
    KKC,0,0,0,0,0,0,0, – omega_ss * beta * alpha * y_ss * k_ss^
( – 1)];

% 冲击变量 "q(t + 1)": a(t + 1)
LL = [ 0
    0
    0];
% 冲击变量 "q(t)": a(t)
MM1 = omega_ss * k_ss^alpha * L_ss^(1 – alpha) * (1 – alpha) * (2 * d2 * x_ss + d1);
MM = [ 0
    MM1
    0];

NN = [rho];

% 运动方程求解

Cinv = inv( CC) ;

a = FF − JJ ∗ Cinv ∗ AA;

b = − ( JJ ∗ Cinv ∗ BB − GG + KK ∗ Cinv ∗ AA) ;

c = − KK ∗ Cinv ∗ BB + HH;

P1 = ( − b + sqrt( b^2 − 4 ∗ a ∗ c) )/( 2 ∗ a) ;

P2 = ( − b − sqrt( b^2 − 4 ∗ a ∗ c) )/( 2 ∗ a) ;

if abs( P1 ) < 1

   PP = P1 ;

else

   PP = P2 ;

end

RR = − Cinv ∗ ( AA ∗ PP + BB) ;

QQ = ( JJ ∗ Cinv ∗ DD − LL) ∗ NN + KK ∗ Cinv ∗ DD − MM;

QD = kron( NN', ( FF − JJ ∗ Cinv ∗ AA) ) + ( JJ ∗ RR + FF ∗ PP + GG − KK ∗ Cinv ∗ AA) ;

   QQ = inv( QD) ∗ QQ;

   SS = − Cinv ∗ ( AA ∗ QQ + DD) ;

# 参 考 文 献

［1］IPCC. 2006 年 IPCC 国家温室气体清单指南［EB/OL］. 2006.

［2］毕超. 中国能源 $CO_2$ 排放峰值方案及政策建议［J］. 中国人口·资源与环境, 2015, 25 (5): 20 - 27.

［3］蔡海亚, 徐盈之, 双家鹏. 区域碳锁定的时空演变特征与影响机理［J］. 北京理工大学学报 (社会科学版), 2016, 18 (6): 23 - 31.

［4］柴麒敏, 傅莎, 郑晓奇等. 中国重点部门和行业碳排放总量控制目标及政策研究［J］. 中国人口·资源与环境, 2017, 27 (12): 1 - 7.

［5］柴麒敏, 徐华清. 基于 IAMC 模型的中国碳排放峰值目标实现路径研究［J］. 中国人口·资源与环境, 2015, 25 (6): 37 - 46.

［6］柴麒敏. 分解中国碳排放峰值［J］. 中国经济报告, 2015, (7): 54 - 56.

［7］陈江龙, 李平星, 高金龙. 1990~2014 年泛长三角地区能源利用碳排放时空格局及影响因素［J］. 地理科学进展, 2016, 35 (12): 1472 - 1482.

［8］陈诗一. 节能减排与中国工业的双赢发展: 2009~2049［J］. 经济研究, 2010, 45 (3): 129 - 143.

［9］陈诗一. 能源消耗、二氧化碳排放与中国工业的可持续发展［J］. 经济研究, 2009, (4): 41 - 55.

［10］陈诗一. 中国碳排放强度的波动下降模式及经济解释［J］. 世界经济, 2011, (4): 124: 143.

［11］陈文颖, 吴宗鑫, 何建坤. 全球未来碳排放权分配的"两个

趋同"方法 [J]. 清华大学学报（自然科学版），2005，45（6）：848 – 853.

[12] 陈文颖，吴宗鑫. 碳排放权分配与碳排放权贸易 [J]. 清华大学学报（自然科学版），1998，38（12）：79 – 82.

[13] 陈志建，王铮，孙翊. 中国区域人均碳排放的空间格局演变及俱乐部收敛分析 [J]. 干旱区资源与环境，2015，29（4）：24 – 29.

[14] 陈志建，王铮. 中国地方政府碳减排压力驱动因素的省际差异——基于 STIRPAT 模型 [J]. 资源科学，2012，34（4）：718 – 724.

[15] 成艾华，魏后凯. 促进区域产业有序转移与协调发展的碳减排目标设计 [J]. 中国人口·资源与环境，2013，23（1）：57 – 64.

[16] 程叶青，王哲野，张守志，等. 中国能源消费碳排放强度及其影响因素的空间计量 [J]. 地理科学，2014，68（4）：1418 – 1431.

[17] 戴荔珠，马丽，刘卫. FDI 对地区资源环境影响的研究进展评述 [J]. 地球科学进展，2008，23（1）：55 – 62.

[18] 戴其文，赵雪雁，徐伟，等. 生态补偿对象空间选择的研究进展及展望 [J]. 自然资源学报，2009，24（10）：1772 – 1784.

[19] 邓光耀，任苏灵. 中国能源消费碳排放的动态演进及驱动因素分析 [J]. 统计与决策，2017（18）：141 – 143.

[20] 邓吉祥，刘晓，王铮. 基于最优经济增长的中国各省区碳排放权盈亏分析 [J]. 干旱区资源与环境，2015，4（29）：36 – 40.

[21] 邓吉祥，刘晓，王铮. 中国碳排放的区域差异及演变特征分析与因素分解 [J]. 自然资源学报，2014，29（2）：189 – 200.

[22] 丁仲礼，段晓男，葛全胜，张志强. 2050 年大气 $CO_2$ 浓度控制：各国排放权计算 [J]. 中国科学：D 辑，2009a，39（8）：1009 – 1027.

[23] 丁仲礼，段晓男，葛全胜，张志强. 国际温室气体减排方案评估及中国长期排放权讨论 [J]. 中国科学：D 辑，2009b，39（12）：1659 – 1671.

[24] 丁仲礼. 应基于"未来排放配额"来分配各国碳排放权 [J]. 群言, 2010, (4): 20-23.

[25] 杜立民. 我国二氧化碳排放的影响因素: 基于省级面板数据的研究 [J]. 南方经济, 2010, (11): 20-33.

[26] 杜运苏, 张为付. 中国出口贸易隐含碳排放增长及其驱动因素研究 [J]. 国际贸易问题, 2012, (3): 97-107.

[27] 樊纲, 苏铭, 曹静. 最终消费与碳减排责任的经济学分析 [J]. 经济研究, 2010, 1 (4): 4-14.

[28] 樊杰, 李平星. 基于城市化的中国能源消费前景分析及对碳排放的相关思考 [J]. 地球科学进展, 2011, (1): 57-65.

[29] 樊庆锌, 丁达, 冯喆, 王明轩, 邱微. 哈尔滨市人均 GDP 和大气污染的关系研究 [J]. 干旱区资源与环境, 2016, 30 (5): 71-77.

[30] 方精云, 王少鹏, 岳超, 朱江玲, 郭兆迪, 贺灿飞, 唐志尧. "八国集团" 2009 意大利峰会减排目标下的全球碳排放情景分析 [J]. 中国科学: D 辑, 2009, 39 (10): 1339-1346.

[31] 冯长春, 张剑锋, 杨子江, 2015 承接产业转移背景下区域土地利用空间协调评估 [J]. 中国人口·资源与环境, 2015, 25 (5): 144-151.

[32] 冯宗宪, 王安静. 中国区域碳峰值测度的思考和研究——基于全国和陕西省数据的分析 [J]. 西安交通大学学报 (社会科学版), 2016, 36 (4): 96-104.

[33] 符淼. 空间距离和技术外溢效应——对技术和经济集聚现象的空间计量学解释 [J]. 经济学季刊, 2009, (7): 1549-1566.

[34] 傅京燕, 黄芬. 中国碳交易市场 $CO_2$ 排放权地区间分配效率研究 [J]. 中国人口·资源与环境, 2016, 26 (2): 1-9.

[35] 高长春等. 近 20 年来中国能源消费碳排放时空格局动态 [J]. 地理科学进展, 2016, 35 (6): 747-757.

[36] 高雪，李惠民，齐晔. 中美贸易的经济溢出效应及碳泄漏研究 [J]. 中国人口·资源与环境，2015，25 (5)：28 - 34.

[37] 公丕萍，刘卫东，唐志鹏，等. 2007 年中日贸易的经济效应和碳排放效应 [J]. 地理研究，2016，35 (1)：71 - 81.

[38] 顾阿伦，吕志强. 经济结构变动对中国碳排放影响——基于 IO - SDA 方法的分析 [J]. 中国人口·资源与环境，2016，26 (3)：37 - 45.

[39] 顾高翔，王铮. 后 INDC 时期全球 1.5℃ 合作减排方案 [J]. 地理学报，2017，72 (9)：1655 - 1668.

[40] 郭建科. G7 国家和中国碳排放演变及中国峰值预测 [J]. 中外能源，2015，20 (2)：1 - 6.

[41] 郭菊娥，柴建，吕振东. 我国能源消费需求影响因素及其影响机理分析 [J]. 管理学报，2008，(5)：651 - 654.

[42] 郭郡郡，刘成玉. 城市化对碳排放量及强度的影响 [J]. 城市问题，2012，(5)：21 - 28.

[43] 国家统计局能源统计司. 中国能源统计年鉴 [M]. 北京：中国统计出版社，2003.

[44] 国家统计局能源统计司. 中国能源统计年鉴 [M]. 北京：中国统计出版社，2008.

[45] 国家统计局能源统计司. 中国能源统计年鉴 [M]. 北京：中国统计出版社，2011.

[46] 国务院发展研究中心课题组. 全球温室气体减排：理论框架和解决方案 [J]. 经济研究，2009，(3)：4 - 13.

[47] 何建坤，柴麒敏. 2008. 关于全球减排温室气体长期目标的探讨 [J]. 清华大学学报（哲学社会科学版），23 (4)：15 - 25.

[48] 何建坤，陈文颖，滕飞，刘滨. 全球长期减排目标与碳排放权分配原则 [J]. 气候变化研究进展，2009，(6)：362 - 368.

[49] 何建坤，陈文颖，滕飞，刘滨. 全球长期减排目标与碳排放

权分配原则 [J]. 气候变化研究进展, 2009, (6): 362 –368.

[50] 何建坤, 陈文颖, 王仲颖, 等. 中国减缓气候变化评估 [J]. 科学通报, 2016, (10): 1055 –1062.

[51] 何建坤, 刘滨, 陈文颖. 有关全球气候变化问题上的公平性分析 [J]. 中国人口资源与环境, 2004, 14 (6): 12 –15.

[52] 何建坤. $CO_2$ 排放峰值分析: 中国的减排目标与对策 [J]. 中国人口·资源与环境, 2013, 23 (12): 1 –9.

[53] 何建武, 李善同. 二氧化碳减排与区域经济发展 [J]. 管理评论, 2010, 22 (6): 9 –16.

[54] 何晓萍, 刘希颖, 林艳苹. 中国城市化进程中的电力需求预测 [J] 经济研究, 2009, (1): 118 –130.

[55] 胡初枝, 黄贤金, 钟太洋, 谭丹. 中国碳排放特征及其动态演进分析 [J]. 中国人口·资源与环境, 2008 (3): 38 –42.

[56] 黄国华, 刘传江, 赵晓梦. 长江经济带碳排放现状及未来碳减排 [J]. 长江流域资源与环境, 2016, 25 (4): 638 –644.

[57] 黄晶, 李高, 彭斯震. 当代全球环境问题的影响与我国科学技术应对策略思考 [J]. 中国软科学, 2007, (7): 79 –86.

[58] 黄蕊, 王铮, 邓吉祥, 等. 区域能源碳排放系统开发及应用 [J]. 地理科学, 2015, 35 (4): 427 –432.

[59] 江洪. 金砖国家对外贸易隐含碳的测算与比较——基于投入产出模型和结构分解的实证分析 [J]. 资源科学, 2016, 38 (12): 2326 –2337.

[60] 蒋伟. 中国省域城市化水平影响因素的空间计量分析 [J]. 经济地理, 2009, (29): 613 –617.

[61] 雷厉, 仲云云, 袁晓玲. 中国区域碳排放的因素分解模型及实证分析 [J]. 当代经济科学, 2011 (5): 59 –65.

[62] 李爱华, 宿洁, 贾传亮. 经济增长与碳排放协调发展及一致性模型研究——宏观低碳经济的数理分析 [J]. 中国管理科学, 2017

（4）：1-6.

[63] 李方一, 刘卫东, 唐志鹏. 中国区域间隐含污染转移研究 [J]. 地理学报, 2013, 68 (6): 791-801.

[64] 李国志, 李宗植. 中国二氧化碳排放的区域差异和影响因素研究 [J]. 中国人口·资源与环境, 2010, 20 (5): 22-27.

[65] 李建豹, 黄贤金. 基于空间面板模型的碳排放影响因素分析——以长江经济带为例 [J]. 长江流域资源与环境, 2015, 24 (10): 1665-1671.

[66] 李健, 肖境, 王庆山. 基于京津冀区域产业梯度转移的碳减排配额研究 [J]. 干旱区资源与环境, 2015, (2): 1-7.

[67] 李锴, 齐绍洲. 贸易开放、经济增长与中国二氧化碳排放 [J]. 经济研究, 2011 (11): 60-72.

[68] 李立华. 区域乘数效应与中国区域协调发展机制的安排 [J]. 经济评论, 2007 (6): 125-132.

[69] 李名升, 张建辉等. 经济发展与污染排放的空间错位分析 [J]. 生态环境学报, 2013, 22 (9): 1620-1624.

[70] 李娜, 石敏俊, 袁永娜. 低碳经济政策对区域发展格局演进的影响 [J]. 地理学报, 2010, 65 (12): 1569-1580.

[71] 李平星, 曹有挥. 产业转移背景下区域工业碳排放时空格局演变——以泛长三角为例 [J]. 地球科学进展, 2013, 28 (8): 939-947.

[72] 李侠祥, 张学珍, 王芳, 张丽娟. 中国 2030 年碳排放达峰研究进展 [J]. 地理科学研究, 2017, 6 (1): 26-34.

[73] 李想, 王仲智, 芦惠. 江苏省经济重心与能源碳排放重心路径演变分析 [J]. 亚热带资源与环境学报, 2013, 8 (3): 59-64.

[74] 李艳梅, 张雷, 程晓凌. 中国碳排放变化的因素分解与减排途径分析 [J]. 资源科学, 2010, 32 (2): 218-222.

[75] 李增来, 梁东黎. 美国货币政策对中国经济动态冲击效应研

究——SVAR 模型的一个应用 [J]. 经济与管理研究，2011，(3)：77 –
83.

[76] 李子豪，代迪尔. 外商直接投资与中国二氧化碳排放——基于省际经验的实证研究 [J]. 经济问题探索，2011，(9)：131 –137.

[77] 李子豪，刘辉煌. FDI 的技术效应对碳排放的影响 [J]. 中国人口·资源与环境，2011，(12)：27 –33.

[78] 梁斌，李庆云. 中国房地产价格波动与货币政策分析——基于贝叶斯估计的动态随机一般均衡模型 [J]. 经济科学，2011，(3)：17 –32.

[79] 廖双红，肖雁飞. 污染产业区域间转移与中部地区碳转移空间特征及启示 [J]. 经济地理，2017，37 (2)：132 –140.

[80] 林伯强，蒋竺均. 中国二氧化碳的环境库兹涅茨曲线预测及影响因素分析. 管理世界，2009 (4)：27 –36.

[81] 林伯强，李江龙. 环境治理约束下的中国能源结构转变——基于煤炭和二氧化碳峰值的分析 [J]. 中国社会科学，2015，(9)：84 –107.

[82] 林伯强，刘希颖. 中国城市化阶段的碳排放：影响因素和减排策略 [J]. 经济研究，2010，(8)：66 –78.

[83] 林伯强，刘希颖. 中国城市化阶段的碳排放：影响因素和减排策略 [J]. 经济研究，2010，(8)：66 –78.

[84] 林伯强，孙传旺. 如何在保障中国经济增长前提下完成碳减排目标 [J]. 中国社会科学，2011，(1)：64 –76.

[85] 刘朝明. 区域经济一体化与中国的发展战略选择 [J]. 经济学动态，2002 (4)：30 –34.

[86] 刘佳骏，李雪慧，史丹. 中国碳排放重心转移与驱动因素分析 [J]. 财贸经济，2013，12 (3)：556 –561.

[87] 刘兰凤，易行健. 中国能源需求的估计与预测模拟 [J]. 上海财经大学学报，2008，10 (4)：84 –91.

[88] 刘瑞娜，王勇. 区域经济一体化：促进中国经济可持续发展的动力——基于"命运共同体"环境下的视角 [J]. 现代经济探讨，2015 (1)：83 - 87.

[89] 刘卫东，陈杰，唐志鹏，等. 中国2007年30省区市区域间投入产出表编制理论与实践 [M]. 北京：中国统计出版社，2012.

[90] 刘卫东，唐志鹏，陈杰，等. 2010年中国30省区市区域间投入产出表 [M]. 北京：中国统计出版社，2014.

[91] 刘卫东. 经济地理学与空间治理 [J]. 地理学报，2014，69 (8)：1109 - 1116.

[92] 刘卫东. 中国2007年30省区市区域间投入产出表编制理论与实践 [M]. 北京：中国统计出版社，2012.

[93] 刘晓. 中国区域碳排放配额控制政策模拟及系统开发研究 [D]. 华东师范大学. 2012.

[94] 刘燕华，葛全胜，何凡能，程邦波. 应对国际$CO_2$减排压力的途径及我国减排潜力分析 [J]. 地理学报，2008，63 (7)：675 - 682.

[95] 刘晔，刘丹，张林秀. 中国省域城镇居民碳排放驱动因素分析 [J]. 地理科学，2016，36 (5)：691 - 696.

[96] 柳思维，徐志耀，唐红涛. 公路基础设施对中部地区城镇化贡献的空间计量分析 [J]. 经济地理，2011，(31)：237 - 241.

[97] 鲁万波，仇婷婷，杜磊. 中国不同经济增长阶段碳排放影响因素研究 [J]. 经济研究，2013 (4)：106 - 118.

[98] 陆大道. 中国地理学的发展与全球变化研究 [J]. 地理学报，2011，66 (2)：147 - 156.

[99] 陆铭，陈钊. 分割市场的经济增长——为什么经济开放可能加剧地方保护？ [J]. 经济研究，2009 (3)：42 - 52.

[100] 陆铭，陈钊. 分割市场的经济增长——为什么经济开放可能加剧地方保护？ [J]. 经济研究，2009 (3)：42 - 52.

[101] 马丽，刘卫东，刘毅．外商投资对地区资源环境影响的机制分析 [J]．中国软科学，2003，(10)：129 – 132．

[102] 马诗慧．长三角地区低碳经济发展目标及其路径研究——基于面板数据的实证分析 [D]．浙江：浙江理工大学，2012：16．

[103] 马涛，东艳，苏庆义等．工业增长与低碳双重约束下的产业发展及减排路径 [J]．世界经济，2011，(8)：19 – 43．

[104] 潘高，张合平，潘登．湖南省 2000 – 2014 年碳排放效应及时空格局 [J]．生态学杂志，2017，36 (5)：1382 – 1389．

[105] 潘家华，陈迎．碳预算方案：一个公平、可持续的国际气候制度框架 [J]．中国社会科学，2009，(5)：83 – 98．

[106] 潘家华，郑艳．基于人际公平的碳排放概念及其理论含义 [J]．世界经济与政治，2009，(10)：6 – 16．

[107] 潘家华．碳排放交易体系的构建、挑战与市场拓展 [J]．中国人口·资源与环境，2016，26 (8)：1 – 5．

[108] 潘文卿．地区间经济影响的反馈与溢出效应 [J]．系统工程理论与实践，2006，26 (7)：86 – 91．

[109] 潘文卿．中国区域经济发展：基于空间溢出效应的分析 [J]．世界经济，2015 (7)：120 – 142．

[110] 潘元鸽，潘文卿，吴添．中国地区间贸易隐含 $CO_2$ 测算 [J]．统计研究，2013，30 (9)：21 – 28．

[111] 庞军，张浚哲．中欧贸易隐含碳排放及其影响因素——基于 MRIO 模型和 LMDI 方法的分析 [J]．国际经贸探索，2014，30 (11)：51 – 65．

[112] 彭鹃，肖伟，魏庆琦，雷晓玲．基于多目标决策的 $CO_2$ 排放权初始分配方法研究 [J]．安全与环境学报，2014，4 (14)：191 – 196．

[113] 彭水军，余丽丽．全球生产网络中国际贸易的碳排放区域转移效应研究 [J]．经济科学，2016 (5)：58 – 70．

[114] 彭水军，张文城，孙传旺．中国生产侧和消费侧碳排放量测

算及影响因素研究 [J]. 经济研究, 2015 (1): 168-182.

[115] 朴英爱, 张益纲. 碳排放总量控制交易体系设计要素的研究综述 [J]. 山西大学学报 (哲学社会科学版), 2014, 1 (37): 75-82.

[116] 齐舒畅, 王飞, 张亚雄. 我国非竞争型投入产出表编制及其应用分析 [J]. 统计研究, 2008, 25 (5): 79-83.

[117] 祁神军, 张云波. 中国建筑业碳排放的影响因素分解及减排策略研究 [J]. 软科学, 2013, 27 (6): 39-43.

[118] 乔小勇, 李泽怡, 相楠. 中间品贸易隐含碳排放流向追溯及多区域投入产出数据库对比——基于 WIOD、Eora、EXIOBASE 数据的研究 [J]. 财贸经济, 2018 (1): 84-100.

[119] 渠慎宁, 郭朝先. 基于 STIRPAT 模型的中国碳排放峰值预测研究 [J]. 中国人口·资源与环境, 2010, 20 (12): 10-15.

[120] 荣培君, 张丽君, 杨群涛, 等. 中小城市家庭生活用能碳排放空间分异——以开封市为例 [J]. 地理研究, 2016, 35 (8): 1495-1509.

[121] 石敏俊, 王妍, 张卓颖, 等. 中国各省区碳足迹与碳排放空间转移 [J]. 地理学报, 2012, 67 (10): 1327-1338.

[122] 宋德勇, 卢忠宝. 中国碳排放影响因素分解及其周期性波动研究 [J] 中国人口·资源与环境, 2009, 19 (3): 18-24.

[123] 宋德勇, 易艳春. 外商直接投资与中国碳排放 [J]. 中国人口·资源与环境, 2011, 21 (1): 49-52.

[124] 孙昌龙, 靳诺, 张小雷, 杜宏茹. 城市化不同演化阶段对碳排放的影响差异 [J]. 地理科学, 2013, 33 (3): 266-272.

[125] 孙攀, 吴玉鸣, 鲍曙明. 中国碳减排的经济政策选择——基于空间溢出效应视角 [J]. 上海经济研究, 2017 (8): 29-36.

[126] 孙翊, 等. 中国生产控制型产业减排的居民福利和区域影响 [J]. 地理科学, 2015, 35 (9): 1067-1096.

[127] 覃成林, 刘迎霞, 李超. 空间外溢与区域经济增长趋同——

基于长江三角洲的案例分析 [J]. 中国社会科学, 2012, (5): 76-94.

[128] 汤维祺, 钱浩祺, 吴力波. 内生增长下排放权分配及增长效应 [J]. 中国社会科学, 2016, (1): 60-81.

[129] 唐志鹏, 邓志国, 刘红光. 区域产业关联经济距离模型的构建及实证分析 [J]. 管理科学学报, 2013, 16 (6): 56-66.

[130] 唐志鹏, 刘卫东, 公丕萍. 出口对中国区域碳排放影响的空间效应测度——基于1997~2007年区域间投入产出表的实证分析 [J]. 地理学报, 2014, 69 (10): 1403-1413.

[131] 滕堂伟, 胡森林, 侯路瑶. 长江经济带产业转移态势与承接的空间格局 [J]. 经济地理, 2016, 36 (5): 92-99.

[132] 田云, 张俊飚, 吴贤荣, 程琳琳. 中国种植业碳汇盈余动态变化及地区差异分析——基于31个省 (市、区) 2000~2012年的面板数据 [J]. 自然资源学报, 2015, 30 (11): 1885-1895.

[133] 田云, 张俊飚, 尹朝静, 吴贤荣. 中国农业碳排放分布动态与趋势演进——基于31个省 (市、区) 2002~2011年的面板数据分析 [J]. 中国人口·资源与环境, 2014, 24 (7): 91-98.

[134] 佟昕, 李学森, 佟琳, 等. 中国碳排放空间格局的时空演化——基于动态演化及空间集聚的视域 [J]. 东北大学学报: 自然科学版, 2016, 37 (11): 1668-1672.

[135] 王伯鲁. 广义技术视野中的技术困境问题探析 [J]. 科学技术与辩证法, 2007, 24 (1): 68-72.

[136] 王灿, 陈吉宁, 邹骥. 基于CGE模型 $CO_2$ 减排对中国经济的影响 [J]. 清华大学学报 (自然科学版), 2005, 45 (12): 1621-1624.

[137] 王长建, 张虹鸥. 基于IO-SDA模型的新疆能源消费碳排放影响机理分析 [C] //2016海峡两岸经济地理学研讨会. 2016.

[138] 王锋, 冯根福. 优化能源结构对实现中国碳强度目标的贡献潜力评估 [J]. 中国工业经济, 2011, (4): 127-137.

[139] 王锋, 吴丽华, 杨超. 中国经济发展中碳排放增长的驱动因素研究 [J]. 经济研究, 2010, (10): 123 - 136.

[140] 王红玲, 徐桂祥, 胡中立. 农业经济增长中广义技术进步的度量方法研究 [J]. 统计研究, 1997, (6): 47 - 51.

[141] 王金南, 蔡博峰, 曹东等. 中国 $CO_2$ 排放总量控制区域分解方案研究 [J]. 环境科学学报, 2011, 31 (4): 680 - 685.

[142] 王金营, 蔺丽莉, 中国人口劳动参与率与未来劳动力供给分析 [J]. 人口学刊, 2006, (4): 19 - 24.

[143] 王俊松, 贺灿飞. 能源消费、经济增长与中国 $CO_2$ 排放量变化——基于 lmdi 方法的分解分析 [J]. 长江流域资源与环境, 2010, 19 (1): 18 - 23.

[144] 王礼茂, 牟初夫, 陆大道. 地缘政治演变驱动力变化与地缘政治学研究新趋势 [J]. 地理研究, 2016, 35 (1): 3 - 13.

[145] 王丽丽, 王媛, 毛国柱, 等. 中国国际贸易隐含碳 SDA 分析 [J]. 资源科学, 2012, 34 (12): 162 - 169.

[146] 王文涛, 刘燕华, 于宏源. 全球气候变化与能源安全的地缘政治 [J]. 地理学报, 2014, 69 (9): 1259 - 1267.

[147] 王铮, 刘晓, 黄蕊, 刘慧雅, 翟石艳. 平稳增长条件下中国各省市自治区的排放需求估算 [J]. 中国科学院院刊, 2013, 28 (1): 85 - 93.

[148] 王铮, 孙翊. 中国主体功能区协调发展与产业结构演化 [J]. 地理科学, 2013, 33 (6): 641 - 648.

[149] 王铮, 吴静, 李刚强, 等. 国际参与下的全球气候保护策略可行性 [J]. 生态学报, 2009, 29 (5): 2407 - 2417.

[150] 王铮, 翟石艳, 马晓哲. 河南省能源消费碳排放的历史特征及趋势预测 [J]. 地域研究与开发, 2010, 29 (6): 69 - 74.

[151] 王铮, 张帅, 吴静. 一个新的 RICE 簇模型及其对全球减排方案的分析 [J]. 科学通报, 2012, 57 (26): 2507 - 2515.

［152］王铮，朱永彬，刘昌新，马晓哲．最优增长路径下的中国碳排放估计［J］．地理学报，2010，12（65）：1559－1568.

［153］王铮，朱永彬．我国各省区碳排放量状况及减排对策研究［J］．中国科学院院刊，2008，23（2）：109－115.

［154］王铮．气候保护及其对社会经济影响的模拟研究［J］．地理研究，2010，29（11）：1921－1930.

［155］魏艳旭，孙根年，李静．基于技术进步的中国能源消耗与经济增长：前后两个30年的比较［J］．资源科学，2011，33（7）：1338－1345.

［156］温怀德，刘渝琳，温怀玉．外商直接投资、对外贸易与环境污染的实证研究［J］．当代经济科学，2008（3）：88－94.

［157］吴常艳，黄贤金，揣小伟，等．基于EIO－LCA的江苏省产业结构调整与碳减排潜力分析［J］．中国人口·资源与环境，2015，25（4）：43－51.

［158］吴福象，朱蕾．中国三大地带间的产业关联及其溢出和反馈效应——基于多区域投入产出分析技术的实证研究［J］．南开经济研究，2010（5）：140－152.

［159］吴洁，范英，夏炎，等．碳配额初始分配方式对我国省区宏观经济及行业竞争力的影响［J］．管理评论，2015，27（12）：18－26.

［160］吴静，王铮．全球减排：方案剖析与关键问题［J］．中国科学院院刊，2009，（5）：475－485.

［161］吴添，潘文卿．中日经济的相互影响：溢出效应、反馈效应与产业价值链［J］．经济学报，2014（3）：147－168.

［162］吴卫星．后京都时代（2012～2020年）碳排放权分配的战略构想——兼及"共同但有区别的责任"原则［J］．南京工业大学学报（社会科学版），2010，9（2）：18－22.

［163］吴兴弈，刘纪显，杨翱．模拟统一碳排放市场的建立对我国经济的影响——基于DSGE模型［J］．南方经济，2014，（9）：78－97.

[164] 吴玉鸣，李建霞. 省域经济增长与电力消费的局域空间计量经济分析 [J]. 地理科学，2009，29（1）：30－34.

[165] 吴玉鸣. 中国省域碳排放异质性趋同及其决定因素研究——基于变参数面板数据计量经济模型的实证 [J]. 商业经济与管理，2015（8）：66－74.

[166] 吴振信，谢晓晶，王书平. 经济增长、产业结构对碳排放的影响分析——基于中国的省际面板数据 [J]. 中国管理科学，2012，20（3）：161－166.

[167] 谢昱宸. 中国分行业动态随机一般均衡模型建模与分析 [D]. 华东师范大学，2012.

[168] 邢璐，马中，单葆国. 欧盟碳减排目标分解方法解读及借鉴 [J]. 环境保护，2013，（1）：65－67.

[169] 徐高玉，郭元，吴宗鑫. 碳权分配：全球碳排放权交易及参与激励 [J]. 数量经济技术经济研究，1997，（3）：72－77.

[170] 徐国泉，刘则渊，姜照华. 中国碳排放的因素分解模型及实证分析：1995－2004 [J]. 中国人口·资源与环境，2006，16（6）：158－161.

[171] 许广月. 碳排放收敛性：理论假说和中国的经验研究 [J]. 数量经济技术经济研究，2010（9）：31－42.

[172] 许和连，邓玉萍. 外商直接投资导致了中国的环境污染吗？ [J]. 管理世界，2012，（2）：30－43.

[173] 许泱，周少甫. 我国城市化与碳排放的实证研究 [J]. 长江流域资源与环境，2011，20（11）：1304－1309.

[174] 许泱. 中国贸易、城市化对碳排放的影响研究 [D]. 华中科技大学，2011.

[175] 闫云凤. 消费碳排放责任与中国区域间碳转移——基于 MRIO 模型的评估 [J]. 工业技术经济，2014（8）：91－98.

[176] 杨翔，刘纪显. 模拟征收碳税对我国经济的影响——基于

DSGE 模型的研究．经济科学，2014，（6）：53 - 66.

[177] 杨本建，毛艳华．产业转移政策与企业迁移行为——基于广东产业转移的调查数据 [J]．南方经济，2014，（3）：1 - 20.

[178] 杨博琼，陈建国，官娇．FDI 对东道国环境污染影响的度量 [J]．财经科学，2010 (7)：117 - 124.

[179] 杨福霞，聂华林，杨冕．中国经济发展的环境效应分析——基于广义脉冲响应函数的实证检验 [J]．财经研究，2010，36 (5)：133 - 143.

[180] 杨磊，高向东．基于重心模型的环境污染和治理投资偏离分析 [J]．亚热带资源与环境学报，2012，2 (5)：41 - 47.

[181] 杨秀，付琳，丁丁．区域碳排放峰值测算若干问题思考：以北京市为例 [J]．中国人口·资源与环境，2015，25 (10)：39 - 44.

[182] 杨源等．基于聚类分析的碳强度目标分解研究 [J]．气候变化研究进展，2012，8 (4)：278 - 284.

[183] 杨泽伟．碳排放权：一种新的发展权 [J]．浙江大学学报（人文社会科学版），2011，3 (41)：40 - 49.

[184] 杨子晖．经济增长能源消费与二氧化碳排放的动态关系研究 [J]．世界经济，2011，（6）：100 - 125.

[185] 姚昕，刘希颖．基于增长视角的中国最优碳税研究 [J]．经济研究，2010，（11）：48 - 58.

[186] 余典范，干春晖，郑若谷．中国产业结构的关联特征分析——基于投入产出结构分解技术的实证研究 [J]．中国工业经济，2011 (11)：5 - 15.

[187] 袁永娜，李娜，石敏俊．我国多区域 CGE 模型的构建及其在碳交易政策模拟中的应用 [J]．数学的实践与认识，2016，46 (3)：106 - 116.

[188] 袁永娜，李娜，石敏俊．我国多区域 CGE 模型的构建及其在碳交易政策模拟中的应用 [J]．数学的实践与认识，2016，46 (3)：

106 – 116.

［189］袁永娜，石敏俊，李娜，周晟吕. 碳排放许可的强度分配标准与中国区域经济协调发展——基于 30 省区 CGE 模型的分析 ［J］. 气候变化研究进展，2012，8（1）：60 – 67.

［190］张翠菊，张宗益. 产业和人口的空间集聚对中国区域碳排放强度的影响 ［J］. 技术经济，2016，35（1）：71 – 77.

［191］张军，吴桂英，张吉鹏. 中国省际物质资本存量估算：1952 ~ 2000 ［J］. 经济研究，2004（10）：35 – 44.

［192］张雷. 中国一次能源消费的碳排放区域格局变化 ［J］. 地理研究，2006，25（1）：1 – 9.

［193］张丽峰. 我国产业结构、能源结构和碳排放关系研究 ［J］. 干旱区资源与环境，2011，25（5）：1 – 7.

［194］张同斌，陈婷玉. 中国区域经济关联视角下的碳减排效应模拟与地区减排差异解释 ［J］. 经济科学，2017（6）：31 – 44.

［195］张霄阳，陈定江，朱兵，等. 基于 MRIO 对铁矿石开采生态补偿新机制的探讨 ［J］. 中国环境科学，2016，36（11）：3449 – 3455.

［196］张永强，张捷. 我国重化工业产业调整与转移对区域碳排放差异的影响——基于偏离份额分析法的实证研究 ［J］. 南京财经大学学报，2016（6）：4 – 13.

［197］张友国. 经济发展方式变化对中国碳排放强度的影响 ［J］. 经济研究，2010，（4）：120 – 133.

［198］张友国. 区域间供给驱动的碳排放溢出与反馈效应 ［J］. 中国人口·资源与环境，2016，26（4）：55 – 62.

［199］张友国. 碳排放视角下的区域间贸易模式：污染避难所与要素禀赋 ［J］. 中国工业经济，2015（8）：5 – 19.

［200］张云，唐海燕. 中国贸易隐含碳排放与责任分担：产业链视角下实例测算 ［J］. 国际贸易问题，2015（4）：148 – 156.

［201］张增凯，郭菊娥，安尼瓦尔·阿木提. 基于隐含碳排放的碳

减排目标研究 [J]. 中国人口·资源与环境, 2011, 21 (12): 15-21.

[202] 赵爱文, 李东. 中国碳排放与经济增长的协整与因果关系分析 [J]. 长江流域资源与环境, 2011, 20 (11): 1297.

[203] 赵萌. 习近平: 2030 年左右中国碳排放达峰值 [N]. 北京青年报, 2015-12-1 (A3).

[204] 赵荣钦, 黄贤金, 钟太洋. 中国不同产业空间的碳排放强度与碳足迹分析 [J]. 地理学报, 2010, 65 (9): 1048-1057.

[205] 赵荣钦等. 中原经济区县域碳收支空间分异及碳平衡分区 [J]. 地理学报, 2014, 69 (10): 1425-1437.

[206] 赵雅倩, 王伟. 港口节能减排多目标优化研究 [J]. 华东交通大学学报, 2015 (3): 78-85.

[207] 赵玉焕, 刘娅. 基于投入产出分析的俄罗斯对外贸易隐含碳研究 [J]. 国际商务 (对外经济贸易大学学报), 2015, (3): 24-34.

[208] 赵玉焕, 田扬, 刘娅. 基于投入产出分析的印度对外贸易隐含碳研究 [J]. 国际贸易问题, 2014, (10): 77-87.

[209] 赵玉焕, 王乾. 基于 MRIO 模型的中国区域间碳关联测度 [J]. 北京理工大学学报 (社会科学版), 2016, 18 (3): 13-21.

[210] 郑立群. 中国各省区碳减排责任分摊——基于公平与效率权衡模型的研究 [J]. 干旱区资源与环境, 2013, 27 (5): 3-8.

[211] 郑丽琳, 朱启贵. 技术冲击、二氧化碳排放与中国经济波动 [J]. 财经研究, 2012, 38 (7): 37-48.

[212] 郑丽琳, 朱启贵. 技术冲击、二氧化碳排放与中国经济波动 [J]. 财经研究, 2012, 38 (7): 37-48.

[213] 钟章奇, 姜磊, 何凌云, 等. 基于消费责任制的碳排放核算及全球环境压力 [J]. 地理学报, 2018, 73 (3).

[214] 钟章奇, 孙翊, 刘晓, 等. 城市贸易隐含碳排放的计算——以上海市为例 [J]. 热带地理, 2015, 35 (6): 785-796.

[215] 钟章奇, 吴乐英, 陈志建, 等. 区域碳排放转移的演变特征

与结构分解及减排对策分析——以河南省为例 [J]. 地理科学，2017，37（5）：773 – 782.

[216] 周文通. 京津冀经济发展的空间溢出效应——基于动态空间计量的实证研究 [J]. 中国社会科学院研究生院学报，2016（2）：45 – 52.

[217] 朱明许，黄少鹏等. 中国人均能源碳排放因素分解及减排途径分析 [J]. 经济与管理，2011，6（3）：14 – 19.

[218] 朱永彬，刘晓，王铮. 碳税政策的减排效果及其对我国经济的影响分析 [J]. 中国软科学，2010，（4）：1 – 9.

[219] 朱永彬，王铮，庞丽，王丽娟，邹秀萍. 基于经济模拟的中国能源消费与碳排放高峰预测 [J]. 地理学报，2009，64（8）：935 – 944.

[220] 朱永彬，王铮. 基于经济模拟的中国能源消费与碳排放高峰预测 [J]. 地理学报，2009，64（8）：935 – 944.

[221] 朱永彬，王铮. 经济平稳增长下基于研发投入的减排控制研究 [J]. 科学学研究，2013，4（31）：554 – 559.

[222] 朱永彬，王铮. 中国产业结构优化路径与碳排放趋势预测 [J]. 地理科学进展，2014，33（12）：1579 – 1586.

[223] Alam, S., Fatima, A., Butt, M. S.. Sustainable development in Pakistan in the context of energy consumption demand and environmental degradation [J]. *Journal of Asia Economics*, 2007, 18（5）：825 – 837.

[224] Aldy, J. E.. Per capita carbon dioxide emissions: Convergence or divergence? [J]. *Environmental Resource Economics*, 2006, 33（4）：533 – 555.

[225] Ang, B., Huang, H., Mu, A. R.. Properties and linkages of some index decomposition analysis methods [J]. *Energy Policy*, 2009, 37（11）：4624 – 4632.

[226] Annicchiarico, B., Di Dio, F.. Environmental policy and mac-

roeconomic dynamics in a new Keynesian model [J]. *Journal of Environmental Economics and Management*, 2015, 69: 1 – 21.

[227] Annicchiarico, B. , Di Dio, F. . Environmental policy and macroeconomic dynamics in a new Keynesian model [J]. *Journal of Environmental Economics and Management*, 2015, 69: 1 – 21.

[228] Anselin, L. Raymond, J. G. M. . Sergio, J. Rey. *Advances in Spatial Econometrics: Methodology, Tools and Applications* [M]. Berlin: Springer – Verlag. 2004.

[229] Anselin, L. . *Spatial Econometrics: Methods and Models* [M]. Dordrecht, Kluwer Academic Publishers, 1988.

[230] Auffhammer, M. , Carson, R. T. . Forecasting the path of China's $CO_2$ emissions using province-level information [J]. *Journal of Environmental Economics and Management*, 2008, 55 (3): 229 – 247.

[231] Baumont, B. , Ertur, C. and Gallo, J. L. . ExploratorySpatial Data Analysis of the Distribution of Regional Per Capita GDP in Europe, 1980 – 1995 [J] *Papers in Regional Science*, 2003, 82: 175 – 201.

[232] Bean, C. , Paustian, M. , Penalver, A. , and Taylor, T. . Monetary Policy After the Fall [R]. 2010, Paper presented at the 2010 Jackson Hole Symposium "Macroeconomic Challenges: The Decade Ahead", Jackson Hole, Wyoming.

[233] Berman, E. Bui, L. T. M. . Environmental regulation and labor demand: Evidence from the South Coast Air Basin [J]. *Journal of Public Economics*, 2001, 79, 265 – 295.

[234] Bernanke, B. , Gertler, M. , Gilchrist, S. . The Financial Accelerator in a Quantitative Business Cycle Framework [R]. 1999, NBER Working Paper.

[235] Bohm, P. , Larsen, B. . Fairness in a tradable-permit treaty for carbon emission reduction in Europe and the Former Soviet Union [J]. *Envir-*

*onmental and Resource Economics*, 1994, 4: 219 – 239.

[236] Cagatay, S., Mihci, H.. Degree of environmental stringency and the impact on trade patterns [J]. *Journal of Economic Studies*, 2006, 33 (1): 30 – 51.

[237] Cendra, J. D.. Can emissions trading schemes be coupled with border tax adjustments? An analysis vis-à-vis WTO law1 [J]. *Review of European Community and International Environmental Law*, 2006, 15 (2): 131 – 145.

[238] Chen, G., Hadjikakou, M., Wiedmann, T.. Urban carbon transformations: Unravelling spatial and inter-sectoral linkages for key city industries based on multi-region input-output analysis [J]. *Journal of Cleaner Production*, 2016 (163): 224 – 240.

[239] Chen, G. Q., Chen, Z. M.. Carbon emissions and resources use by Chinese economy 2007: A 135 – sector inventory and input-output embodiment [J]. *Communications in Nonlinear Science and Numerical Simulation*, 2010, 15 (11): 3647 – 3732.

[240] Chen, G. Q., Guo, S., Shao, L., et al.. Three-scale input-output modeling for urban economy: Carbon emission by Beijing 2007 [J]. *Communications in Nonlinear Science and Numerical Simulation*, 2013, 18 (9): 2493 – 2506.

[241] Chen, Z. M., Chen, G. Q.. Embodied carbon dioxide emission at supra-national scale: a coalition analysis for G7, BRIC, and the rest of the world [J]. *Energy Policy*, 2011, 39 (5): 2899 – 2909.

[242] Choi, T.. Understanding environmental responsibility of cities and emissions embodied in trade [J]. *Economic Systems Research*, 2015, 27 (2): 133 – 153.

[243] Cole, M. A., Neumayer, E.. Examining the impact of demographic factors on air pollution [J]. *Population and Environment*, 2004, 26

(1): 5 – 21.

[244] Cramton, P. , Kerr, S. . Tradable carbon permit auctions: How and why to auction not grandfather [J]. *Energy Policy*, 2002, 30: 333 – 345.

[245] Cressie, N. A. C. . *Statistics for Spatial Data* [M]. New York: Wiley, 1993.

[246] Dasgupta, P. , Heal, G. . The optimal depletion of exhaustible resources [J]. *The Review of Economic Studies*, 1974: 3 – 28.

[247] Davis, S. J. , Calderia, K. . Consumption-based accounting of $CO_2$ emissions [J]. *Proceedings of the National Academy of Sciences*, 2010, 107 (12): 5687 – 5692.

[248] De Haan, M. . A structural decomposition analysis of pollution in the Netherlands [J]. *Economic Systems Research*, 2001, 13 (2): 181 – 196.

[249] Devereux, Engel. Expenditure switching versus real exchange rate stabilization [J]. *Journal of Monetary Economics*, 2007, 54 (8): 2346 – 2374.

[250] Dietz, T. , Rosa, E. A. . Rethinking the Environmental Impacts of Population, Affluence, and Technology [J]. *Human Ecology Review*, 1994, (1): 277 – 300.

[251] Dietzenbacher, E. , Los, B. . Structural decomposition techniques: sense and sensitivity [J]. *Economic Systems Research*, 1998, 10 (4): 307 – 324.

[252] Dietzenbacher, E. , Mukhopadhyay, K. . An empirical examination of the pollution haven hypothesis for India: Towards a green Leontief paradox? [J]. *Environmental and Resource Economics*, 2007, 36 (4): 427 – 449.

[253] Dissou, Y. , Karnizova, L. . Emissions cap or emissions tax? A multi-sector business cycle analysis [J]. Work. Pap. , Univ. of Ottawa, 2012.

［254］ Dodman, D.. Blaming cities for climate change? An analysis of urban greenhouse gas emissions inventories ［J］. *Environment and Urbanization*, 2009, 21 (1): 185 – 201.

［255］ Ehrlich, P. R. , Holdren, J. P.. Impact of Population Growth ［J］. *Science*, 1971, (171): 1212 – 1217.

［256］ Eskeland, G. S. , Harrison, A. E.. Moving to greener pasture? Multinationals and the pollution haven hypothesis ［J］. *Journal of Development Economics*, 2003, 70 (1): 1 – 23.

［257］ Ezcurra, R.. Is There cross-country convergence in carbon dioxide emissions ［J］. *Energy Policy*, 2007, 35 (2): 1363 – 1372.

［258］ Fan, Y. , Liu, L. C. , Wei, Y. M.. Analyzing impact factors of $CO_2$ emissions using the STIRPAT Model ［J］. *Environmental Impact Assessment Review*, 2006, 26 (4): 377 – 395.

［259］ Feng, K. , Davis, S. J. , Sun, L. , et al.. Outsourcing $CO_2$ within China ［J］. *Proceedings of the National Academy of Sciences*, 2013, 110 (28): 11654 – 11659.

［260］ Fischer, C. , Springborn, M.. Emissions targets and the real business cycle: Intensity targets versus caps or taxes ［J］. *Journal of Environmental Economics and Management*, 2011, 62 (3): 352 – 366.

［261］ Frankel, J. A. , Romer, D.. Does trade cause growth? ［J］. *American Economic Review*, 1999: 379 – 399.

［262］ Freedman, H. H.. Industrial applications of phase transfer catalysis (PTC): past, present and future ［J］. *Pure and Applied Chemistry*, 1986, 58 (6): 857 – 868.

［263］ Fu Jiafeng, Rouna, A. , Wang Meng, et al.. Analysis of China's production and consumption-based $CO_2$ Emission Inventories ［J］. *Journal of Resources and Ecology*, 2013, 4 (4): 293 – 303.

［264］ Fuentes – Albero, C. et al.. Methods versus substance: Measuring the effects of technology shocks on hour [J]. NBER Working Papers No. 15375, 2009.

[265] Gao, X. J., Shi, Y., Zhang, D. F., et al.. Climate change in China in the 21st century as simulated by a high resolution regional climate model [J]. *Science Bulletin*, 2012, 57 (10): 1188 - 1195.

[266] Garnaut, R.. *The Garnaut Climate Change Review* [M]. New York: Cambridge University Press, 2008: 634.

[267] Ge, Q., Wang, H., Rutishauser, T., et al.. Phenological response to climate change in China: a meta-analysis [J]. *Global Change Biology*, 2015, 21 (1): 265.

[268] Ge, Y. U., Xue, B., Wang, S., et al.. Lake records and LGM climate in China [J]. *Science Bulletin*, 2000, 45 (13): 1158 - 1164.

[269] Ge, Y. U.. Impacts of climate change on locust outbreaks in China's history [J]. *Bulletin of the Chinese Academy of Sciences*, 2009, 23 (4): 234 - 236.

[270] Gray, W., Shadbegian, Ronald, J.. Optimal pollution abatement-whose benefits matter, and how much? [J]. *Journal of Environmental Economics and Management*, 2004, (47): 510 - 534.

[271] Green, B. A.. Lessons from the Montreal Protocol: Guidance for the Next International Climate Change Agreement [J]. Environmental Law, 2009, (39): 253 - 283.

[272] Guan, D., Hubacek, K., Weber, C. L., et al.. The drivers of Chinese $CO_2$ emissions from 1980 to 2030 [J]. *Global Environmental Change*, 2008, 18 (4): 626 - 634.

[273] Guo, J., Zhang, Z., Meng, L.. China's provincial $CO_2$ emissions embodied in international and interprovincial trade [J]. *Energy Policy*, 2012, 42 (3): 486 - 497.

[274] Hastie, T. and Tibshirani, R.. Varying coefficient models [J].

*Journal of the Royal Statistical Society*, 1993, 55 (series B), 757 – 796.

[275] He, J.. Pollution haven hypothesis and environmental impacts of foreign direct investment: The case of industrial emission of sulfur dioxide ($SO_2$) in Chinese Provinces [J]. *Cological Economics*, 2006, (60): 228 – 245.

[276] Heutel, G.. How should environmental policy respond to business cycles? Optimal policy under persistent productivity shocks [J]. *Review of Economic Dynamics*, 2012, 15 (2): 244 – 264.

[277] Huang, R., Zhong, Z., Sun, Y., et al.. Measurements of regional sectoral embodied $CO_2$ emissions: A case study of Beijing [J]. *Geographical Research*, 2015.

[278] IPCC. *Climate Change Synthesis Report* [M]. Valencia, Spain, 2007.

[279] Janssen, M., Rotmans, J.. Allocation of fossil $CO_2$ emissions rights quantifying cultural perspectives [J]. *Ecological economics*, 1995, 13: 65 – 79.

[280] Jobert, T., Karan, F., Tykhonenko, A.. Convergence of per capita carbon dioxide emissions in the EU: Legend or Reality? [J]. *Energy Economics*, 2010, 32 (6): 1364 – 1373.

[281] John A. List, Catherine Y. Co. The effects of environmental regulations on FDI [J]. *Journal of Environmental Economics and Management*, 2000, (40): 1 – 20.

[282] Kverndokk, S.. Tradeable $CO_2$ emission permits: Intial distribution as a justice problem [J]. *Environmental Values*, 1995, 4 (2): 129 – 148.

[283] Lal, R. Carbon emission from farm operations [J]. *Environment International*, 2004, 30 (7): 981 – 990.

[284] Lee, C. F., Lin, S. J., Lewis, C.. Analysis of the impacts of

combining carbon taxation and emission trading on different industry sectors [J]. *Energy Policy*, 2008, 36 (2): 722 – 729.

[285] Lenzen, M., Pade, L., Munksgaard J.. $CO_2$ multipliers in multi-region input-output models [J]. *Economic Systems Research*, 2004, 16 (4): 391 – 412.

[286] LeSage, J. P.. A *Family of Geographically Weighted Regression Models. in Advances in Spatial Econometrics* [M]. Edited by Luc Anselin, Raymond J. G. Florax, Sergio J. Rey, Berlin: Springer – Verlag, 2004, 241 – 264.

[287] Li, H., Mu, H., Zhang, M., et al.. Analysis on influence factors of China's CO emissions based on Path – STIRPAT model [J]. *Energy Policy*, 2011, 39 (11): 6906 – 6911.

[288] Liddle, B.. Demo graphic dynamics and per capital environmental impact: Using panel regressions and household decompositions to examine population and transport [J]. *Population and Environment*, 2004, (26): 23 – 39.

[289] Liu Chunmei, Duan Maosheng, Zhang Xiling, et al.. Empirical research on the contributions of industrial restructuring to low-carbon development [J]. *Energy Procedia*, 2011, 5 (5): 834 – 838.

[290] Liu, Y.. Exploring the relationship between urbanization and energy consumption in China using ARDL (autoregressive distributed lag) and FDM (factor decomposition model) [J]. *Energy*, 2009, (11): 1846 – 1854.

[291] MacCracken, C., Edmonds, J., Kim, S., and Sands, R.. The Economics of the Kyoto Protocol [J]. *Energy Journal*, Special Issue 1999, 25 – 72.

[292] Machado, G. V.. Energy use, $CO_2$ emissions and foreign trade: an IO approach applied to the Brazilian case [C]//Thirteenth international conference on input-output techniques, Macerata, Italy. 2000: 21 – 25.

[293] Manfred Lenzen, LiseLotte Pade, Jesper Munksgaard. CO multi-pliers in multi-region input-output models [J]. *Economic Systems Research*, 2004, 16 (4): 391 – 412.

[294] Meng, B. , Xue, J. , Feng, K. , et al. . China's inter-regional spillover of carbon emissions and domestic supply chains [J]. *Energy Policy*, 2013, 61: 1305 – 1321.

[295] Miketa, A. and Schrattenholzer, l. . Equity implications of two burden-sharing rules for stabilizing greenhouse gas concentrations [J]. *Energy Policy*, 2006 (34): 877 – 891.

[296] Miller, R. E. . Comments on the "general equilibrium" model of professor moses [J]. *Metroeconomica*, 1963 (15): 82 – 88.

[297] Mumma, D. Hodas. Designing a Global Post – Kyoto Climate Change Protocol that Advances Human Development. Georgetown International Environmental Law Review, 2008, 20 (4): 619 – 643.

[298] Nordhaus, William. *A Question of Balance: Weighing the Options on Global Warming Policies* [M]. New Haven and London: Yale University Press, 2008.

[299] Nordhaus, W. and Boyer, J. . *Warming the World: Economic Modeling of Global Warming* [M]. MIT Press, Cambridge, MA, 2000.

[300] Nordhaus, W. D. . The Challenge of Global Warming: Economic Models and Environment al Policy [J]. Working paper, 2007.

[301] Nordhaus, W. . *Managing the Global Commons: The Economics of Climate Change* [M]. MIT Press, Cambridge, MA, 1994.

[302] Organisation for Economic Co-operation and Development (OECD). *Environmental Outlook to* 2030 [M]. Paris: OECD Publishing, 2008: 517.

[303] Peters, G. P. , Hertwich, E. G. . $CO_2$ embodied in international trade with implications for global climate policy [J]. *Environmental Science & Technology*, 2008, 42 (5): 1401.

[304] Peters, G. P. , Hertwich, E. G. . Post – Kyoto greenhouse gas inventories: Production versus consumption [J]. *Climatic Change*, 2008, 86 (1 – 2): 51 – 66.

[305] Peters, G. P. , Minx, J. C. , Weber, C. L. , et al. . Growth in emission transfers via international trade from 1990 to 2008 [J]. *Proceedings of the National Academy of Sciences*, 2011, 108 (21): 8903 – 8908.

[306] Peters, G. P. . From production-based to consumption-based national emission inventories [J]. *Ecological Economics*, 2008, 65 (1): 13 – 23.

[307] Phylipsen, G. J. M. , Bode, J. W. , Blok, K. , et al. . A triptych sectoral approach to burden differentiation: GHG emissions in the European Bubble [J]. *Energy Policy*, 1998, 26 (12): 929 – 943.

[308] Popp, D. . ENTICE: endogenous technological change in the DICE model of global warming [J]. *Journal of Environmental Economics and Management*, 2004, 48 (1): 742 – 768.

[309] Poumanyvong, P. , and Kaneko, S. . Does urbanization lead to less energy use and $CO_2$ emissions? Across country analysis [J]. *Ecological Economics*, 2010, 70 (2): 434 – 444.

[310] Reilly, John. Climate – Change Damage and the Trace – Gas – Index Issue. In Reilly, John and Margot Anderson (eds. ), *Economic Issues in Global Climate Change: Agriculture, Forestry, and Natural Resources* [M]. Boulder and Oxford: Westview Press, 1992.

[311] Romero-ávila, D. . Convergence in carbon dioxide emissions among industrialized countries revisited [J]. *Energy Economics*, 2008, 30 (5): 2265 – 2282.

[312] Rose, A. , Stevens, S. B. , Edmonds, J. et al. . International equity and differentiation in global warming policy [J]. *Environmental and Resource Economics*, 1998, 12: 25 – 51.

[313] Round, J. I.. Feedback effects in interregional input-output models: What have we learned? [J]. *Social Science Electronic Publishing*, 2005.

[314] Schulz, N. B.. Delving into the carbon footprints of Singapore – comparing direct and indirect greenhouse gas emissions of a small and open economic system [J]. *Energy Policy*, 2010, 38 (9): 4848 – 4855.

[315] Sharma, S. S.. Determinants of carbon dioxide emissions: Empirical evidence from 69 countries [J]. *Applied Energy*, 2011, (88): 376 – 382.

[316] Stanton, E. A., Ackerman, F.. Climate and development economics: Balancing science, politics and equity [C]// *Natural Resources Forum*. 2009: 262 – 273.

[317] Stem, N.. China in the World. Speech in Tsinghua, 2008 – 10 – 23.

[318] Strazicich, M. C., List, J. A.. Are $CO_2$ Emission levels converging among industrial countries? [J]. *Environmental and Resource Economics*, 2003, 24 (3): 263 – 271.

[319] Su Bin, Ang, B. W. Input-output analysis of $CO_2$, emissions embodied in trade: A multi-region model for China [J]. *Ecological Economics*, 2014, 71 (24): 42 – 53.

[320] Su, B., Huang, H. C., Ang, B. W., et al.. Input-output analysis of $CO_2$ emissions embodied in trade: The effects of sector aggregation [J]. *Energy Economics*, 2010, 32 (1): 166 – 175.

[321] Sørensen, B.. Pathways to climate stabilization [J]. *Energy Policy*, 2008, 36: 3505 – 3509.

[322] Talukdar, D. and Meisner, C. M.. Does the private sector help or hurt the environment? Evidence from carbon dioxide pollution in developing countries [J]. *World Development*, 2001, (29): 827 – 840.

[323] Tibshirani, R. J. and Hastie, T. J.. Local likelihood estimation

[J]. *Journal of the American Statistical Association*, 1987, 82 (398), 559 – 567.

[324] Turner, M. G.. Landscape ecology: The effect of pattern on process [J]. *Annual Review of Ecology, Evolution, and Systematics*, 2003, 20 (1): 171 – 197.

[325] UNDP. *Fighting Climate Change: Human Solidarity in a Divided World* [M]. Oxford: Oxford University Press, 2007.

[326] Vause, J., Gao, L., Shi, L., et al.. Production and consumption accounting of $CO_2$, emissions for Xiamen, China [J]. *Energy Policy*, 2013, 60 (6): 697 – 704.

[327] Victor, D. G., House, J. C., Joy, S.. A Madisonian approach to climate policy [J]. *Science*, 2005, 309: 1820 – 1821.

[328] Wang, H., Ang, B. W., Su, B.. Multiplicative structural decomposition analysis of energy and emission intensities: Some methodological issues [J]. *Energy*, 2017, 123: 47 – 63.

[329] Wang, P., Wu, W., Zhu, B., et al.. Examining the impact factors of energy-related $CO_2$, emissions using the STIRPAT model in Guangdong Province, China [J]. *Applied Energy*, 2013, 106 (11): 65 – 71.

[330] Weber, C. L., Matthews, H. S.. Embodied environmental emissions in US international trade, 1997 – 2004 [J]. *Environmental Science and Technology*, 2007, 41 (14): 4875 – 4881.

[331] Weber, C. L., Peters, G. P., Guan, D., et al.. The contribution of Chinese exports to climate change [J]. *Energy Policy*, 2008, 36 (9): 3572 – 3577.

[332] Wen – Jing Yi, et al.. How can China reach its $CO_2$ intensity reduction targets by 2020? A regional allocation based on equity and development [J]. *Energy Policy*, 2011 (39): 2407 – 2415.

[333] Wissema, W., Dellink, R., AGE Analysis of the impact of a

carbon energy tax on the Irish economy [J]. *Ecological Economics*, 2007, 61 (4): 671 –683.

[334] Wu, C. , Huang, X. , Yang, H. , et al. . Embodied carbon emissions of foreign trade under the global financial crisis: A case study of Jiangsu province, China [J]. *Journal of Renewable & Sustainable Energy*, 2015, 7 (4): 10288 –10293.

[335] Wu, L. , Zhong, Z. , Wang, Z. et al. . Changes and structure decomposition analysis of carbon emissions embodied in provincial trade of China from 2002 to 2010 [J]. *Applied Energy*, 2014, 36 (11): 1.

[336] Xi, F. , Geng, Y. , Chen, X. , et al. . Contributing to local policy making on GHG emission reduction through inventorying and attribution: A case study of Shenyang, China [J]. *Energy Policy*, 2011, 39 (10): 5999 –6010.

[337] Xu, Y. , Dietzenbacher, E. . A structural decomposition analysis of the emissions embodied in trade [J]. *Ecological Economics*, 2014, 101: 10 –20.

[338] Zhang Xiaoqing, Ren Jianlan. The relationship between carbon dioxide emissions and industrial structure adjustment for Shandong province [J]. *Energy Procedia*, 2011, (5): 1121 –1125.

[339] Zhang, Y. , Wang, A. & Da, Y. . Regional allocation of carbon emission quotas in China: Evidence from the Shapley value method [J]. *Energy Policy*, 2014: 454 –464.

[340] Zhong, Z. , Huang, R. , Tang, Q. , et al. . China's provincial $CO_2$ emissions embodied in trade with implications for regional climate policy [J]. *Frontiers of Earth Science*, 2015, 9 (1): 77 –90.

# 后　记

　　30 年前，父亲背着我一路走着回家，我在他背上睡着了，做孩子好幸福。30 年后有一天，父亲的离开才让我意识到我不是孩子了，我已经是大人了。仅以此书以表怀念，谢谢您。

　　读硕士期间，我遇上了儒雅的吴玉鸣老师，还记得您把我引进学术殿堂，当年本以为会在某人民银行支行一直工作下去，慢慢变老，玩笑人生，您把我推荐给王铮老师读博。您说找不到工作，您负责，谢谢您。

　　读博期间，总记得，博士一年级时，我们北京和上海开视频团队学术会议，讨论我的一篇文章。这一次的讨论，我见识了王老师的严谨，有时甚至觉得对我们要求太严格，每周两次学术讨论，每个人都得发言，当时实在有点吃不消，现在却很怀念那段日子。到博士即将答辩前期，您得了脑溢血，医院给您下病危通知书，当时医生问家属在那？您说，我这些学生就是家属，不论出现什么事，我自己负责。后来，经过治疗有好转，您要看我的博士论文，医生不让，您还是看了，还让吴师姐、薛师兄、朱师兄、熊师兄等同门，让他们看我的博士论文，提了很多修改建设，真心感激我的同门师兄弟。直到我博士论文答辩那天，由于身体原因，你没能来现场，于是乎您还要视频看我现场答辩。现在，每当和同门谈起您，总有说不完的话题。还记得前段日子您来南昌，把我狠狠地训了一顿，严父般的关爱，您的担当，您的严格，期许已久。很幸运，人生能遇良师，您是我的榜样。

　　是的，正是因为有你们，我开展了区域碳排放治理的一些研究，本书实际上是博士论文进一步深化拓展的成果，也是对以往的博士论文和这几年做的研究进行了一个系统的总结。这对于我下一步研究工作的开展，起到了承上启下的作用。当然不得不提钟章奇老师、刘晓老师，是你们给予的帮助，才使得这本专著能够顺利出版，尤其是钟章奇老师在第5章的第2节，刘晓老师在第6章的第1节，做了大量的工作，感谢你们。

当然，还要感谢我的研究生刘月梅、倪稳、董文奥，你们帮我做了大量无私的工作和贡献，我们是一个研究团队，你们对我的期待，是我不断自我提升的推力。

感谢华东交通大学的领导和同事，在工作过程中，你们对我的鼓励给予了我很大的启发和帮助，拓宽了我的视野。也正是因为有你们，使我在交大的日子充满着色彩。

母亲经常聊起我的父亲，在父亲刚走的那几天，白天她忙着接待，处理家事，深夜一个人守那里，控制自己的哭声，不被人发现，不知这是不是相濡以沫，不如相忘于江湖之说。我明明看到母亲很痛苦，白头发几天就添了很多，但她没有抱怨，没有消极，她堂堂正正做人的态度，脚踏实地的务实精神，感染着我，谢谢您。

现在，家人们经常讲的一句话就是，早点休息，注意身体。不论多晚，电饭锅总留着热乎乎的口粮，三伏之天依旧，吃完后，大汗淋漓，但很痛快和幸福。谢谢你们的付出，感恩一路上有你们，你们的默默支持和关心，给予我前进的勇气和动力。

学术之路，没有止境，无论如何，感谢经历。

陈志建

2018 年 8 月

于豫章故郡